人力资源和社会保障部职业能力建设司推荐
冶金行业职业教育培训规划教材

轧钢设备维护与检修

主　编　袁建路　马宝振
主　审　王京华

北　京
冶金工业出版社
2016

内 容 提 要

本书为冶金行业职业技能培训教材，是参照冶金行业职业技能标准和职业技能鉴定规范，根据冶金企业的生产实际和岗位群的技能要求编写的，并经人力资源和社会保障部职业培训教材工作委员会办公室组织专家评审通过。

本书共分5章，内容包括：轧钢设备的基础知识，加热设备，轧制设备，精整设备，其他设备。

本书也可作为职业技术院校相关专业的教材，或工程技术人员的参考用书。

图书在版编目(CIP)数据

轧钢设备维护与检修/袁建路等主编．—北京：冶金工业出版社，2006.8（2016.1 重印）

冶金行业职业教育培训规划教材

ISBN 978-7-5024-3990-3

Ⅰ．轧… Ⅱ．袁… Ⅲ．①轧制设备—维护—技术培训—教材 ②轧制设备—检修—技术培训—教材 Ⅳ．TG333

中国版本图书馆 CIP 数据核字(2006)第 044337 号

出 版 人　谭学余

地　　址　北京市东城区嵩祝院北巷 39 号　邮编　100009　电话　(010)64027926

网　　址　www.cnmip.com.cn　电子信箱　yjcbs@cnmip.com.cn

责任编辑　俞跃春　美术编辑　王耀忠　版式设计　张　青

责任校对　杨　力　李文彦　责任印制　李玉山

ISBN 978-7-5024-3990-3

冶金工业出版社出版发行；各地新华书店经销；北京百善印刷厂印刷

2006 年 8 月第 1 版，2016 年 1 月第 5 次印刷

787mm×1092mm　1/16；10.5 印张；273 千字；152 页

28.00 元

冶金工业出版社　投稿电话　(010)64027932　投稿信箱　tougao@cnmip.com.cn

冶金工业出版社营销中心　电话　(010)64044283　传真　(010)64027893

冶金书店　地址　北京市东四西大街 46 号(100010)　电话　(010)65289081(兼传真)

冶金工业出版社天猫旗舰店　yjgycbs.tmall.com

（本书如有印装质量问题，本社营销中心负责退换）

冶金行业职业教育培训规划教材
编辑委员会

序

吴溪淳

改革开放以来，我国经济和社会发展取得了辉煌成就，冶金工业实现了持续、快速、健康发展，钢产量已连续数年位居世界首位。这其间凝结着冶金行业广大职工的智慧和心血，包含着千千万万产业工人的汗水和辛劳。实践证明，人才是兴国之本、富民之基和发展之源，是科技创新、经济发展和社会进步的探索者、实践者和推动者。冶金行业中的高技能人才是推动技术创新、实现科技成果转化不可缺少的重要力量，其数量能否迅速增长、素质能否不断提高，关系到冶金行业核心竞争力的强弱。同时，冶金行业作为国家基础产业，拥有数百万从业人员，其综合素质关系到我国产业工人队伍整体素质，关系到工人阶级自身先进性在新的历史条件下的巩固和发展，直接关系到我国综合国力能否不断增强。

强化职业技能培训工作，提高企业核心竞争力，是国民经济可持续发展的重要保障，党中央和国务院给予了高度重视，明确提出人才立国的发展战略。结合《职业教育法》的颁布实施，职业教育工作已出现长期稳定发展的新局面。作为行业职业教育的基础，教材建设工作也应认真贯彻落实科学发展观，坚持职业教育面向人人、面向社会的发展方向和以服务为宗旨、以就业为导向的发展方针，适时扩大编者队伍，优化配置教材选题，不断提高编写质量，为冶金行业的现代化建设打下坚实的基础。

为了搞好冶金行业的职业技能培训工作，冶金工业出版社在人力资源和社会保障部职业能力建设司和中国钢铁工业协会组织人事部的指导下，同河北工业职业技术学院、昆明冶金高等专科学校、吉林电子信息职业技术学院、山西工程职业技术学院、山东工业职业学院、安徽工业职业技术学院、武汉钢铁集团公司、山钢集团济钢公司、云南文山铝业有限公司、中国职工教育和职业培训协会冶金分会、中国钢协职业培训中心、中国钢协人力资源与劳动保障工作委员会教育培训研究会等单位密切协作，联合有关冶金企业、高职院校和本科院校，编写了这套冶金行业职业教育培训规划教材，并经人力资源和社会保障部职业培训教材工作委员会组织专家评审通过，由人力资源和社会保障部职业能力建设司给予推荐，有关学校、企业的编写人员在时间紧、任务重的情况下，克服困难，辛勤工作，在相关科研院所的工程技术人员的积极参与和大力支持下，出色地完成了前期工作，为冶金行业的职业技能培训工作的顺利进行，打下了坚实的基础。相信这套教材的出版，将为冶金企业生产一线人员理论水平、操作水平和管理水平的进一步提高，企业核心竞争力的不断增强，起到积极的推进作用。

随着近年来冶金行业的高速发展，职业技能培训工作也取得了令人瞩目的成绩，绝大多数企业建立了完善的职工教育培训体系，职工素质不断提高，为我国冶金行业的发展提供了强大的人力资源支持。今后培训工作的重点，应继续注重职业技能培训工作者队伍的建设，丰富教材品种，加强对高技能人才的培养，进一步强化岗前培训，深化企业间、国际间的合作，开辟冶金行业职业培训工作的新局面。

展望未来，任重而道远。希望各冶金企业与相关院校、出版部门进一步开拓思路，加强合作，全面提升从业人员的素质，要在冶金企业的职工队伍中培养一批刻苦学习、岗位成才的带头人，培养一批推动技术创新、实现科技成果转化的带头人，培养一批提高生产效率、提升产品质量的带头人；不断创新，不断发展，力争使我国冶金行业职业技能培训工作跨上一个新台阶，为冶金行业持续、稳定、健康发展，做出新的贡献！

前　　言

本书是按照劳动和社会保障部的规划，受中国钢铁工业协会和冶金工业出版社的委托，在编委会的组织安排下，参照冶金行业职业技能标准和职业技能鉴定规范，根据冶金企业的生产实际和岗位群的技能要求编写的。书稿经劳动和社会保障部职业培训教材工作委员会办公室组织专家评审通过，由劳动和社会保障部培训就业司推荐作为冶金行业职业技能培训教材。

作为职业技能培训教材，本书力求紧密结合现场实践，注意学以致用，体现以提高岗位技能为目标的特点，各章节内容选材均来自工程实际，在叙述和表达方式上力求做到深入浅出，通俗易懂，能使读者触类旁通。

本书主要用作轧钢车间岗位的操作人员和轧钢机械设备维护人员的培训教材，也可作为职业技术院校教学用书，对专业技术人员也有一定的参考价值。

本书由河北工业职业技术学院袁建路、马宝振任主编，河北工业职业技术学院陈涛、时彦林，石家庄钢铁有限责任公司王京华、胡向阳、姚浙，唐山钢铁集团公司冯柄晓，天津市天铁轧二制钢有限公司刘红心任副主编，参加编写的还有河北工业职业技术学院关昕、李永刚、高云飞等。全书由王京华主审。

本书在编写过程中参考了多种相关书籍、资料，在此，对其作者一并表示由衷的感谢。

由于水平所限，书中不妥之处，敬请读者批评指正。

编　者
2005年10月

目　　录

1 轧钢设备基础知识

1.1 轧钢生产概述

轧钢生产是钢铁工业生产的最终环节,是钢铁材料的一种重要加工方法。轧钢车间担负着生产钢材的任务。例如铺设一条5000 km的双轨铁路,需要100万t重型钢轨;制造一艘万吨轮船,约需6000 t钢板;铺设一条5000 km的石油输送管道,需要90万t无缝钢管;因此,钢铁轧制在国家工业体系中占有举足轻重的基础地位。

20世纪90年代以前,我国轧钢生产的平均水平与世界主要产钢国相比,还仍存在一定的差距。轧钢生产以型钢为主,生产线大、中、小型并存。不同企业的技术装备水平参差不齐,能耗、成本较高。很多企业还使用着20世纪五六十年代较为陈旧的设备和工艺,这是限制我国钢材质量、品种和效益进一步提升的主要瓶颈。

20世纪90年代后期,随着我国经济的高速发展,尤其是我国加入WTO后,参与国际钢材市场竞争的需要,各大企业纷纷采用当今世界先进的技术和装备,进行了大规模的技术改造。广泛引进新技术、新设备、新工艺,使我国轧钢生产的水平有了长足的进步,开发了一批高技术、高附加值的品种,如汽车、家电用薄钢板、H型钢、高档次石油钻套管、UOE大口径天然气输送管道钢管等。目前95%以上的钢材品种,从数量到质量均可以满足国民经济各部门的需要。一批高难度的品种也在通过引进国外先进技术和我国自己组织科研力量进行技术攻关,实现了突破,如高档次汽车用冷轧薄板、不锈钢冷轧薄板等。以宝钢为代表的一批重点企业,以严格的管理、较先进的技术装备及适应市场的经营理念快速发展,并积极参与国际国内钢铁市场竞争。我国钢铁工业已进入技术创新全面繁荣的新时期。目前我国轧钢生产技术创新发展方向主要为:通用工艺技术、综合节能与环保技术、新品种开发与钢材性能优化技术、信息技术和装备机电控制一体化技术等。

1.2 轧钢设备的组成

1.2.1 轧钢机械的概念

在轧钢车间按照轧钢生产工艺排列的加热、轧制、精整及辅助的机械统称轧钢机械。根据各种机械设备不同的用途,可以分为主要设备和辅助设备两大类。主要设备是使轧件在轧辊中实现塑性变形(即轧制工序)的机械,一般称为主机或主机列。辅助设备是用来完成其他辅助工序的机械,如加热设备中的推钢机、出钢机和精整设备中的剪切机、矫直机、卷取机等。

轧钢机主机列通常由主电动机、主传动、工作机座三部分组成(见图1-1)。

主电动机的型式主要根据轧机在工作中的调速需要而定。它包括:不需要调速的异步交流电动机;需要调速的直流电动机;用变频装置调速的交流电动机等。主电动机的容量主要根据轧机的生产率和用途可以在极广泛的范围内变动,从几十千瓦到几千千瓦不等。现代化的初轧机,一台主电机容量达2500~7000 kW,而某些精密箔带轧机,其主电动机容量只有10 kW左右。

主传动一般由减速机、人字齿轮座、主联轴器等传动装置组成,在主传动中是否采用飞轮,应当从轧机的作业方式和负荷图决定。

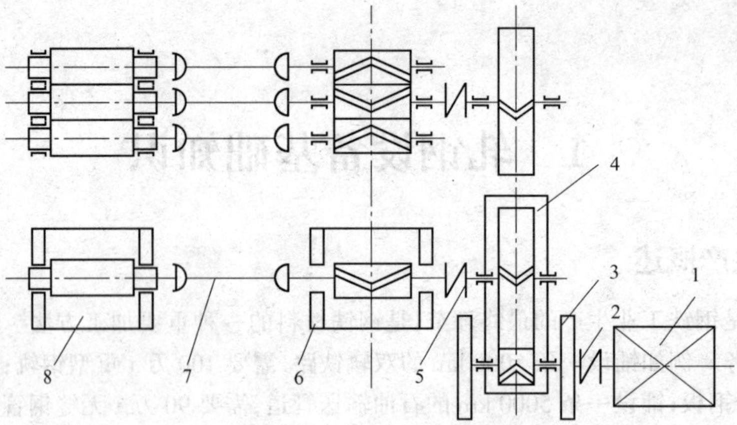

图 1-1　型钢、开坯轧机主机列
1—主电动机；2—电动机联轴器；3—飞轮；4—减速机；5—主联轴器；6—人字齿轮座；
7—万向连接轴；8—工作机座

在某些大型轧机上，如二辊可逆式初轧机、四辊可逆式钢板轧机，主传动中没有减速机和齿轮座(见图 1-2)，每一个工作辊都用一个单独电动机驱动。这不仅大大简化了设备，而且更重要的是解决了制造特大功率电动机带来的许多困难。

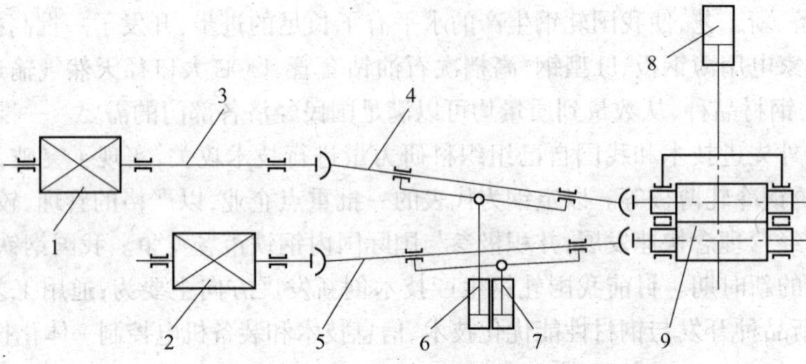

图 1-2　没有减速机和齿轮座的轧机主机列
1、2—主电动机；3—传动轴；4、5—万向连接轴；6、7—连接轴平衡缸；
8—上辊平衡缸；9—工作辊

轧钢机主机座是由机架、轧辊、轧辊轴承及压下平衡装置等组成，这些零部件的型式和结构主要决定于轧机的用途。

1.2.2　轧钢机的标称

轧钢机的种类很多，根据生产能力、轧制品种和规格的不同，所采用的轧机也不一样。轧机的标称基本上可归纳成三类：开坯和型钢类型；板带类型；管材类型。

开坯轧机和型钢轧机按轧辊的名义直径或齿轮座齿轮的中心距来标称。如“650 型钢轧机”即指齿轮座齿轮的中心距为 650 mm。如果轧钢机有若干个机座，那么整个轧钢机就按最后一架精轧机座的参数来标称；如“连续式 300 小型轧机”即指精轧机座末架的轧辊名义直径为 300 mm。

钢板轧机按轧辊辊身的长度来标称。如“1700 钢板轧机”即指轧辊辊身长度为 1700 mm，所轧钢板的最大宽度约为 1550 mm。

钢管和钢球轧机则按所轧钢管和钢球的最大外径来标称。如“140 无缝轧管机”即指所轧钢管的最大外径为 140 mm。

1.3 轧钢机的分类

轧钢机通常可以按用途、构造和布置分类。

1.3.1 按用途分类

按用途分类可以反映轧机的主要性能参数及其轧制的产品规格(见表 1-1)。

表 1-1 轧钢机类型及主要技术特性

轧机类型		轧辊尺寸/mm		最大轧制速度/$m\cdot s^{-1}$	用途
		直径/mm	辊身长度/mm		
开坯机	初轧机 板坯轧机	750～1500 1000～1370	3500 2800	3～7 2～6	用 1～45 t 钢锭轧制 120 mm×120 mm～450 mm×450 mm 方坯及(75～300)mm×(700～2050)mm 的方坯
	钢坯轧机	450～750	800～2200	1.5～5.5	将大钢坯轧成 55 mm×55 mm～150 mm×150 mm 的方坯
型钢轧机	轨梁轧机	750～900	1200～2300	5～7	38～75 kg/m 的重轨以及高达 240～600 mm甚至更大的其他重型断面钢梁
	大型轧机	500～750	800～1900	2.5～7	80～150 mm 的方钢和圆钢,高 120～300 mm 的工字钢和槽钢,18～24 kg/m 的钢轨等
	中型轧机	350～500	600～1200	2.5～15	40～80 mm 方钢和圆钢,高达 120 mm 的工字钢和槽钢,50 mm×50 mm～100 mm×100 mm 的角钢,11 kg/m 的轻轨等
	小型轧机	250～350	500～800	4.5～20	8～40 mm 方钢、圆钢,20 mm×20 mm～50 mm×50 mm 角钢等
	线材轧机	250～300	500～800	10～102	轧制 ϕ(5～9)mm 的线材
热轧板带轧机	厚板轧机	—	2000～5600	2～4	(4～50)mm×(500～5300)mm 厚钢板,最大厚度可达 300～400 mm
	宽带钢轧机	—	700～2500	8～30	(1.2～16)mm×(600～2300)mm 带钢
	叠轧薄板轧机	—	700～1200	1～2	(0.3～4)mm×(600～1000)mm 薄板
冷轧板带轧机	单张生产的钢板冷轧机	—	700～2800	0.3～0.5	
	成卷生产宽带钢冷轧机	—	700～2500	6～40	(1.0～5)mm×(600～2300)mm 带钢及钢板
	成卷生产窄带钢冷轧机	—	150～700	2～10	(0.02～4)mm×(20～600)mm 带钢
	箔带轧机	—	200～700	—	0.0015～0.01 2mm 箔带
热轧无缝钢管轧机	400 自动轧管机	960～1000	1550	3.6～5.3	ϕ(127～400)mm 钢管,扩孔后钢管最大直径达 ϕ650 mm 或更大的无缝钢管
	140 自动轧管机	650～750	1680	2.8～5.2	ϕ(70～140)mm 无缝钢管
	168 连续轧管机	520～620	300	5	ϕ(80～165)mm 无缝钢管
冷轧钢管轧机		—	—	—	主要轧制 ϕ(15～150)mm 薄壁管,个别情况下也轧制 ϕ(400～500)mm 的大直径钢管
特殊用途轧钢机	车轮轧机	—	—	—	轧制铁路用车轮
	圆环—轮箍轧机	—	—	—	轧制轴承环及车轮轮箍
	钢球轧机	—	—	—	轧制各种用途的钢球

续表 1-1

轧机类型		轧辊尺寸/mm		最大轧制速度/m·s⁻¹	用途
		直径/mm	辊身长度/mm		
特殊用途轧钢机	周期断面轧机	—	—	—	轧制变断面轧件
	齿轮轧机	—	—	—	滚压齿轮
	丝杠轧机	—	—	—	滚压丝杠

开坯机以钢锭为原料,是为成品轧机提供坯料的轧钢机,包括方坯初轧机、方坯板坯初轧机和板坯初轧机等。

钢坯轧机也是为成品轧机提供原料的轧机,但原料不是钢锭,而是钢坯。一般分为连续式及横列式两种形式。连续式又常分为一组连轧及二组连轧机组。

型钢轧机是将原料轧制成各类型钢的轧机,包括轨梁轧机,大型、中型、小型轧机及线材轧机等。

热轧板带轧机是在热状态下生产各类厚度的钢板轧机,包括厚板轧机、宽带钢轧机和叠轧薄板轧机等。

冷轧板带轧机是在冷状态下生产交货的钢板轧机,包括单张生产的钢板冷轧机、成卷生产的宽带钢冷轧机、成卷生产的窄带钢冷轧机等。

钢管轧机包括热轧无缝钢管轧机、冷轧钢管轧机和焊管轧机等。

特殊用途轧钢机包括车轮轧机、圆环-轮箍轧机、钢球轧机、周期断面轧机、齿轮轧机和丝杠轧机等。可以看出,上述分类方法基本上是按轧钢机所轧产品的断面形状分类的。因此,轧钢机的尺寸就取决于它所轧产品的断面尺寸。

1.3.2 按构造分类

通常轧制同一种用途产品的轧钢机,它们在构造上很可能不同。因此,根据轧钢机的生产要求,按轧辊的数目及在工作机座中不同的布置方式,轧钢机可分为以下五种主要类型:具有水平轧辊的轧机,具有立式轧辊的轧机,具有水平辊和立式辊的轧机,具有倾斜布置轧辊的轧机,以及其他轧机等。

1.3.2.1 具有水平轧辊的轧钢机

这类轧钢机应用广泛(见表 1-2),分为以下几种形式:

(1) 二辊轧机(见表 1-2①)。其工作机座由两个布置在同一垂直平面内的水平辊所组成。这种轧钢机的应用广泛,主要应用于以下几种情况:

1) 二辊可逆式轧钢机。该轧机工作中轧件每通过轧辊一道以后,便改变轧辊的转动方向一次,使轧件进行往返轧制。它主要用于轧制大钢坯,如初轧钢坯、板坯、轨梁、异型坯和厚板等。

2) 二辊不可逆式轧钢机。它主要用于现代化高生产率的型钢和钢坯轧机,由数个依次顺列布置的工作机座所组成。轧件在每个机座上仅进行一道轧制。

3) 薄板轧机。一般是指单片生产的热轧厚度为 0.2~4 mm 的钢板轧机。

4) 冷轧钢板及带钢轧机。

(2) 三辊式轧机(见表 1-2②)。其工作机座由 3 个布置在同一垂直平面内的水平辊所组成。在轧制过程中,轧辊不反转,而轧件可以通过上、下轧制线进行往返轧制。这种轧钢机已有被高生产率的二、四辊不可逆式轧钢机取代的趋势。因为在二辊不可逆式轧钢机上,轧件在每架轧机上只通过一次,不必进行往返运动,从而大大提高了生产率。但目前这种三辊式轧机在我国还广为应用,它主要有以下几种类型:

表 1-2 轧辊水平布置的轧钢机

序 号	机座名称	轧辊布置形式	用 途
①	二辊轧机	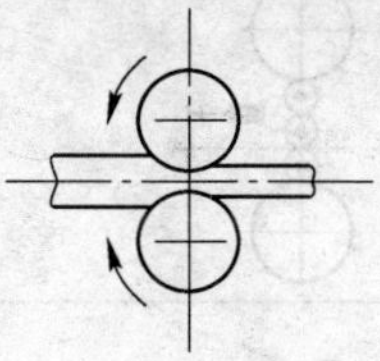	可逆式轧机，轧制大断面方坯、板坯、轨梁异型坯和厚板；薄板轧机；冷轧钢板及带钢轧机；高生产率生产钢坯和线材的连续式轧机以及布棋式和越野式型钢轧机
②	三辊轧机	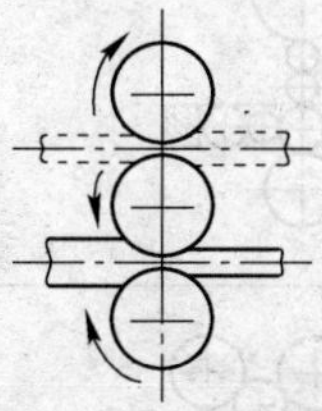	轧制钢梁、钢轨、方坯等大断面钢材及生产率不高的型钢
③	具有小直径浮动中辊的三辊轧机（劳特轧机）	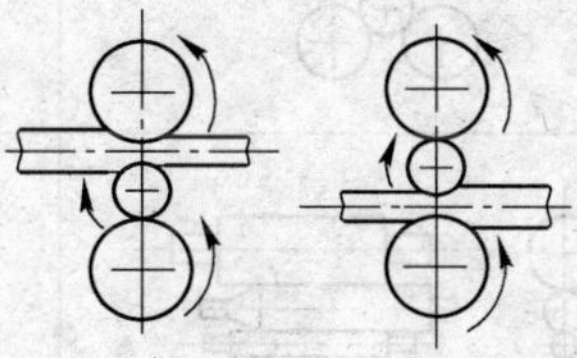	轧制中厚板，有时也轧薄板
④	四辊轧机	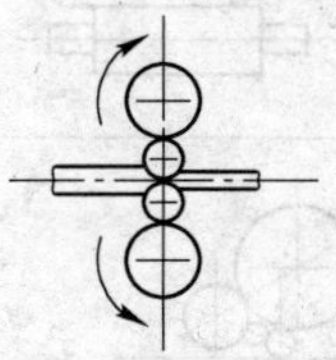	冷轧及热轧板、带材
⑤	PC 轧机		冷轧及热轧带材
⑥	CVC 凸度连续可变轧机	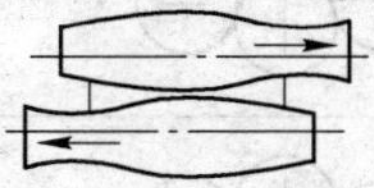	热轧及冷轧带钢
⑦	具有小弯曲辊的四辊轧机（偏五辊轧机），也叫 C-B-S 轧机（即接触－弯曲－拉直轧机）	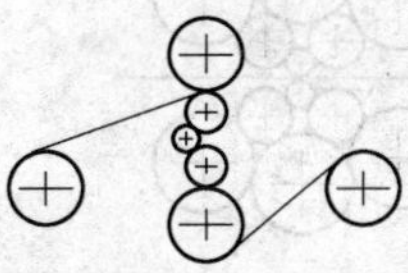	冷轧难变形的合金带钢
⑧	S 轧机	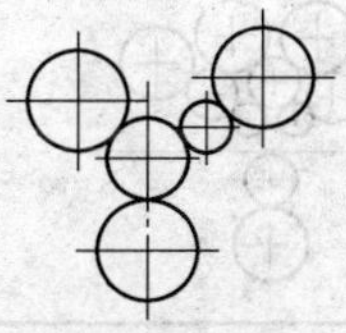	冷轧薄带材

续表 1-2

序　号	机座名称	轧辊布置形式	用　途
⑨	五辊轧机(泰勒轧机)	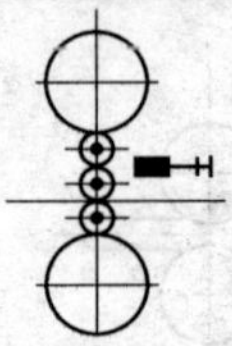	精轧不锈钢和有色金属带材
⑩	FFC平直度易控轧机	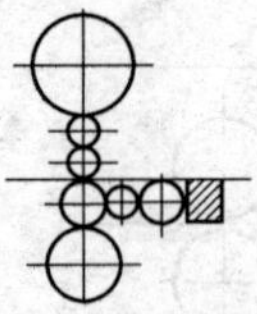	冷轧薄带钢
⑪	六辊轧机	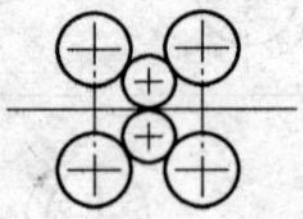	热轧及冷轧板带材
⑫	HC轧机	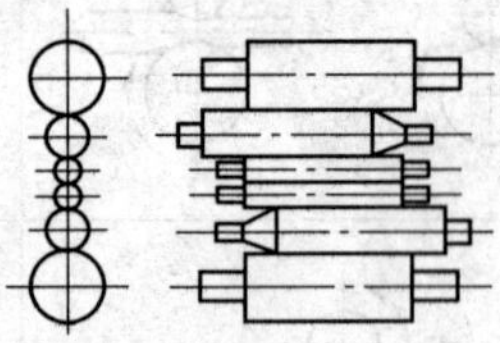	冷轧普碳及合金钢带材
⑬	偏八辊轧机（MKW轧机）	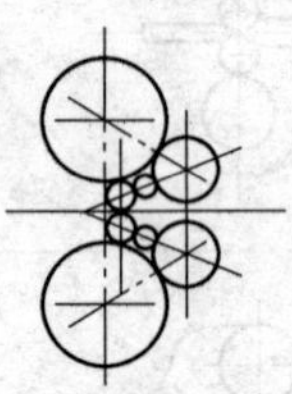	冷轧薄带材
⑭	十二辊轧机	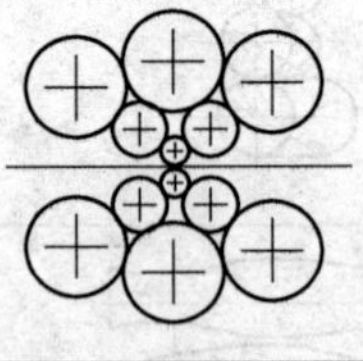	冷轧薄带材
⑮	二十辊轧机	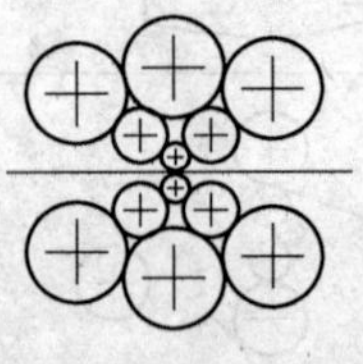	冷轧薄带材
⑯	Dual Z型轧机（1－2－1－4型）	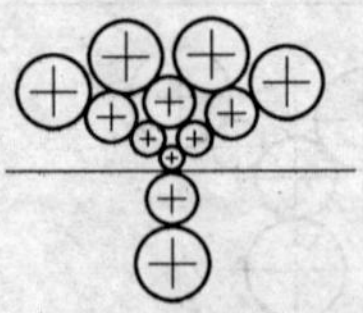	高强度合金带材

续表 1-2

序　号	机座名称	轧辊布置形式	用　　途
⑰	十八辊 Z 型轧机 (1-2-1-4-1 型)	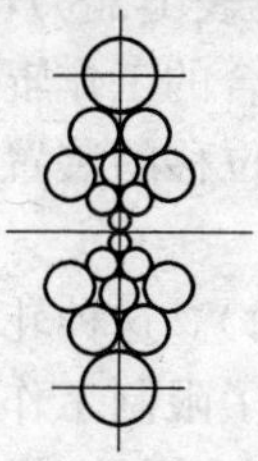	高强度合金带材
⑱	在平板上轧制的轧机	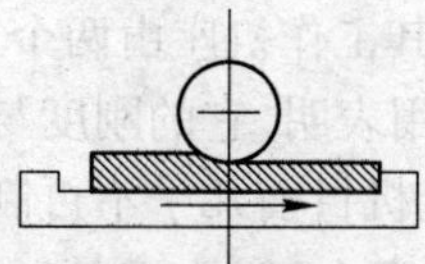	轧制各种长度不大的变断面轧件
⑲	行星轧机	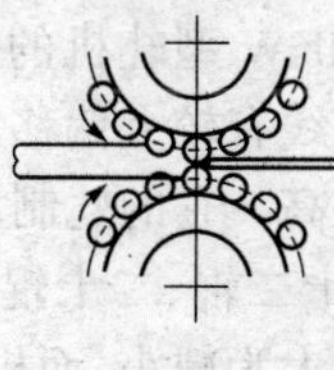	热轧及冷轧带钢与薄板坯
⑳	摆式轧机	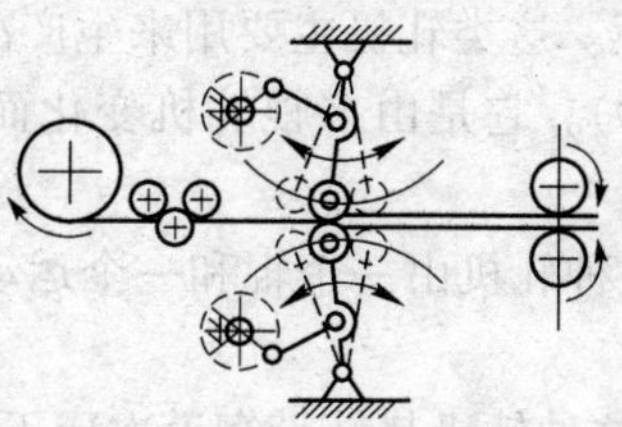	冷轧钢及钛、铜、黄铜等有色带材，尤其适于冷轧难变形材料

1) 轧制中厚板的三辊劳特式轧机。这种轧机中辊不传动，而且直径比上、下辊小(见表 1-2③)。每轧制一道，中辊均要上升或下降一次，目前这种轧机已不再制造了。

2) 轨梁轧机。即轧辊直径超过 750 mm 的型钢三重式轧机。

3) 横列式型钢轧机。

4) 三辊开坯机。用来将 1～1.5 t 的小钢锭轧成小钢坯。

(3) 四辊轧机(见表 1-2④)。它的工作机座由 4 个布置在同一垂直平面内的水平轧辊所组成，轧制仅在两个中间轧辊间进行，这两个中间辊称为工作辊。工作辊的直径比上、下轧辊的直径小得多。上、下大轧辊只用来支撑工作辊，所以叫支撑辊。采用支撑辊的轧机，其刚度及强度都大为增加。这种轧机非常普遍地应用于热轧钢板、冷轧钢板及带钢生产。

1) PC 轧机(见表 1-2⑤)。这种轧机的中心轴线是交叉布置的，目的是利于板形的调整。

2) CVC 凸度连续可变轧机(见表 1-2⑥)。它是将四辊轧机的工作辊磨成 S 型的辊廓曲线，使用时工作辊可以轴向移动，以此改变轧辊辊缝间的距离，从而有利于板形的控制。

(4) 五辊轧机(见表 1-2 中⑦、⑧、⑨、⑩)。这类轧机是在四辊轧机的基础上发展起来的，主要用于板带生产。

具有弯曲辊的五辊轧机(即 CBS 异步轧机)，轧制过程中具有接触－弯曲－拉伸综合作用。

小直径的空转辊起弯曲轧件的作用，由于轧辊的线速度不同而构成异步轧制的特点。这种轧机压下量大，可减少轧制道次，适用于轧制难变形的金属（见表1-2⑦）。

另一种形式的异步轧机，称为S轧机（见表1-2⑧）。

泰勒轧机（见表1-2⑨）。它采用异径组合的工作辊。上工作辊的直径小，在轧制过程中易发生水平弯曲，所以有专门测量小工作辊水平位移的装置，通过控制系统改变辊子的扭矩分配，以调节辊形。泰勒轧机也有六辊式的。

具有水平支撑辊的五辊轧机（见表1-2⑩）。这种轧机较四辊轧机多一个中间辊，并将下工作辊直径减小，以实现异步轧制。出口侧设置了限制工作辊产生弯曲的侧弯辊和侧支撑辊。这种轧机有垂直方向的弯辊系统和水平方向的弯辊系统，提高了轧机的调节性能。

（5）六辊轧机（见表1-2中⑪、⑫）。其工作机座由两个工作辊和4个支撑辊组成。主要用于轧制有色金属板和冷轧带钢。但实际使用表明，它的刚度与四辊轧机相比并没有显著的特点，而且不如四辊轧机使用方便。因此，这种轧机目前几乎不再制造了。

目前板带生产中常采用HC轧机（见表1-2⑫），这是一种中间辊可以轴向移动的六辊轧机，通过抽动中间辊或工作辊来改善板形，配合使用弯辊装置，可使轧辊横向刚度增大。

（6）偏八辊轧机（见表1-2⑬）。它是MKW型轧机的一种。其工作辊直径约为支撑辊直径的六分之一，且中心线对上下支撑辊中心连线有较大偏移。为防止工作辊水平弯曲，在出口侧设有侧中间辊和侧支撑辊，使机座水平刚度提高。它的轧制压力小，压下量大，适用于薄带材生产。

（7）多辊轧机（见表1-2中⑭、⑮）。有十二辊、二十辊及复合式十二辊等型式。由于有多层中间辊及支撑辊支撑，工作辊的直径就可以大为减小，而机座的刚度和强度都很高。一般都是中间辊驱动，使工作辊不承受扭转力矩。这类轧机主要用来生产冷轧薄带钢。

（8）Z型轧机（见表1-2中⑯、⑰）。它是由多辊轧机变化而来。由于改变了工作辊辊径，为控制板形提供了良好的条件。

（9）单辊轧机（见表1-2⑱）。这种轧机由一个辊和一个运动平板组成，主要用来轧制长度不大的变断面产品。

（10）行星轧机（见表1-2⑲）。这种轧机热轧带钢道次压下量可达90%～95%。

（11）摆式轧机（见表1-2⑳）。这是20世纪50年代末出现的一种新型轧机，这种轧机适合轧制难变形的金属。

1.3.2.2　具有垂直轧辊的轧钢机

这种轧钢机是在不需翻动轧件的情况下（见表1-3①），使轧件在水平方向得到侧压。它主要用于连续式钢坯轧机、型钢轧机及宽带钢轧机的轧边。板坯热轧前的除鳞也用立辊轧机。

1.3.2.3　具有水平辊及立辊的轧机

具有水平辊及立辊的轧机，如表1-3中②、③、④所示。

表1-3　具有垂直轧辊的轧机和万能轧机

序　号	轧机名称	轧辊布置简图	用　途
①	立辊轧机	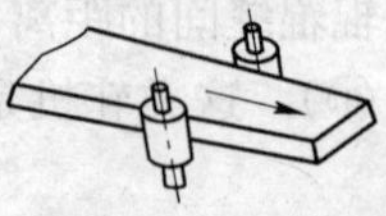	轧制金属侧边

续表 1-3

序　号	轧 机 名 称	轧辊布置简图	用　　途
②	二辊万能轧机 （有一对立轧辊）	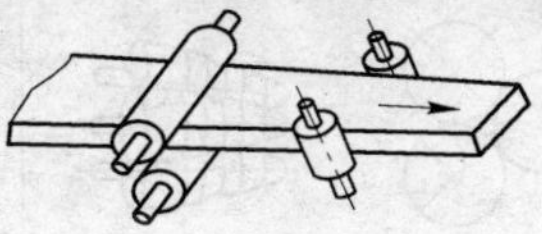	轧制板坯及宽带钢
③	二辊万能轧机 （两侧各有一对立轧辊）	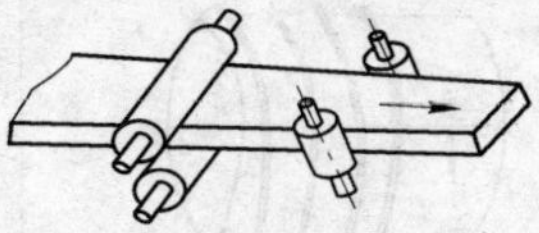	轧制宽带钢
④	万能钢梁轧机	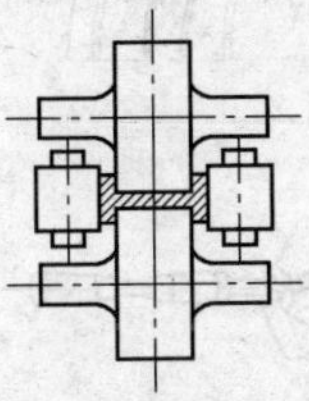	轧制高度为 300～1200 mm 的宽边钢梁
⑤	斜辊穿孔机	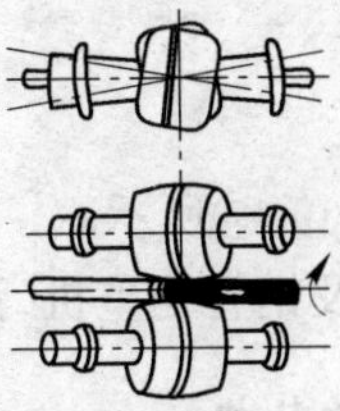	穿孔直径为 60～650 mm 的钢管
⑥	蘑菇形轧辊的穿孔机	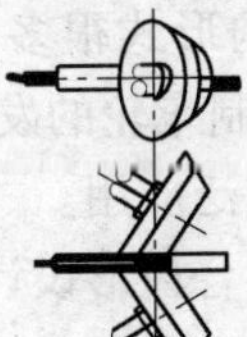	穿孔直径为 60～200 mm 的钢管
⑦	盘形轧辊的穿孔机	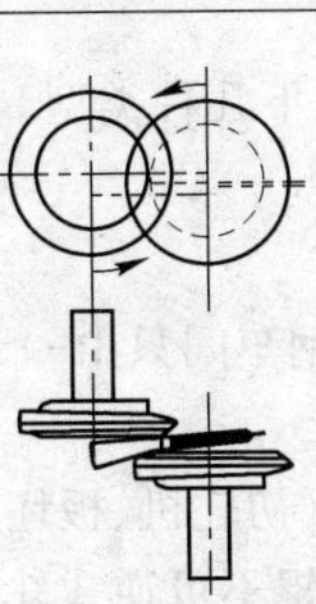	穿孔直径 60～150 mm 的钢管
⑧	三辊穿孔机	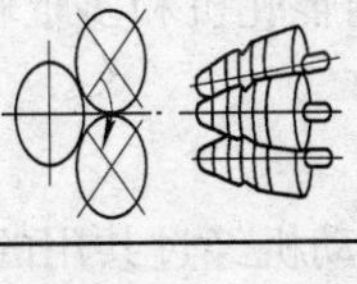	难变形金属无缝管材的穿孔

续表 1-3

序　号	轧 机 名 称	轧辊布置简图	用　途
⑨	三辊延伸轧机	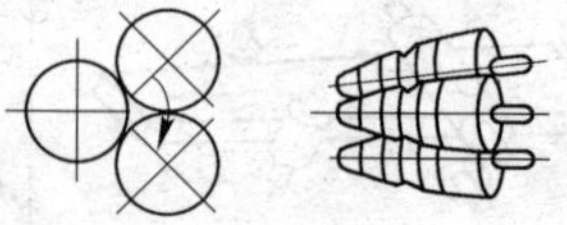	借减小管壁厚度来延伸钢管
⑩	钢球轧机	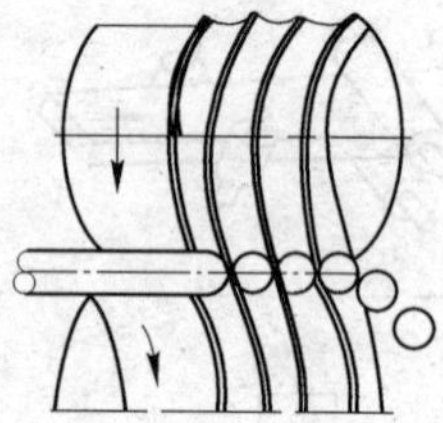	轧制 18～60 mm 以上的钢球
⑪	三辊周期断面轧机	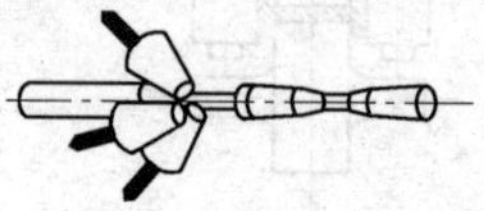	轧制圆形周期断面的轧件

1.3.2.4　轧辊倾斜布置的轧机

轧辊倾斜布置的轧机,如表 1-3 中⑤、⑥、⑦所示。

用于横向螺旋轧制,如钢管穿孔机以及钢管均整机,都属此类轧机。

1.3.2.5　轧辊具有其他不同布置形式的轧机

(1) 圆环及轮箍轧机。这种轧机的结构形式很多。圆环轧机广泛地用于轧制滚动轴承座圈、大齿轮的毛坯等。但近年来由于整体轧制车轮的发展,轮箍轧机已很少应用。

(2) 车轮轧机。近年来这类轧机得到广泛应用。

(3) 齿轮轧机。这类轧机将轧辊按照啮合齿形设计,采用横轧使齿轮成形。

1.3.3　按工作机座布置分类

轧钢车间轧钢机的布置形式可分为以下几种类型。

1.3.3.1　单机架

单机架这种轧机布置形式最简单,轧钢车间只由一个工作机座及其驱动电动机和传动系统所组成[见图 1-3(a)],这种布置用于:

(1) 轧制巨型断面的二辊可逆式轧机(初轧机、板坯轧机、厚板与万能轧机);

(2) 轧制钢管和冷轧钢板及带钢的二辊不可逆式轧机;

(3) 冷轧薄板和带钢及热轧钢板的四辊轧机和多辊轧机等。

1.3.3.2　横列式

几个工作机座横排成一列,由一台电动机经过共用的减速机、齿轮座传动[见图 1-3(b)]。这种布置的优点是设备简单，造价低、易于建造，在发展地方钢铁工业方面起了很大作用，过去中小型型钢车间多采用此类布置，现逐渐淘汰完毕。其主要缺点在于用一台电动机驱动，各个工作机座的轧辊转速相同，故轧制速度不能随着轧件长度的增加（由于轧件延伸）而提高。同时轧件从一个机座送向另一机座时，必须作横向移动，既不方便，又限制生产率的提高。在一个机列中，工作机座的数目根据轧机的不同用途可达 2～5 台。横列式布置用于轧制型钢、线材等。

1.3.3.3 纵列式

两个工作机座按轧件轧制方向顺序排成一行，轧件依次在各机座中进行轧制［见图 1-3(c)］。每个机座单独传动，轧辊的转速随着轧件长度的延伸而增加。这种布置常用于高生产率的初轧机及厚板轧机。

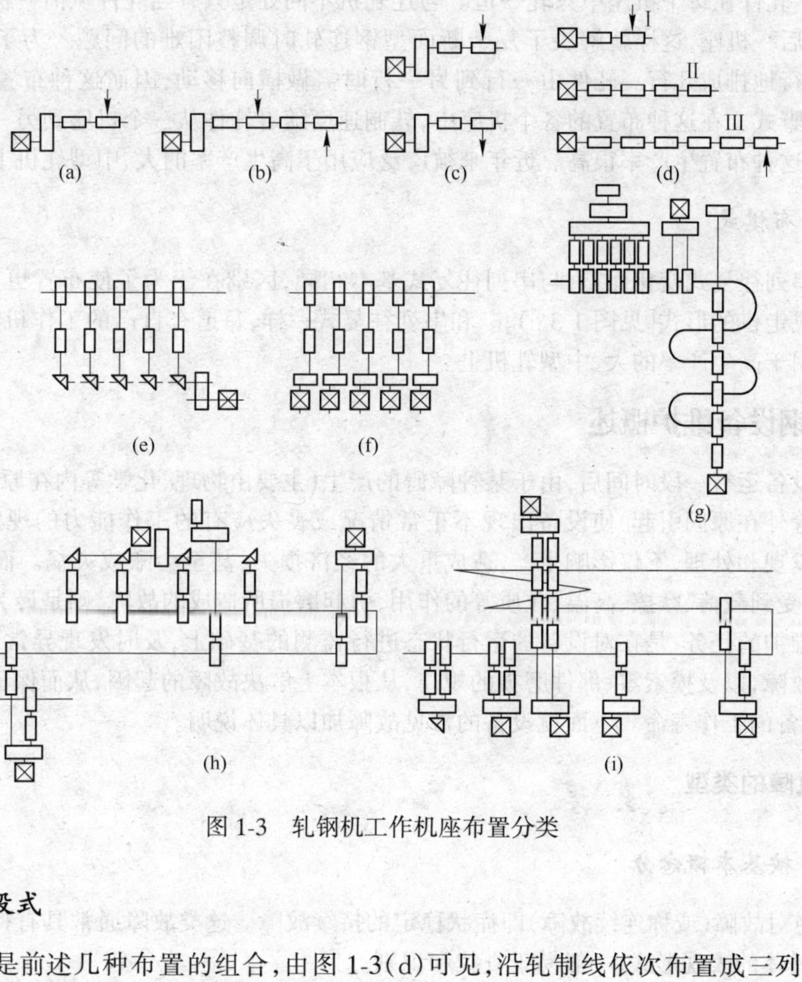

图 1-3 轧钢机工作机座布置分类

1.3.3.4 阶段式

这种布置是前述几种布置的组合，由图 1-3(d)可见，沿轧制线依次布置成三列（属于纵列式），在第二机列中，由于孔型设计的需要而布置有 3 个工作机座（属于横列式）。这种布置常用于轧制型钢，机列与机座的数量决定于孔型设计的条件。

1.3.3.5 连续式

几个机座沿轧制线排成一行［见图 1-3(e)、(f)］，机座数等于轧制道次，并且轧件同时在几个机座内进行轧制。连续式轧机是现代化的轧钢机，它的生产率很高，操作过程机械自动化程度很高,并且有很高的轧制速度(有的可达 30~40 m/s)。其缺点是调整比较困难,而且改变轧件的规格时也比较复杂。虽然如此,由于连轧机具有高生产率的突出优点,因而它被广泛用来轧制带钢、棒材、线材及钢坯等。

1.3.3.6　半连续式

轧制比较复杂的断面(角钢、槽钢等),因为连轧机调整复杂,通常采用半连续式[见图 1-3(g)],它由两组机座组成,其中一组布置成连续式(粗轧机组),另一组布置成横列式或阶段式。

1.3.3.7　串列往复式

串列往复式布置如图 1-3(h)所示,工作机座数目和连轧机一样,应尽量等于所轧产品需要的轧制道次。轧件在每个机座中只轧一道。与连轧机不同处是只有当轧件从前一机座中全部轧完后,才进入后一机座,这样就解决了复杂断面型钢连轧时调整困难的问题。为了减少厂房的长度,轧机平行地排成几行。轧件由一行到另一行时需做横向移动,因而这种布置也可称为跟踪式,或称越野式。在这种布置的各个机座中,轧制速度随着轧件从一个机座到另一个机座的延伸而提高,故这种布置生产率很高。近年来被广泛应用于高生产率的大、中型轧机上。

1.3.3.8　布棋式

它由串列往复式变化而得,与串列往复式基本相同,区别在于为了使布置更为紧凑,后面的机座布置成走棋的形式[见图 1-3(i)]。和串列往复式一样,每道有自己的工作机座与轧制速度,故也广泛用于高生产率的大、中型轧机上。

1.4　轧钢设备维护概述

轧钢设备运行一段时间后,由于某种障碍的产生(主要由物理、化学等内在原因或操作失误、维护不良等外在原因引起)使设备出现不正常情况或丧失应有的工作能力的现象称为"故障"。如不及时发现和处理,不仅影响生产,造成重大的经济损失,甚至会酿成灾祸。而轧钢设备在使用中,由于受到载荷、摩擦、高温、介质等的作用,引起磨损所造成的故障,则是最为常见的故障形式。设备维护的任务,是在对设备的运行状态进行监测的基础上,及时发现异常现象,准确地判断和处理故障,以及摸索零、部件磨损的规律,从根本上解决故障的起因,从而保证设备的正常运转,延长设备的工作寿命。下面就设备的常见故障加以具体说明。

1.4.1　故障的类型

1.4.1.1　按基本概念分

(1) 绝对故障(或称连续故障)即症状稳定的持续故障。这类故障通常具有持续的有代表性的特征和具体的表现形式,一般易于查找和识别。

(2) 随机故障(或称断续故障)即间歇型的不持续故障。这类故障通常比较隐蔽,症状无一定规律或再现困难,难于查找和判断。

1.4.1.2　按故障原因分

(1) 本质故障(或称早期故障)。因设备本身固有的弱点而引起的故障即一般由于设计、制造上的缺陷而产生的故障。

(2) 耗损故障(或称自然故障)。即设备长期正常使用形成的故障,由于老化、摩擦、损耗、疲劳等原因引起。这类故障通过事前监测可以预报。

(3) 突发故障(或称偶发故障)。由于偶然因素引起的故障。这类故障无事前征兆,不能通过事前监测进行预报。

(4) 操作故障(或称过失故障)。即不按规定规程使用、维护设备而引起的故障。

1.4.1.3 按故障程度分

(1) 轻度故障,指不致降低设备完成规定功能的故障。

(2) 部分故障,指设备的性能超过某种确定的界限,但没有完全丧失规定功能的故障。

(3) 完全故障,指设备的性能超过某种确定的界限,完全丧失规定功能的故障。

设备故障虽然是多种多样的,但它们反映在零件的损坏上,可以归纳为如下几种类型:

(1) 过量变形。包括过量弹性变形和过量塑性变形。

(2) 断裂。包括韧性断裂、脆性断裂和疲劳断裂。

(3) 表面状态和尺寸损坏。包括表面烧损、粗糙度增大以及各种形式的磨损。

1.4.2 故障产生的原因

1.4.2.1 非正常原因导致的故障

这类原因引起的故障,致使设备出现早期损坏或提前丧失应有的功能。其原因有设计不当,制造质量没有达到设计要求,运输和保管不当,使用、维护不当等几个方面。

1.4.2.2 正常原因造成的故障

这类原因引起的故障,是设备在保证设计要求的情况下正常运行,最终仍不可避免而产生的故障。它多与制造过程中的各个环节的质量有关。但考虑经济性或目前工艺条件的制约而使故障不可避免,只能通过相应的措施来减轻或延缓这些故障的发生。

A 磨损

由于摩擦造成零件表面形状和尺寸变化、重量损失直至完全损坏。保持良好的润滑和防止灰尘侵入是减少磨损的重要措施。

B 疲劳

在长期交变荷载下,零件产生表面剥落、起麻点、疲劳裂纹或整个折断。疲劳一般是由于重复、过大的荷载造成的,额外的振动造成的附加荷载可能造成小裂纹。磨损和腐蚀也会使零件的疲劳强度削弱。

C 变形

外荷载引起的应力过大、零件加工留下的残余内应力以及温度等的影响,都会使零件产生变形。

D 腐蚀

设备、零件和各种介质接触,使金属件腐蚀生锈、橡胶件老化等现象是不能完全避免的。应该特别注意的是,引起设备故障的原因往往不是单一的因素,而且各个因素之间还互有影响和联系,要注意分清它们之间的因果关系和主次地位。

1.4.3 设备的故障规律

所谓故障规律,是指故障随时间的变化而发生发展的规律,如图 1-4 所示。图中曲线常称

"浴盆曲线",它将故障变化的过程分为三个阶段。第一阶段为初期故障期,是新设备或设备修理后移交生产使用初期,由于设计、制造、运输、安装等原因而造成故障,且故障率较高。但随着不断调整,运转逐步正常。第二阶段为偶发故障期。此时,设备进入正常运转,不易发生故障,其偶发的故障是由于操作失误、工作条件变化等原因造成。第三阶段为故障多发期。零、部件磨损、老化、疲劳等原因而使设备丧失应有功能,设备故障率上升。通过加强维护保养及时更换即将达到寿命周期的零部件可使设备正常运转的周期得以延长。

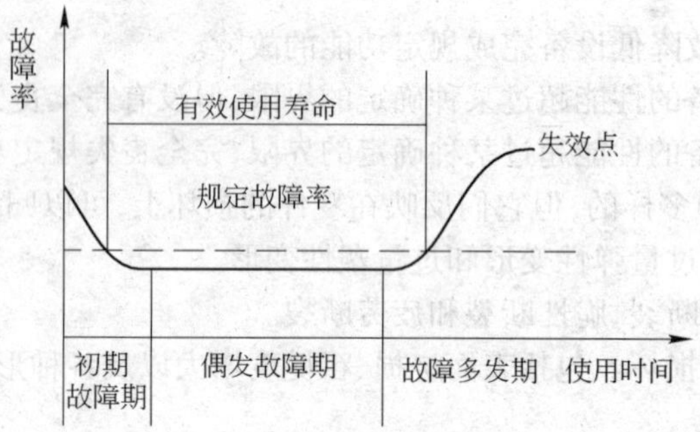

图 1-4　设备故障期与故障率

1.4.4　故障分析方法

故障分析亦称故障判断,它从对故障的调查入手,分析故障发生的原因,提出排除故障的方法,探索减轻和延缓故障发生的措施的过程。一般有资料收集,综合、分析、故障判断、效果记载等步骤。

1.4.4.1　资料收集

询问操作人员,了解故障发生过程和有关情况;查阅设备资料,收集设计、制造、使用和维护等历史资料,进行外部检查,对异常现象、损伤情况和监测指示装置的数据等做好记录。在收集资料的过程中,要注意资料的真实性和完整性,防止主观片面。

1.4.4.2　综合、分析

将调查所得的资料进行归纳、整理,去粗取精,去伪存真,抓住主要问题加以综合、分析和推理,找准一、两个最主要的实质性的症状,理出现时故障的产生原因,同时也要注意与现时故障无关的潜伏故障。

1.4.4.3　故障判断

对于比较隐蔽的故障,为了进一步判明故障的类型和原因,还需进行内部检查。目前,我国已较广泛地采用声振测试、测温、油液分析等多种诊断技术对设备进行不解体的故障检查。根据需要还对受损零件进行机械、理化试验。通过诊断、测试和分析,找出各故障现象间的内在联系和发生、发展的规律,得出故障产生原因的结论,提出排除故障的措施方案。在故障处理的过程中,还要注意发现故障的变化及新情况的产生,及时作出补充、更正,使故障处理更符合实际。

1.4.4.4　效果记载

有的设备在故障处理后,还需进行试运行,进行性能测定和调试,当性能满足要求时方可交付使用。最后,还要收集有使用价值的资料和数据,将故障发生的具体时间、内容、停机时间、多少人花费多少修理时间、修换了哪些零件、修理的效果、待解决(注意)的问题,规定填写的表格、结算费用和工时等,按规定要求纳入档案,以备今后维护工作查用,也为人们积累和提供宝贵的维护经验,促进设备维护水平的提高。

1.4.5　设备的保养、维护制度

“预防为主”是设备维护管理制度的重要指导方针,其宗旨是把事故消灭在发生之前,避免事故带来的严重损失,保证设备获得最佳技术、经济效果。因此,无论哪一种设备维护制度都应贯彻“预防为主”的方针。所谓设备维护制度,就是在“预防为主”的方针指导下,采取一系列技术措施来组织安排好设备的维护保养、检查和修理的类别以及它们之间的相互关系的总称。

1.4.5.1　计划预防修理制度

它的基本做法是:设备在使用过程中每天进行日常维护,定期清洗加油,当使用到计划规定的时间后,进行预防性的检查和各种修理。维护计划是根据磨损理论,通过试验、统计和实践经验综合分析制订出来的。其主要优点在于:能经常保持设备的良好状态,在合理使用情况下,不致因失修而损坏设备、导致停工和影响安全。缺点是修理周期不能充分反映人们的主观能动作用和设备使用条件的极大差别,造成维护不及时,更多的是造成过剩维护,使备件数量增大,维护工作量增加,致使维护费用增多。

A　计划预防修理制度的内容

a　设备的保养

它关系到设备的正常运行,在很大程度上还决定着设备的寿命,它是用好和管好设备的关键。

(1) 例行保养(日常保养)。每日每班进行,由操作人员负责,主要内容为擦拭设备、加油以保持经常清洁和润滑,对班内发生的小故障及时排除,做好交接班记录。

(2) 一级保养。主要由操作人员负责,设备修理人员配合;普遍进行对易松动的紧固螺栓拧紧、清洗、润滑,检查零件的磨损情况,进行部分调整工作。

(3) 二级保养。由设备修理人员负责,操作人员参加,进行设备内部清洗,润滑,局部解体检查和调整。

(4) 三级保养。由设备修理人员负责,操作人员参加对设备进行全面清洗、部分解体检查和局部少量的修理、更换零部件的工作。一、二、三级保养需占用停机时间,保养周期和保养范围要针对不同设备的特点来确定。

b　设备的检查

设备的检查,是指对设备的运行情况、工作精度、磨损程度进行检查,以便及时发现和消除设备的隐患,提出修理和改进措施,便于做好修理前的准备工作,以提高修理质量和缩短修理时间。

(1) 日常检查。由当班操作人员负责,按规定项目同日常保养结合进行。目的是及时发现不正常现象,进行必要的维护保养工作。

(2) 定期检查。由设备修理人员负责,操作人员参加,按规定日期进行。目的是全面准确地掌握零件磨损的实际情况,以便确定是否有进行修理的必要,同时清洗设备和定期换油。

(3) 功能检查。对设备如是否漏油、漏气以及防尘密封情况等进行检查和测定。

(4) 精度检查。确定设备的实际精度。如发现超差,应及时调整、消除或做好记录。

c　设备的修理

根据修理工作量的大小和设备修理后性能恢复的程度,将修理分为:

(1) 小修。相当于三级保养,是工作量最小的局部修理。修复和更换少量的损坏零件,调整设备的机构,以保证设备能使用到下一次修理期。小修和定检一般同时进行,费用计入当月生产成本。

(2) 中修。对设备进行部分解体,修复或更换主要零件和较多的磨损件,同时检查整个机械系统,校正设备的基础,以恢复和达到规定的精度、功率和其他技术要求。中修一般是恢复性修理。中修费用计入企业生产成本。

(3) 大修。这是工作量最大的修理。需要全部或大部分拆卸设备,修理或更换主体部件及全部磨损件,使设备的技术状况和技术性能达到规定的标准。大修周期的长短取决于设备维护和维护质量的高低。大修工期一般较长,应尽可能结合大修安排一些重大技改项目。大修费用由企业大修基金支付,不计入生产成本。

设备修复后,应组织有关部门和人员按标准进行鉴定验收,保证修理质量。

B　计划检修的组织方式

a　标准修理法(强制修理法)

这种方法是对设备修理的日期、类别和内容,都预先制订了严格而具体的计划,到时不论设备的状况如何,都严格按计划修理。此法的优点是便于作好检修前的准备工作,能有效保证设备正常运行。缺点是易造成过剩修理,增加修理成本,所以适宜于那些必须严格保证安全的或特别重要的关键设备。

b　定期修理法

它是按设备的实际使用情况,参考有关检修周期制订大致的修理计划,而准确的安排有待检修前检查后确定。此法较切合实际,有利于检修前的准备和缩短修理时间,受到广泛采用。

c　检查后修理法

此法是预先只规定设备的检查日期,根据检查结果再确定修理的日期、类别和内容。这种方法简便易行,但计划性差修理时间长。一般用于资料缺乏、不重要的设备。

1.4.5.2　全员生产维护制(TPM)

全员生产维护制是全员参加的,以提高设备的全效率为目标,以设备一生为对象的生产维护制度。所谓"全"包括:全效率(综合效率),要求设备一生所耗费用最小,而输出最大;全系统建立,是从设计、制造、使用、维护、改造、更新的设备一生的管理系统;全员参加,是包括全系统有关的部门和人员都参加,包括了企业的经理和工人。

点检定修是全员生产维护制的核心和重要组成部分,点检就是把设备可能出现的故障部分设定为若干点,规定出正常标准和异常标准,并规定检查方法和周期,指定检查人员(即五定:定点、定标、定法、定期、定人),并形成一套技术标准,按这个标准对设备进行监控、维护的作业。点检内容有:

(1) 日常点检。由操作工人进行,凭五官感觉,每班一次,按标准规定逐项检查并记入点检卡。日常点检是基础,它占全部点检项目的50%以上,是设备避免事故的第一道防线。

(2) 定期点检。由专业点检工进行,按点检计划表依次进行,一般需停机,周期较长。点检内容是对设备的重要部位,凭经验和仪器检查,判断出设备的异常和隐患,排除故障。这是避免事故的第二道防线。

(3) 精密点检。由专职技术人员进行,每年一至二次,是对日常点检和定期点检的完善和补充。这是第三道防线。

以状况为依据确定检修内容,每月定修时间是固定的,每次定修一般不超过16 h。定修与计划检修不同,它不分大、中,小修,检修立项以点检为依据,该修就修,不该修则不修,无论哪一种点检,发现异常,都要用诊断技术探明原因,对重要部位还设定劣化倾向管理项目,采用诊断技术进行动态监控,预测故障。

点检与计划预修中的检查工作的不同点在于:前者是一套完善的,科学的设备维护管理方法,后者只是其中的单项内容,点检是把分级维护检查和技术诊断、倾向管理结合起来,实行严肃的、完善的现代技术和科学管理方法的统一。

定修是在点检的基础上,以设备实际情况对设备进行定期修理。定修对检修日期、内容控制很严,要求计划完成率为100%,增项减项、提前延后都不好,计划的准确性来自点检工作。

除点检定修外,全员生产维护制的工作内容还包括:实行设备分级,按在生产中的重要性一般将设备分为三级,针对不同情况采取多种维护方式,突出重点设备的维护,建立和健全以维护记录为核心的设备技术档案,要求有设备一生的广泛的维护记录,开展统计分析活动,开展平均故障间隔期(两次故障间的平均时间)分析,以获得最佳的点检和维护方案,注重文明生产良好作风和习惯的养成,以求达到最高的效率。

1.4.5.3 状态维护制度

状态维护制度是根据故障理论,针对不同设备的特点,在设备状态预知的基础上按需要进行修理的制度。设备的状态预知是通过现代监测仪器和诊断技术来实现的。主要内容是对设备的保养时间和内容不做统一规定,一般按原生产厂说明书要求进行。修理工作采用先进的检测手段,结合保养,在设备不解体的情况下,定期测定设备各部分的技术状态,发现哪一部分有问题,就对哪一部分进行修理。若技术状态的变化情况还在允许范围内,则不予修理。状态维护制度为欧、美国家普遍采用。它的优点是:缩短了停机修理时间,减少修理工作量,提高了设备利用率,节省了维护费用。其主要问题是:采用这种制度,首先要有先进的测试手段,否则其科学性和实际效果都不会太好。

1.4.6 设备维护的安全技术

安全技术,是为了防止和消除工作中产生人身伤亡和设备事故所采取的各种措施。其基本要求如下:

(1) 维护人员,应按规定穿戴好劳动保护用品。

(2) 未经安全学习,不得上岗工作。对需有安全合格证的工作岗位,禁止无证上岗操作。

(3) 关键、特殊的设备场所,需持专门证件进入,无证人员不得入内。

(4) 人多、场地复杂的检修工作,应设专职的安全人员,进行有权威性的安全检查和监督工作。

(5) 检修中,如多人操作时,必须有专人指挥,指挥信号应统一,明确。其他人员不得随意指挥。

(6) 设备检修前,应切断电源,取下保险丝,并挂上检修警告牌。

(7) 检修受压设备或管路之前,应将压力降到大气压力。

(8) 用来更换或拆下的零、配件,应放置整齐、平稳,以便安全而迅速地工作。

(9) 检修过程中,注意保护好电缆、电线,严防损坏和不得随意切断。

(10) 工作场地的四周和上方,应注意检查有否放置不当、粘附和锈蚀损坏的物品,以免翻倒或脱落下来伤人。

(11) 在工作过程中,应随时清理地上的油污,以免使人滑倒跌伤。

(12) 在有易燃、易爆气体的环境里,需要点火时,必须先进行易燃物的分析,取得安全技术部门和消防部门的同意后,方可点火。

(13) 严禁从高处向地面扔工具、材料、绳索等物。

(14) 设备检修后,应将所有在检修时移动或拆除的安全防护装置恢复原状,否则不准开车。

(15) 设备试运转时应有专人指挥。对可能发生危险的设备进行试运转时,工作人员要隐蔽好自己,其他人员必须远离现场。

复习思考题

1-1　轧钢机由几部分组成?

1-2　轧钢机的命名方式如何?

1-3　轧钢机有几种布置形式,其中横列式、纵列式、连续式各有何主要特点?

1-4　什么叫故障?

1-5　设备维护的任务是什么?

1-6　机械零件损坏的类型有哪些?

1-7　一台完整设备,即使正常工作也总会发生故障,为什么?

1-8　怎样进行故障分析,简述过程。

1-9　什么叫设备大修?

1-10　什么叫点检,点检与计划预修制的设备检查有何不同?

1-11　如何做到检修工作安全进行?

2 加热设备

轧钢车间的加热设备，主要用来完成各种坯料的输送和加热。最常见的加热炉是连续式加热炉。从 20 世纪 50 年代起，步进式加热炉逐渐得到发展，目前在钢板和中小型型钢生产中的应用日趋广泛；在钢管生产中，新设计的加热炉也多采用步进炉或环形炉。不同形式的加热炉，其加热炉设备往往也各有不同。下面介绍几种主要的加热设备。

2.1 推钢机

2.1.1 推钢机结构原理

加热炉推钢机是连续式加热炉的加料机械，用于将钢锭或钢坯依次推入炉内。在端出料的加热炉中，推钢机可以将加热好的钢锭或钢坯从加热炉的另一端推出；在侧出料的加热炉中，推钢机先将钢锭或钢坯推至出料位置，再由出钢机将钢锭或钢坯推出去。

推钢机有齿条式、螺旋式、曲柄连杆式和液压式等类型。其优缺点比较如表 2-1 所示。

表 2-1 各类推钢机的优缺点

优缺点	齿 条 式	螺 旋 式	曲柄连杆式	液 压 式
优 点	工作稳妥可靠，传动效率高，不需要经常维修，推力、行程大	结构简单，制造容易，重量轻，投资少	推速高，操作灵活	推力大，推速易控制，结构简单，重量轻
缺 点	结构较复杂，自重大	传动效率低，零件易磨损，推力、行程较小	结构复杂，自重大，行程小	可能漏油，要求勤检修
备 注	应用广	适用于 20 t 以下推力，小型、线材车间等	适用于小型或线材车间	推广使用

根据轧钢车间使用的经验，推力在 0.2 MN 以上时，一般采用齿条式推钢机较适宜，因为齿条式推钢机传动效率高，使用可靠，这是螺旋式推钢机难以相比的。近年来，液压式推钢机在中小型加热炉上开始推广使用，因为液压式推钢机重量轻，机构轻巧，容易实现。

推钢机的基本参数有推力、推速及行程等。

推钢机的推力 P，通常按下式(2-1)计算

$$P = \mu Q \tag{2-1}$$

式中 Q——被推金属的重量，kN；

μ——金属和炉底间的摩擦系数，当沿炉底水管或金属滑道移动热金属时，$\mu = 0.4 \sim 0.6$；当直接在炉底上移动时，$\mu = 0.6 \sim 1$。

推钢机的推速取决于钢锭(坯)断面形状、尺寸、炉子生产率、轧制周期和出料方式，在其电动机正常的工作状态下，通常采用：

对断面为 30～60 mm 的方坯，推钢速度为 50～80 mm/s；

对断面为 100～300 mm 的方坯或钢锭，推钢速度为 100～200 mm/s，对宽度为 500 mm 或更

宽的板坯，推钢速度为 150 mm/s。

一般来说，影响推钢机生产率的主要原因是推杆返回时的空载时间长。为提高生产率，推钢机的返回速度可以取得比推速大。一般返回速度比推速大 50% 至数倍。实际使用表明，返回速度比推速大一倍左右较合适。有的推钢机设有慢速推钢电动机和快速返回电动机，用以调节速度。采用液压推钢机，可以方便地调节推钢速度。

推钢机行程一般为 1.5～5.5 m，这取决于所推炉料的尺寸及炉台宽度。用吊车上料时，行程应大于每次装料总宽度，并大于辊道的宽度；用辊道上料时，除了考虑大于辊道宽度外，还应根据检修要求（要求推头能退到辊道外侧）所需长度来确定。

图 2-1 为螺旋式推钢机。螺旋式推钢机体积小，重量轻，结构简单，便于制造，所以在小型轧钢车间得到广泛应用。螺旋式推钢机由推杆、螺母、螺杆和传动装置等组成。传动装置采用标准圆柱齿轮减速机。为提高推钢机的生产率，可以用两套传动装置分别传动螺杆，以实现慢速推钢和快速返回。快速返回的传动装置如图 2-1 中虚线所示。

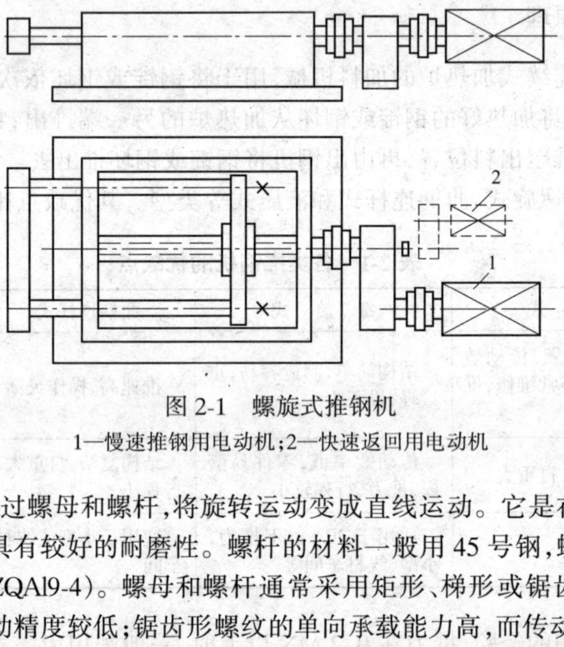

图 2-1 螺旋式推钢机

1—慢速推钢用电动机；2—快速返回用电动机

螺旋式推钢机是通过螺母和螺杆，将旋转运动变成直线运动。它是在较低的速度下传递较大的力，因此要求它们具有较好的耐磨性。螺杆的材料一般用 45 号钢，螺母的材料常用锡青铜（ZQSn10-1）和铝青铜（ZQAl9-4）。螺母和螺杆通常采用矩形、梯形或锯齿形螺纹。矩形螺纹传动效率高，其强度和传动精度较低；锯齿形螺纹的单向承载能力高，而传动效率低，梯形螺纹强度高，承载能力大，传动效率介于矩形和锯齿形螺纹之间，在推钢机上采用这种螺纹传动效果较好。为保证螺旋啮合良好和推钢准确，推钢机设有导向装置，一般采用滚动导向装置。

图 2-2 为齿条式推钢机。它由推杆、机座、传动装置和行程控制器等组成。

齿条式推钢机的传动布置通常采用图 2-3 所示的两种形式。它们由两个电动机分别驱动两个推杆，推杆既可以单独工作（推钢锭时），也可以两个推杆同时工作（推钢坯或连铸坯时）。两推杆之间没有机械连接，可以采用电气连锁的方法，来保证两推杆的同步，操作方便。图 2-3(a)系采用蜗轮－圆柱齿轮减速机或圆锥齿轮－圆柱齿轮减速机的推钢机；图 2-3(b)系采用标准圆柱齿轮减速机的推钢机。推钢机的传动装置较多采用圆柱齿轮标准减速机，其优点是传动效率高，易加工制造；缺点是传动装置布置不够紧凑。

液压式推钢机的结构形式较多，主要是推杆的同步、导向和返回方式不同。这种液压推钢机由两个油缸组成，推头的中部有导杆，以保证两油缸活塞杆的机械同步。

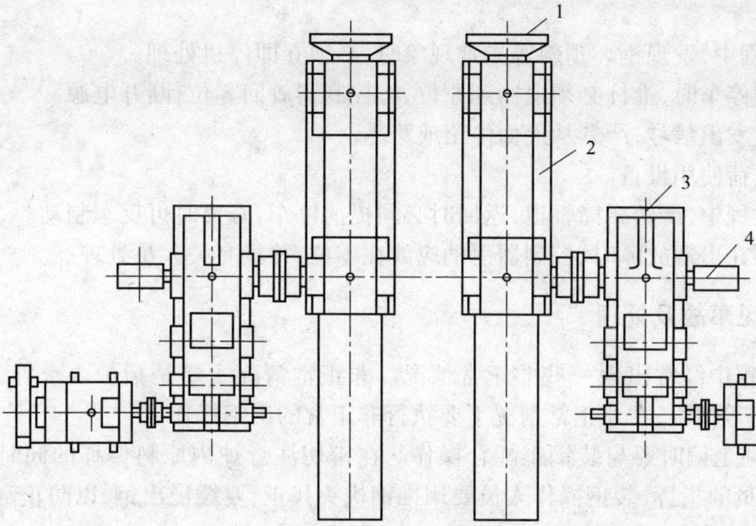

图 2-2 齿条式推钢机

1—推杆;2—机座;3—传动装置;4—行程控制器

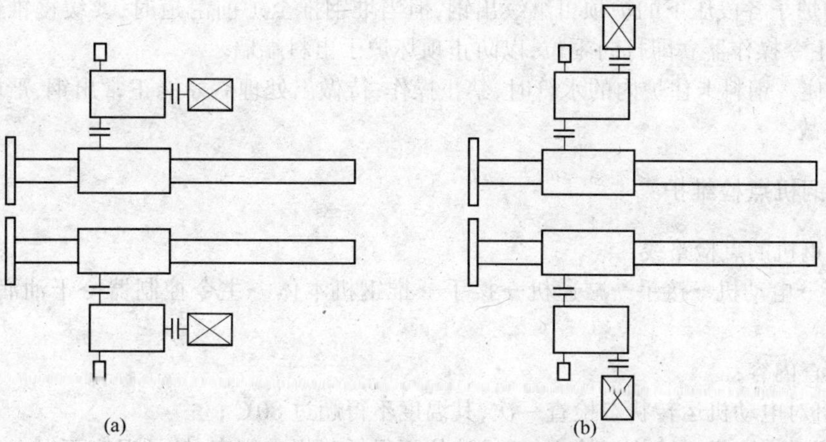

图 2-3 齿条式推钢机的传动布置

(a) 蜗轮(或圆锥齿轮)-圆柱齿轮传动;(b) 标准圆柱齿轮减速机传动

2.1.2 推钢机操作注意事项

(1) 操作者必须熟悉设备性能,无操作证不得操作。

(2) 开车前先点动,确知各部机构工作正常,润滑良好方可正式开车工作。

(3) 推钢机现场应清洁、无杂物,尤其推杆上滑面必须保持清洁、无异物。

(4) 炉前吊料时,吊钩未脱掉之前不得进行推钢。

(5) 严禁用推头作钢坯找正动作。

(6) 操作中推钢机行程不得超过极限,在出现脱齿事故时,禁止启动电动机,等人工盘车复位后再启动电动机。

(7) 钢坯到位、辊道停车后,方可推料。

(8) 在推钢过程中,严禁上料辊道向推钢机送坯,上料辊道向推钢机送料时,推杆必须退回到原定位置。

(9) 在推钢过程中,发现钢坯顶斜等异常现象时,必须立即停机处理。

(10) 在长时间停车时,推杆必须退回到原位,将控制器放回零位,断开电源。

(11) 推钢时应发出信号,严禁从上面停留或跨越。

(12) 严禁超负荷使用设备。

(13) 在操作过程中,严禁碰撞辊道,返回时必须提前停车,必要时可反车制动。

(14) 机械电器在出现故障时,控制器手柄应放在零位,并找有关人员处理。

2.1.3 推钢机常见事故及处理

推钢机使用过程中经常出现一些非正常情况。非正常情况主要是指炉内水管上的钢坯走偏、刮墙、崩钢、卡住等情况,在非正常情况下要执行非正常的出钢操作。

(1) 走偏。钢坯走偏时要与装钢工配合操作。在密切注意炉内原料偏移的同时,炉前装钢操作要听从观察人员的指挥,装钢操作人员要用推钢机头找正,要缓慢出钢,以防止刮墙,甚至落道等事故的发生。

(2) 刮墙。炉内钢料刮墙时,要进行处理,将刮墙的钢料处理顺直后才允许出钢。

(3) 崩钢。崩钢造成炉内原料堆起,在进料口附近应掏出摆好后重新推入,若不能掏出,其高度不影响炉子各段压下的炉顶可继续出钢,但当堆钢推至炉前滑道时,要缓慢推钢,发现有钢料滚落时,主令操作器立即打向零位,以防止顶坏炉子出料端墙。

(4) 卡住。钢料卡住炉内的水管时,禁止操作,待做出处理后才能正常出钢,严防顶坏水管,造成大的事故。

2.1.4 推钢机点检维护

(1) 推钢机的点检路线:

制动器→电动机→接手→减速机→接手→推钢机本体→主令控制器→干油润滑泵系统→油路。

(2) 检查内容:

1) 每班对电动机运转状态检查一次,其温度不得超过 80℃;

2) 每班对减速机运转状态检查一次,油位不得低于规定刻度,轴承温度不得大于 50℃;

3) 每班对干油润滑泵系统及油路检查一次,保证油泵按时供油;

4) 检查抱闸间隙及闸皮磨损情况,及时更换、调整;

5) 检查推杆运行状态及推杆滑动面有无损伤和松动,保持推杆滑动面的良好润滑;

6) 检查各部连接螺栓及地脚螺栓有无松动;

7) 检查推杆极限装置,及时修复调整。

(3) 润滑。推钢机在使用过程中,各关键部位的零部件需要润滑,其通常所用润滑剂情况,如表 2-2 所示。

表 2-2 各部件润滑剂情况

设备及部位	润滑油脂
减速机	120 号工业齿轮油
滑板、轴瓦	复合钙基脂
齿轮、齿条	复合钙基脂

2.1.5 推钢机的维修

2.1.5.1 准备

(1) 熟悉推钢机的构造和工作原理。

(2) 安排检修进度,确定责任人。

(3) 制定换、修零件明细表。

(4) 准备需更换的备件和检修工具。

2.1.5.2 拆卸

(1) 确认系统停电,通知电工拆走信号反馈及控制设备。

(2) 拆除干油配管及安全防护罩。

(3) 拆除推钢机各部分连接螺栓及地脚螺栓,将推钢机分解成机体(包括左右机体,下同)、左右机体连接轴、制动器、制动轮、增速器、减速器、底座及支架等几部分。

(4) 解体机体:

1) 拆侧端盖,取出压轮装配。

2) 拆两侧导轮装配。

3) 拆除箱体连接螺栓,吊走机盖。

4) 吊走传动齿条。

5) 拆除传动齿轮装配及托轮装配。

6) 解体压轮装配,拆下压轮和轴承。

7) 解体导轮装配,拆下导轮和轴承。

8) 解体传动齿轮装配,拆下半联轴器、轴承和齿轮。

9) 解体托轮装配,拆下托轮和轴承。

(5) 解体减速器:

1) 松开放油螺塞,放掉润滑油。

2) 拆除减速器两侧端盖。

3) 拆除箱体连接螺栓及定位销,吊走机盖,吊出传动轴装配。

4) 用压力机或手锤拆除传动轴上的半联轴器、轴承、甩油环、齿轮等零件。

(6) 解体增速器(同减速器)。

(7) 解体制动器:拆下制动闸瓦、松闸推杆、平衡弹簧、液压缸、活塞及推杆。

(8) 解体连接轴:拆下半齿式联轴器。

2.1.5.3 清洗检查

(1) 清除表面的油污、锈层、旧漆、密封胶等。

(2) 检查零件配合面、啮合面、接触面的磨损情况,清除零件在使用和拆卸过程中产生的毛刺、飞边等,修理损伤表面。

(3) 检查各传动轴的圆度、同轴度及弯曲变形等。

(4) 检测齿轮齿侧间隙、接触斑点分布位置及分布率,检测轴承间隙。

(5) 检查压轮、导轮、托轮、制动轮、闸皮等零件的磨损情况。

(6) 检查液压缸体、活塞圆度、同轴度及磨损情况,松闸推杆及左右制动臂的变形情况,平衡弹簧的弹性及是否损坏。

(7) 检查各箱体、底座、支架、盖板等是否有裂纹、变形等缺陷并焊补或矫直。

(8) 根据设备的技术要求及检测结果报废零件。

2.1.5.4　安装调试

(1) 对零件的主要配合尺寸进行测量，选择装配。

(2) 选择适当的装配方式，按照与拆卸相反的顺序进行组件、部件的装配及推钢机的总装。

(3) 传动齿轮、齿条、压轮、导轮、托轮、齿式联轴器加足润滑脂，增速器、减速器、制动器液压缸按标准加足润滑油或液压油。

(4) 接通润滑管路，盖好安全防护罩。

(5) 单体无负荷试车，推钢机应运行平稳、无异响。

(6) 调试完毕后，清理检修现场，整理和分析检测数据及备件消耗情况。

2.2　出钢机

2.2.1　结构原理

2.2.1.1　端出料的出钢机

端出料连续式加热炉的炉前出料方法，通常是利用炉后推钢机将热钢坯(锭)推出加热炉，并沿着有一定斜度的滑板滑至出炉辊道上；辊道外侧设有缓冲器，吸收钢坯沿滑板滑下时的动能。但在热连轧板带生产中，由于板坯重量大，板坯从滑板滑下时冲击力很大，容易损坏辊道轴承、缓冲器挡头、缓释弹簧等，同时板坯沿滑板滑下时容易擦伤而影响带钢质量。因此，新建的热连轧板带车间已采用出钢机来取出板坯。

图 2-4 所示为 1700 连轧机炉前出钢机的传动图。出钢机由出钢杆的移动机构和出钢杆的抬升机构组成。炉内加热好的板坯，由炉后推钢机或步进式移动机构，移至板坯终点控制装置的位置后，出钢机由电动机 1 通过减速机 2 和齿轮齿条机构 3，把出钢杆送进炉内，停在板坯下面；开动电动机 4，通过蜗轮减速机 5，带动偏心轮 6，抬起出钢杆，使板坯被抬起而脱离炉内辊道，此时开动电动机 1，使出钢杆抬着板坯退出加热炉，移至辊道上面，然后，再开动电动机 4，使出钢杆下降到低于辊道面约 70 mm 处，将板坯放于辊道上。出钢机的性能如表 2-3 所示。

表 2-3　炉前出钢机的技术性能

名　称	参　数	名　称	参　数
板坯最大重量/t	24	出钢杆在炉内抬升最大行程/mm	295
出钢杆最大移动行程/mm	4400	出钢杆抬升时间/s	2.63
出钢杆最小移动行程/mm	4000	出钢杆工作周期/s	32
出钢杆行走速度/$mm\cdot s^{-1}$	0.56		

图 2-4 中出钢机的前进后退装置为齿轮齿条式、升降装置为偏心轮式，但随着轧钢车间的现代化，液压技术的广泛应用，前进后退装置、升降装置更多的是用液压缸控制。液压式出钢机的操作方法和齿轮齿条式基本相同。

2.2.1.2　侧出料的出钢机

在侧出料的连续式加热炉上，钢坯由炉内推钢机逐渐向炉前推动。当加热好的钢坯被推至

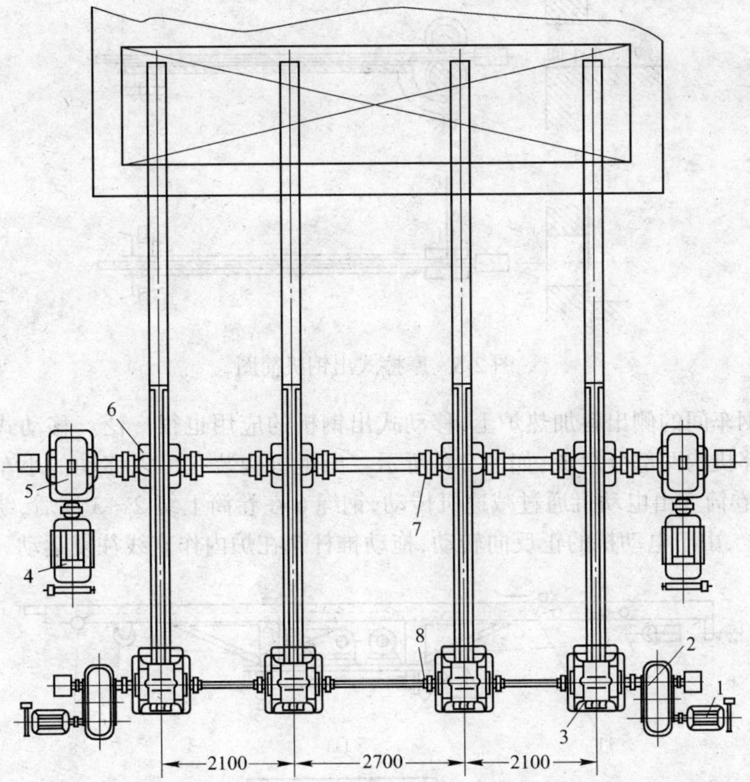

图 2-4 1700 mm 连轧机炉前出钢机传动图

1、4—电动机；2、5—减速机；3—齿轮齿条机构；6—偏心轮；7、8—离合器

炉前出钢槽时，出钢机从加热炉的侧面将钢坯推出炉外，再经炉前辊道运往轧机进行轧制。侧出料的连续式加热炉常用于小型轧钢车间。

出钢机推力的大小由所推坯料的重量决定。正常操作时，每次只需推出一根坯料。但考虑到坯料可能产生粘连，出钢机的推力应满足一次推出两根坯料的要求。一般推力为 1.5～6 kN。出钢速度应和轧机生产能力相适应，一般为 0.5～2 m/s。出钢机推杆行程主要取决于被加热坯料的长度、炉子宽度和车间工艺布置。一般推杆行程 L 可按下式(2-2)计算：

$$L = L_0 + 2s_1 + 2s_2 + 100 \tag{2-2}$$

式中 L_0——炉子内壁间距，mm；

s_1——炉墙厚度，mm；

s_2——炉门厚度，mm。

有时虽然坯料尺寸很长，但第一架轧机距离出料口很近或设有专门出料辊，此时推杆行程只须保证能使坯料前端被咬入轧辊或送料辊即可，而不必将坯料全长推出炉外。

图 2-5 所示为摩擦式出钢机简图。这种出钢机应用很广，其推杆由两个送料辊移动。推力受推杆和送料辊间的摩擦力限制。因而出钢机可以保证不过载。一般通过弹簧用压下螺丝将送料辊夹住推杆。推杆在导槽内移动，杆内通水冷却。送料辊由一电动机通过减速机传动，可以单独驱动下送料辊，也可以同时驱动上下送料辊。前者推力较小，用于小型型钢车间，后者适用于大推力的型钢车间。

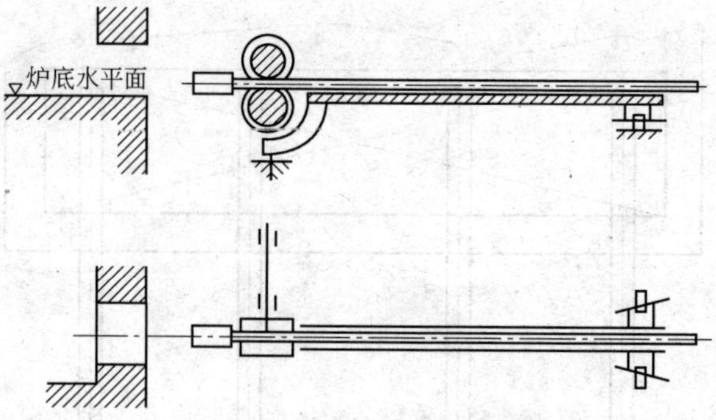

图 2-5　摩擦式出钢机简图

在小型型钢车间的侧出料加热炉上，移动式出钢机的应用也很广泛。移动式出钢机由出钢机构和小车横移机构两部分组成，如图 2-6 所示。出钢机构装在可以移动的小车上。出钢机构如图 2-7 所示，卷筒 5 由电动机通过减速机传动，钢绳 6 在卷筒上绕 2～3 周后，绕过前导轮 4 固定在推杆小车上，由于电动机的正反向转动，拖动推杆 7 在炉内作直线往复运动，完成出钢操作。

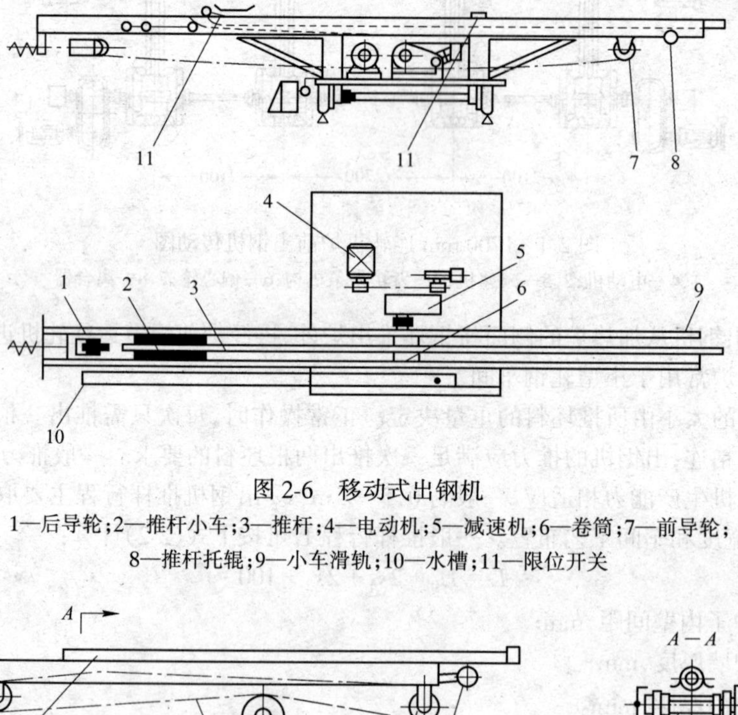

图 2-6　移动式出钢机

1—后导轮；2—推杆小车；3—推杆；4—电动机；5—减速机；6—卷筒；7—前导轮；8—推杆托辊；9—小车滑轨；10—水槽；11—限位开关

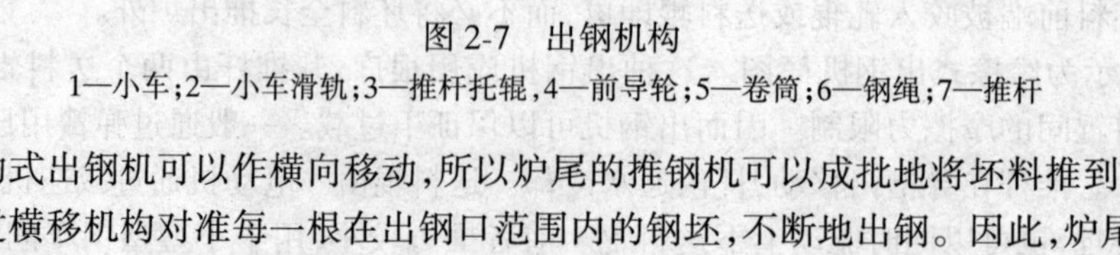

图 2-7　出钢机构

1—小车；2—小车滑轨；3—推杆托辊；4—前导轮；5—卷筒；6—钢绳；7—推杆

由于移动式出钢机可以作横向移动，所以炉尾的推钢机可以成批地将坯料推到出钢口，出钢机则可以通过横移机构对准每一根在出钢口范围内的钢坯，不断地出钢。因此，炉尾上料与炉前出钢可以互不干扰，出钢速度快，横移操作灵活准确，每 1 min 可以出钢 10 根以上，这种出钢机适宜于出钢次数频繁的小型型钢车间侧出料连续加热炉。

2.2.2 出钢机操作注意事项

(1) 操作者必须了解设备性能,无操作证者不得操作设备。

(2) 开车前要检查设备各部位及操作系统,清除障碍,出料头部冷却水正常,托块牢固。

(3) 试验电动机运转是否正常,制动器动作是否灵敏可靠。

(4) 检查极限装置是否齐全灵敏,出料杆停位是否准确,作业时不准依靠极限进行操作。

(5) 只有出料杆降到位后,才能启动出炉辊道。

(6) 严禁出料杆在未抬起状态下运行,防止顶坏设备。

(7) 出料杆不能长时间停在加热炉内。

(8) 当出料机出钢时,严禁加热炉内步进梁动作。

(9) 严禁钢坯横向撞击出料杆。

2.2.3 出钢机点检维护

(1) 每班班前检查、紧固所有的连接螺栓、地脚螺栓、联轴器螺丝并检查是否齐全。

(2) 检查极限位置是否安全可靠,极限失灵要立即处理。

(3) 每班检查所有连杆机构的运行状态及润滑情况。整体连杆机构的集中干油润滑系统每班要加油脂一次。

(4) 检查减速机,传动要平稳无异常声音;查看油标保证油质及油位正常;接合面要紧密接合,端盖部位密封要可靠,无漏油现象发生。

(5) 每天检查抬起机构,发现漏油要及时处理,管接头要经常检查紧固,防止松动、脱落现象发生。

(6) 每天检查出料杆尤其要注意其头部,发现异常要及时进行处理。

(7) 每班对关节轴承及销轴进行检查,出现异常情况及时进行处理。

(8) 保持升降液压缸柱塞杆表面的清洁与润滑,避免划伤。

2.2.4 出钢机的维修

(1) 所有更换或修复的零部件都必须符合图纸要求,组装时要清洗干净,按规定程序进行组装。

(2) 对需要装配的零部件配合尺寸,相关精度,配合面、滑动面应进行检测,清洗处理,并应按标准及装配顺序进行装配。

(3) 对已锈蚀的零部件,应进行清锈处理,并采取防锈措施。

(4) 所有润滑油路必须畅通不得有堵塞现象。

(5) 所有液压、润滑管路元件、箱体密封以及端盖组装后,要工作可靠不得有漏油现象。

(6) 所有紧固螺栓,应达到一定的预紧力牢固可靠。

(7) 齿条出料杆装配时两齿条对接处的齿距用齿距样板保证,且对接处应顶紧,0.1 mm 塞尺不得塞入。

(8) 齿条中心线与出料杆中心线应重合,其偏差不得大于 0.5 mm。

(9) 导轨,齿条,耐磨板与出料杆的结合面和导轨与齿条的结合面必须紧密贴合,0.2 mm 塞尺不得塞入。

(10) 齿条出料杆的齿条与移动装置的齿轮接触面积在齿高方向不少于 30%,在齿长方向不少于 40%。

(11) 齿条出料杆中心线与加热炉中心线应平行，其在全长上偏差不大于 3 mm。

(12) 齿条出料杆头部上表面应在同一平面内，其偏差不大于 3 mm。

(13) 保证齿条出料杆头部上表面标高不低于辊道面标高 100 mm。

(14) 齿条出料杆上表面与移动装置压辊的间隙为 1～2 mm。

(15) 必须保证齿条出料杆移动灵活可靠。

(16) 齿轮联轴器两轴的中心线应重合，其偏差不大于 0.3 mm，倾斜不大于 1/1000。

(17)减速机蜗轮、蜗杆、齿轮、齿条的齿面磨损量超过齿厚的 20%时，或齿根有裂纹，断齿、严重点蚀的应更换。

2.3 步进式炉机械

2.3.1 结构原理

步进式炉加热温度均匀，加热时间快，产量高，生产灵活性大，必要时可以将炉内坯料排空。加热时，坯料下表面的水管黑印小，坯料温度均匀，加热的热效率也较高。加热特殊钢时，能满足对坯料表面质量（氧化、脱碳、划伤等）的高要求，加热大型板坯时，由于板坯温度均匀，有利于减少轧制时的厚度差。所以，目前步进式炉在热轧板带车间以及中小型轧钢车间都得到了广泛应用。

步进式炉一般分为两类，一类是单面加热的步进式炉，简称步进底式炉，另一类是双面加热的步进式炉，简称步进梁式炉，前者主要用于中小型低负荷的加热炉，后者多用于大型、大负荷的加热炉，如热带钢连轧车间的板坯加热炉。

(1) 步进梁的运动轨迹。一般情况，步进梁（或步进炉底）相对于固定梁（或固定炉底）作上升、前进、下降、后退 4 个动作，由这四个动作组成步进梁的一个运动周期。每一个周期使坯料从装料端向出料端前进或后退一个行程。在正常情况下，步进梁做正循环，使坯料前进；当生产线上发生故障时，可采用逆循环将出炉辊道上加热好的坯料退回加热炉；在修炉前，采用逆循环可将炉内坯料排空；当需要坯料在炉内保温时，可采用踏步的方式以减少坯料底部的水管黑印。

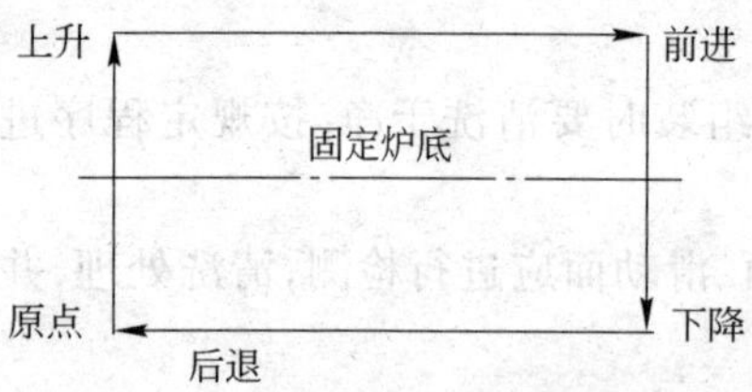

图 2-8 步进梁的矩形运动轨迹

步进梁的运动轨迹有各种不同形式，有圆形、椭圆形和矩形等。步进梁的矩形运动轨迹如图 2-8 所示。

在有的步进梁式炉中，由于步进机构的负荷（最大装钢量和步进梁自重之和）很大，为了减少步进梁循环运动时的冲击，采用在上升、下降、前进、后退各启动段的速度由零慢慢增至最大，在各停止段速度由最大慢慢减至零的速度制度。

步进梁动作的操作方式有手动、电气控制或电子计算机控制。

(2) 步进梁的传动机构。步进梁的传动机构通常由升降装置和移运装置两部分组成。其结构形式主要有三种，有偏心凸轮式，杠杆托辊式和斜面导轨式，如图 2-9 所示。

步进梁的升降装置和移送装置，一般都有单独的传动装置，通常分为机械传动和液压传动，也有的采用这两种传动的组合形式。近年来建成的步进式炉大多采用液压传动，因为其设备结构简单，效率高，并能获得步进运行所需要的理想矩形运动轨迹和圆滑的速度曲线，操作控制又较灵活。

图 2-10 所示为中小型轧钢车间使用的一种步进底式炉机械，传动机构为斜面导轨式，步进机构的一次步进循环由四个动作来完成：

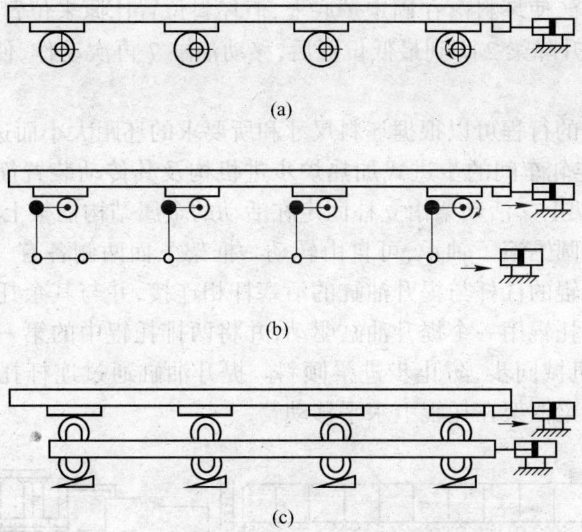

图 2-9 步进梁的传动机构

(a) 偏心凸轮式；(b) 杠杆托辊式；(c) 斜面导轨式

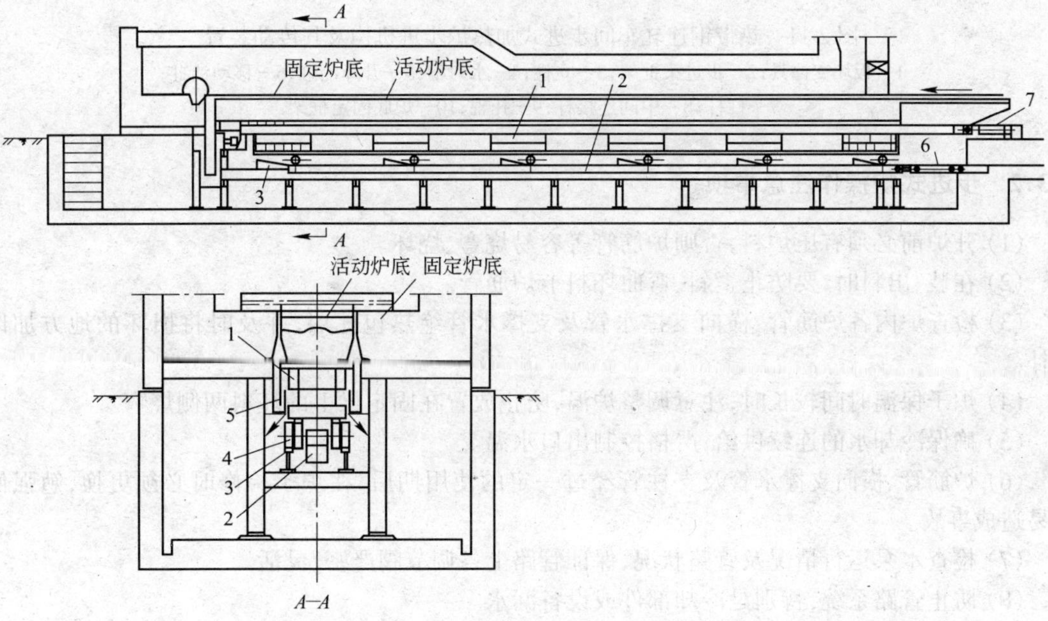

图 2-10 步进炉底机械

1—步进梁；2—升降梁；3—升降轨道；4—支撑辊；5—水封槽；6—升降油缸；7—移动油缸

1）坯料上升。当升降油缸 6 推动升降梁 2 时，四轮同轴的支撑辊 4 的外侧两个轮子沿升降轨道 3 的斜轨向上滚动，置于内侧两个轮子上的步进梁 1 被抬起，坯料就被活动炉底抬起而离开固定炉底。

2）坯料前进。升降梁 2 上升到最高位置后，移动油缸 7 动作，推动步进梁 1 前进，将坯料向前运送。

(3) 坯料下降。步进梁 1 前进到前端的极限位置后，升降油缸 6 再动作，把升降梁 2 沿斜轨拉回，活动炉底因此下降，使坯料落在固定炉底上，但坯料位置比原来位置前进了一步。

(4) 步进梁后退。升降梁 2 降到最低位置后，移动油缸 7 再次动作，使步进梁 1 后退。后退的行程等于前进的行程。

步进梁前进或后退的行程可以根据坯料尺寸和所要求的坯距大小而进行调整。

图 2-11 为热带钢连轧车间的步进式加热炉步进机构及其传动装置简图。固定梁由立柱支撑，坐落在炉底固定框架上。活动梁由立柱固定在活动的金属结构框架上，整个框架被托在托辊上面。托辊内装有双列圆锥滚子轴承，可自由转动。框架下面两侧各有一排托辊，每排有 7～8 个托辊。其中第一个托辊的杠杆与提升油缸的活塞杆相连接，并与其余托辊的杠杆通过中间连杆彼此连接起来。每排托辊用一个提升油缸驱动，并将两排托辊中的第一个托辊的转轴用一根中间轴相连，从而实现机械同步，防止步进梁倾斜。提升油缸通过连杆托辊使步进梁上升或下降。移动油缸驱动活动梁框架在托辊上水平移动。

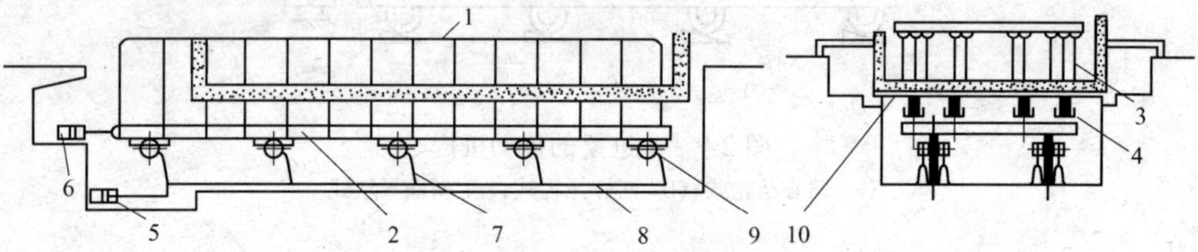

图 2-11 热带钢连轧车间步进式加热炉步进机构及其传动装置

1—板坯支撑具；2—步进梁框架；3—立柱；4—水封槽；5—升降油缸；6—移动油缸；7—杠杆；8—中间连接杆；9—托辊；10—炉底固定框架

2.3.2 步进式炉操作注意事项

(1) 开炉前必须有压炉料，否则炉筋管等容易烧弯、烧坏。

(2) 在装、出料时，要防止歪斜、弯曲坯料卡炉筋管。

(3) 检查炉内各炉筋管、横向支撑水管及支撑水管绝热包扎层，并及时将损坏的地方加以修补。

(4) 炉子保温时间较长时，注意调整炉温，防止放置在固定梁上的坯料两侧烧弯。

(5) 确保冷却水的连续供给，严格控制出口水温。

(6) 炉筋管、横向支撑水管及支柱管经过一定的使用期后，在炉子检修时必须更换，勉强使用易造成事故。

(7) 检查水泵运行情况及管路状况，保证管路上各调节阀严密、灵活。

(8) 防止管路系统，特别是冷却部件或设备漏水。

(9) 严格控制出口水温，及时调节冷却水流量。

(10) 水冷系统尽可能形成闭环，循环使用，以节约用水。

(11) 保证软化水的质量，并定期对水管过滤器进行清洗。

2.3.3 步进式炉点检维护

对于机械化炉底加热炉而言，炉底机械等的正常运行是加热炉顺利生产的前提条件，因此必须加强对炉子装、出炉设备和炉底机械的日常维护和检修。否则，一旦发生事故将被迫停产。对炉底机械等的维护应从以下几个方面着手：

(1) 经常检查各机械设备的运行情况。发现隐患，应利用一切非生产时间及时加以检修，防止设备带病工作。对于易损部件,应有足够的备品备件,以便能及时更换。

(2) 加强对设备的润滑,对需要润滑的部位,应定期检查、加油。

(3) 对炉底机械要采取隔热降温措施,需冷却的部件,必须保证冷却水的连续供给。

(4) 加强对液压系统的检查与检修。在机械化炉底的加热炉中,许多炉底机械是采用液压系统控制的,如步进炉炉底的步进梁。液压系统能否正常工作,将直接影响炉底机械的正常运行,必须加以重视。

加热炉除了要加强对上述重点项目进行维护外,同时还要加强对金属构架、炉门、观察孔、换热器等的维护。煤气管道上的各种开闭器和调节阀要经常涂油,以确保其严密性、灵活性。

2.3.4 步进式炉检修

2.3.4.1 大修

连续加热炉大修是加热炉全部拆除,包括预热段砌体、部分烟道、换热器、炉底水管及钢结构等,同时对附属设备进行修理或更换。对于机械化炉底加热炉,炉底机械作为重点项目检修。大修一般2～4年进行一次,每次检修需10～30天。其进度安排大致如下:拆炉、砌炉底、砌纵墙、砌前后端墙、砌炉顶、装炉门框等。检查验收合格,清理完毕后烘炉。

2.3.4.2 中修

连续加热炉的中修主要指将高温区进行拆修。包括高温段炉顶、炉墙及炉底大部分更换,均热段滑道、部分水管及水管绝热层的更换。中修一般1～2年进行一次,每次检修需3～10天,其进度安排基本同大修。

2.3.4.3 小修

连续加热炉的小修一般指局部修理。如高温段的炉门拱、炉顶、侧墙、均热床、烧嘴砖、燃烧室部分修理或更换及水管补漏等,小修一般2～3个月进行一次,每次检修需1～3天。

炉子检修是比较复杂的多工种配合的工作,各项工作均应密切配合,并严格按照工种进度和检修要求进行,确保检修质量。检修结束后,必须对所有工作进行详细检查、验收,并及时组织力量消除检查时所发现的缺陷,在发现的所有缺陷完全消除后方能进行烘炉。

复习思考题

2-1 推钢机的作用、常见的形式?

2-2 齿条式推钢机有何特点,主要故障是什么,日常如何维护?

2-3 出钢机的作用、常见的形式?

2-4 步进式炉的结构原理?

3 轧制设备

3.1 主传动装置

3.1.1 原理结构

轧钢机主机列通常由主电机、传动装置、工作机座三部分组成(见图 1-1)。

主传动装置一般由电动机联轴器、减速机、主联轴器、人字齿轮座、连接轴等传动装置组成。在传动装置中是否采用飞轮,应当从轧机的作业方式和负荷图决定。

在某些大型轧机上,如二辊可逆式初轧机、四辊可逆式钢板轧机,主传动中没有减速机和齿轮座(见图 1-2),每一个工作辊都用一个单独电动机驱动。这不仅大大简化了设备,而且更重要的是解决了制造特大功率电动机带来的许多困难。

轧机主传动装置是将主电机的动力传递给轧辊的中间传递机构,同时还可以起到降低转速与分配力矩给轧辊的作用。轧机的传动方式一般有三种:

(1) 由主电机经减速机、齿轮座、连接轴带动轧辊(见图 1-1);

(2) 由主电机经齿轮座、连接轴带动轧辊;

(3) 由两台直流电机经万向接轴分别驱动上下轧辊(见图 1-2)。

3.1.1.1 联轴器

联轴器的用途是将主机列中的传动轴连接起来。在主机列中,一般把用于连接减速机低速轴与齿轮座主动轴的联轴器称为主联轴器;而把电动机输出轴的联轴器称为电动机联轴器。根据使用要求,联轴器除应具有必要的刚度外,在结构上还必须具有能补偿两轴的中心线相互位移的能力,以防止轧钢机的冲击负荷。

目前常用的是齿式联轴器,齿式联轴器具有结构紧凑、补偿性能好、摩擦损失小、传递扭矩大和一定程度的弹性等优点,所以广泛用于轧钢机的主传动轴上。

齿式联轴器的结构如图 3-1 所示,主要由两个带有外齿的外齿轴套 1 和两个带有内齿的套筒

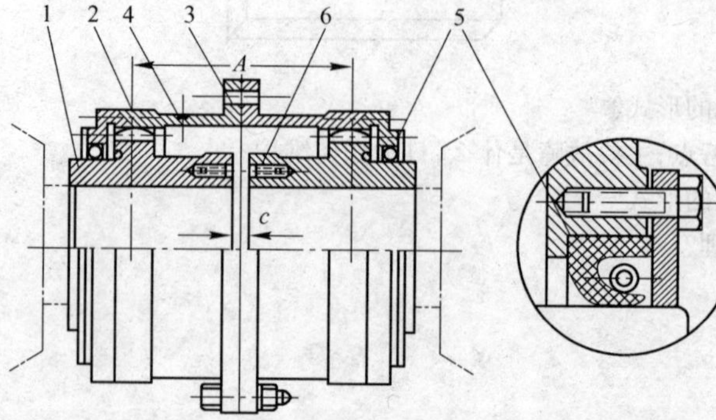

图 3-1 齿式联轴器

1—轴套,2—套筒;3—纸垫;4—油塞孔;5—密封圈;6—拆卸轴套用的螺孔

2所组成。两个套筒用螺栓固定,其内装有高黏度的润滑脂,两端用密封圈5进行良好的密封。轴套端面上有螺孔6,可以装上螺栓以便于将轴套从轴上卸下。润滑脂经油塞孔4注入。轴与轴套间一般采用过渡配合,并带有平键连接,有时也采用花键连接。当工作条件繁重时,所用的巨型联轴器就要采用没有键的热压过盈配合。

3.1.1.2 连接轴

不管采用哪一种传动方式,连接轴是轧机主传动中不可缺少的部件。轧机的连接轴分为以下几种类型。

A 梅花接轴

梅花接轴的主要特点是(见图3-2),构造简单,换辊方便。梅花接轴不适宜于正反转,否则将产生较大冲击。梅花接轴允许倾角较小,一般不超过1°~2°。如果倾斜角度过大,会引起很大磨损,使梅花接轴和轴套的寿命降低。因此,目前广泛应用于横列式小型轧机上。

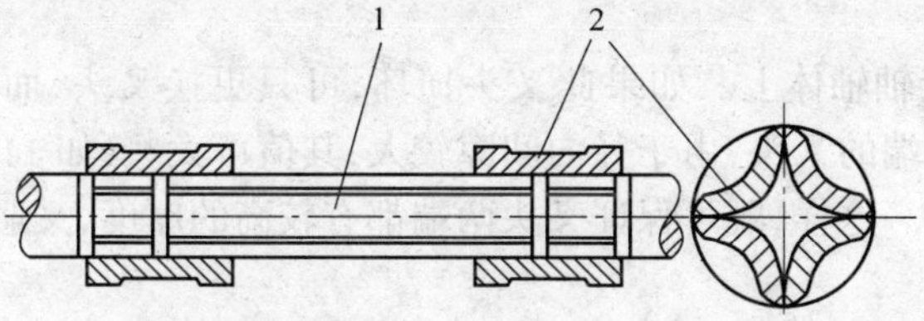

图3-2 梅花接轴及轴套

1—接轴;2—轴套

B 万向接轴

万向接轴允许的最大倾角为8°~10°(见图3-3、图3-4),其轧辊调整量较大,主要用于初轧机、板坯轧机、厚板轧机、钢管轧机、钢球轧机、薄板轧机和冷、热带钢轧机等。万向接轴的主要特点是工作比较平稳,并能传递较大的扭矩。虽然结构比较复杂,但在轧钢机上应用是比较广泛的。

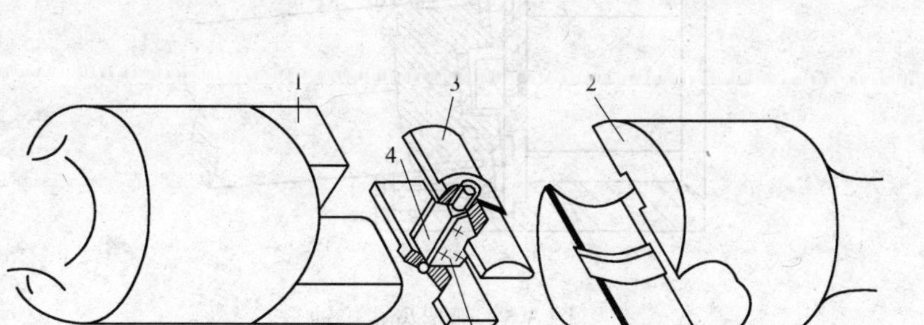

图3-3 万向接轴的立体简图

1—开口扁头;2—叉头;3—月牙滑块;4—小方轴;5—滑板

万向接轴轴体的材质一般应为50号以上的锻钢,强度极限不小于650~750 MPa。应力较大时,可用合金锻钢。接轴中的滑块材料一般用耐磨青铜,也可用布胶、尼龙等制作。

万向接轴两端叉头的结构是一样的,但其外径的大小却不一样。靠轧辊一端的叉头因受轧辊重车后的最小中心距的限制,故其外径小于靠主电机(或齿轮机座)一端的外径。在靠轧辊一端的叉头外径,通常不大于最小辊径的95%~98%(如1150初轧机取97%,其叉头外径为1050 mm)。由于此端叉头直径较小,工作条件又恶劣,为了提高叉头强度,通常用合金锻钢(如

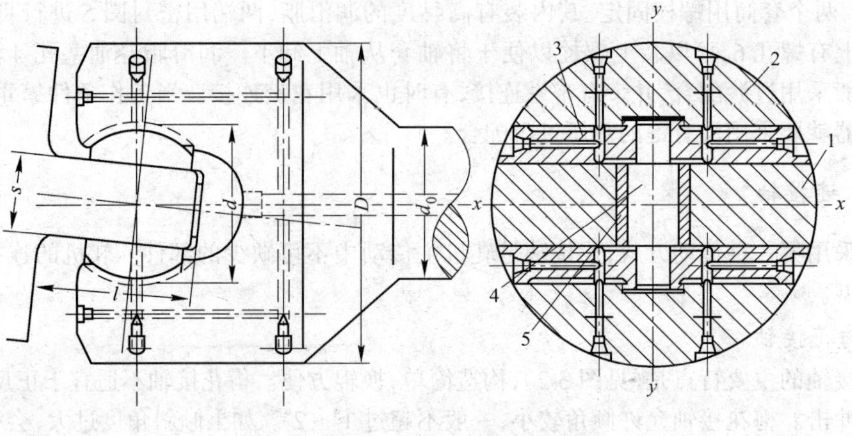

图 3-4　初轧机万向连接轴的结构

1—扁头；2—叉头；3—月牙滑块；4—小方轴；5—滑板

60CrNi 等)制成，装在接轴轴体上。如果此叉头损坏，可只更换叉头，而不致报废整个接轴。靠主电机(或齿轮机座)一端的叉头，由于径向间隙较大，其值可大些(如 1150 初轧机为 1200 mm)，并和接轴轴体做成一体。这样，既可保证叉头两端都有较高的厚度，又避免了整个接轴都用高级合金钢制作。

C　弧形齿式接轴

弧形齿式连接轴较滑块式万向连接轴有许多优点(见图 3-5)：铰链的润滑和密封性好；制造时不需要青铜；运转过程平稳而无大的冲击和振动；换辊时容易对正；使用寿命长。在接轴倾角较小的情况下，有较大的承载能力。所以在轧钢机主传动中应用日趋广泛。

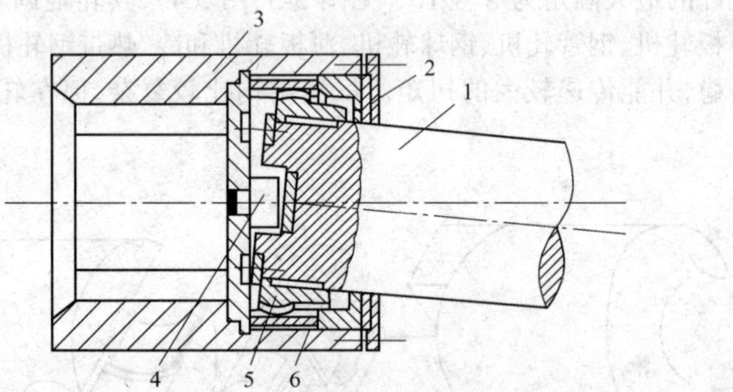

图 3-5　弧形齿式接轴

1—中间接轴；2—密封圈；3—连接套；4—球面顶头；5—弧形外齿轴套；6—内齿圈

图 3-5 为弧形齿式接轴的结构图。它由一对弧形外齿轴套 5、内齿圈 6 及中间接轴 1 等主要零件构成。在运动中，这种接轴角度几乎是恒定的，接轴铰链(内、外齿套)的倾角可达 6°。但随着倾角的增大，齿面的接触应力增加，传递扭矩的能力将显著降低。

为了使接轴的重量不致全部压到轧辊和电动机(或齿轮机座)轴上，以改善轧辊传动系统的工作条件，减轻对接轴关节的冲击和磨损，故在轧辊直径大于 400～500 mm 的轧机上，连接轴均设有平衡装置。平衡力一般取被平衡零件重力的 1.1～1.3 倍。

当接轴的摆角(其上、下倾角之和)不大时，多采用弹簧平衡。其结构简单，但平衡力随着接轴的位移而变化。当接轴的摆角较大时，可采用液压平衡装置。该装置虽然较复杂，但具有良好的使用性能,平衡力稳定,而且不随接轴的位移而变化,换辊时容易调整靠轧辊一端的接轴位置。当接轴摆角很大时,一般多采用重锤平衡,虽然这种平衡装置的基础较复杂,但其本身结构简单、可靠。

3.1.1.3 齿轮座

齿轮座是用来将电机或主减速机的转矩传递分配给轧辊。齿轮座由齿轮轴、轴承、轴承座和箱体组成。

齿轮座的齿轮通常与轴做成整体,称为齿轮轴。轮齿都采用人字齿,其工作平衡承载能力大,而且不产生轴向力,可简化轴承结构。

常见的齿轮座箱体型式为立柱式与水平剖分式(见图 3-6)。立柱式拆卸方便,刚性和密封性好,不易漏油,工作稳定可靠,但重量和外形尺寸较大,制造比较困难。水平剖分式,每个分箱体重量小,容易加工,但分箱结合面和连接螺栓较多,往往容易漏油。箱体材料一般用 HT35～36 或 HT28～48 铸铁铸成,也有的用铸钢。为了减轻重量,缩短加工周期,近年来,较多地采用焊接结构箱体。其重量比铸造箱体轻 15%～30%。

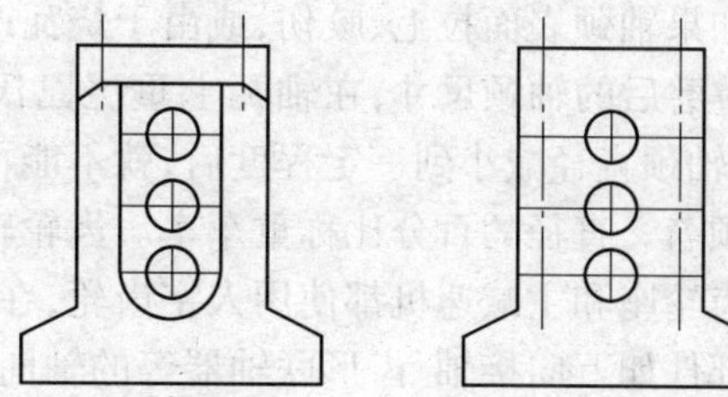
(a) (b)

图 3-6 齿轮座箱体型式
(a) 立柱式;(b) 水平剖分式

齿轮座的润滑一般用压力循环稀油润滑,通常使用 28 号轧钢机油,轴承与齿轮共用一套润滑系统,因此在轴承座上有相应的油孔。

3.1.2 轧机主传动使用注意事项

检查传动轴及联轴器的连接是否牢靠,连接螺栓是否松动,以及工作时是否跳动等。使其正常工作,满足生产要求。

3.1.2.1 齿形联轴器

(1)用干油润滑时每 3 个月左右加油一次。连接螺栓、螺母、压盖螺丝应齐全、紧固,后压盖不能松动和脱落。

(2) 拆检主要是检查齿面磨损情况(用塞尺测量侧间隙)及齿面剥伤情况。当磨损超过原齿厚的 20%或者有缺齿时,断齿时应该更换。还应检查内齿圈轮齿啮合情况,要求在全齿长范围内啮合(检查方法是观察齿面上啮合磨损的光亮区域在全长上所占的比例)。

(3) 还必须更换铰孔螺栓和安全销螺栓以及密封元件。由于外齿轴套热装于轴上,当需要更换时,现场一般采用乙炔 - 氧气火焰切割,但必须十分谨慎。拆掉外齿轴套后,对与之相配的轴头,要进行必要的处理,如清洗,去除锈斑、黑皮等。如有局部割伤,应用细锉刀、油石修磨。

3.1.2.2 万向接轴

主要是更换月牙形滑块和小方轴的青铜滑板。因为万向接轴一般无法得到良好的润滑,磨损很快。其中月牙形滑块最易磨损,而且是不均匀的,主要集中在与叉头和扁头接触的边缘处。当总间隙 δ 达到或超过检修规程规定的极限磨损量时就得更换。在更换时,拆掉这些零件后,应测量叉头径向镗孔尺寸及检查镗孔表面是否有拉毛、变形等现象。如不需修理,对镗孔表面要进行适当的处理。如损坏现象较严重,就需要重新镗孔,当然尺寸要放大一些,月牙形滑块尺寸也要相应改变。对接轴上托瓦轴颈,也要进行同样检查和同样修理,托瓦的尺寸也要作相应的改变。但叉头重镗后的尺寸和轴颈重车后的尺寸都不得超过规定的极限。

3.1.2.3 齿轮座

齿轮轴发生断裂、弯曲变形和轮齿断裂的情况,是十分少见的。但在运转中由于突然断辊,会引起齿轮轴剧烈的轴向窜动,导致轮齿的局部断裂,同时使轴瓦瓦肩剧烈磨损。一旦发生此种情况,应根据严重程度进行修理和更换。最常见的损坏是齿面磨损和齿面点蚀剥伤。点蚀剥伤总面积不大时,可用锉刀或油石修光,防止其扩展。如果表面有严重的、成片的剥伤而且表面凹痕面积超过全齿总面积的60%,应予更换。齿面磨损超过新齿齿厚的20%时,也要更换。

如果轴颈表面拉毛、咬伤,或由于烧瓦产生的熔焊现象比较严重时,可以重车重磨修复,但应根据重磨后的轴颈尺寸,在轴瓦上重浇巴氏合金,重新镗孔和刮研。轴颈可不止一次地重车重磨,但轴颈直径减小到一定程度后,就不能再使用。齿轮轴从开始使用直到报废,其全部重车量与轴颈名义直径的百分比称重车率。齿轮轴一般重车率为5%～10%。

齿轮座和主减速机都使用人字齿轮,在理论上是没有轴向力的。但由于主传动运动链上的其他部件如万向接轴、齿形联轴器等的轴向力对齿轮座和主减速机人字齿轮会带来轴向窜动,因此,在日常维修检查中,均须特别注意它们的轴向窜动量。过大的轴向窜动,可使定位轴肩、轴颈、轴承座孔磨损加剧。剧烈的轴向窜动和过大的轴向力,会导致轴承发热甚至轮齿断裂。发生这种现象的原因可能是由于万向接轴平衡装置未调整好以及齿形联轴器同轴度误差过大所引起的。因此,在总装中应严格控制允许轴向窜动量和轴向间隙的分配,严格按照规定要求进行联轴器和万向接轴的装配和安装。

3.1.3 主传动点检维护

3.1.3.1 循回检查路线

主电机→电机端密封箱→联轴器→减速机→连接轴及平衡装置→压下系统→平衡系统→轴承。

3.1.3.2 检查维护内容

(1) 检查或紧固各部位机构的连接螺丝,支架螺丝、地脚螺丝,损坏者及时更换。

(2) 检查各部机构的运转状态及润滑情况。要求齿轮啮合正常,传动无较大噪声,油路畅通,油标信号正确,各管路不漏油。

(3) 检查主电机轴瓦温度,夏季不得超过60℃,冬季不得超过50℃,若轴承温度突然上升,亦应立即停车,检查原因。

(4) 检查连接轴,如发现断油、冒烟等异常现象,应立即停车检查处理解决。平衡支架润滑加油,每周两次。

(5) 经常检查电机端密封箱,无异常现象发生。

(6) 检查联轴器润滑脂。

(7) 压下系统运转时,如发现内部噪声增大,异常等,应及时报告处理,并时刻保证润滑管路的畅通。

3.1.4 主传动维修

3.1.4.1 准备

(1) 熟悉传动装置的构造和工作原理。

(2) 安排检修进度,确定责任人。

(3) 制订换、修零件明细表。

(4) 准备需更换的备件和检修工具。

3.1.4.2 拆卸

(1) 确认系统停电,通知电工拆走信号反馈及控制设备。

(2) 拆除液压管路、润滑油配管及冷却水管。

(3) 拆除轧机传动装置各部分连接螺栓及地脚螺栓,将轧机传动装置分解成减速器、齿轮座、连接轴、接轴平衡装置等部分。

3.1.4.3 解体减速器

(1) 拆除稀油润滑管路。

(2) 松开放油螺塞,放掉润滑油。

(3) 拆除减速器两侧端盖。

(4) 拆除箱体连接螺栓及定位销,吊走机盖,吊出传动齿轮装配。

(5) 用压力机拆除传动齿轮装配上的半联轴器、轴承、甩油环、齿轮等零件。

3.1.4.4 解体齿轮座

(1) 拆除稀油润滑管路。

(2) 松开放油螺塞,放掉润滑油。

(3) 拆除齿轮座两侧端盖及密封装置。

(4) 拆除箱体连接螺栓及定位销,吊走机盖。

(5) 吊上齿轮轴。

(6) 吊中机体。

(7) 吊下齿轮轴。

(8) 用压力机拆除人字齿轮轴上的半联轴器。

3.1.4.5 解体十字万向接轴

(1) 拆下卡环,将接轴分解成法兰叉头、中间轴、十字轴、轴承、挡圈、密封圈等零件。

(2) 解体接轴平衡装置,拆下滑动轴承、轴承座、弹簧、支座等零部件。

(3) 解体侧压平衡液压缸,拆除活塞(杆)。

3.1.4.6 解体齿式联轴器

拆除连接螺栓,将齿式联轴器分解成外轴套花键、弧形齿、中间接轴、密封圈等零件。

3.1.4.7 清洗检查

(1) 清除表面的油污、锈层、旧漆、密封胶等。

(2) 检查零件配合面、啮合面、接触面的磨损情况,清除零件在使用和拆卸过程中产生的毛刺、飞边等,修理损伤表面。

(3) 检查各传动轴的圆度、同轴度及弯曲变形等。

(4) 检测齿轮齿侧间隙、接触斑点分布位置及分布率,检测滚动轴承及滑动轴承间隙。

(5) 检测齿式联轴器的磨损情况。

(6) 检查液压缸体、活塞圆度、同轴度及磨损情况。

(7) 检查机架、齿轮座及减速器箱体、底座等是否有裂纹、变形等缺陷并焊修或矫直。

(8) 根据设备的技术要求及检测结果报废零件。

3.1.4.8 安装调试

(1) 对零件的主要配合尺寸进行测量,选择装配。

(2) 选择适当的装配方式,按照与拆卸相反的顺序进行组件、部件的装配及精轧机主传动系统的总装。

(3) 万向接轴、齿式联轴器等加足润滑脂,减速器、齿轮座按标准加足润滑油。

(4) 接通冷却水及液压油管路。

(5) 单体无负荷试车,传动系统应运行平稳、无异响。

(6) 调试完毕后,清理检修现场,整理和分析检测数据及备件消耗情况。

3.1.4.9 维修注意事项

(1) 检修应按要求挂牌操作,在检修区域设置醒目的安全标志,注意场地防滑。

(2) 拆吊设备时要专人指挥,手势规范,禁止斜拉横拽。

(3) 拆卸时注意保护零件不受损伤。

(4) 拆卸配合使用的零件应作好记号;连接件应分类存放;拆卸的油管口部要密封;清洗干净的零件暂时不用应密封保存。

3.2 轧辊

轧辊是轧制过程中用来使金属产生塑性变形的工具,是轧钢机的主要部件。

3.2.1 结构原理

3.2.1.1 轧辊的结构

轧辊包括辊身、辊颈和辊头三部分,如图 3-7 所示。

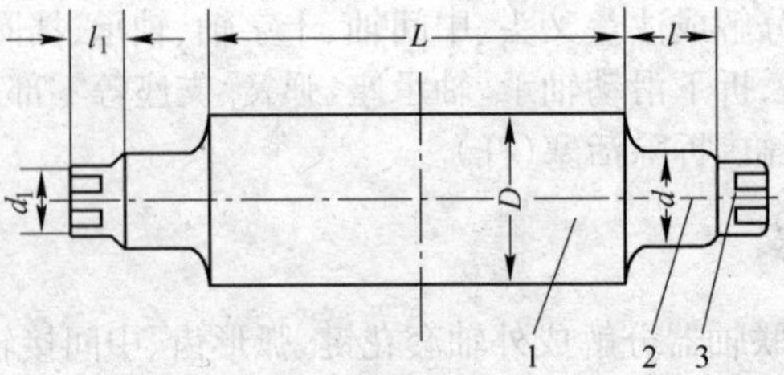

图 3-7 轧辊结构

1—辊身;2—辊颈;3—辊头

(1) 辊身(直径用 D、长度用 L 表示)。它是轧辊的中间部分,直接与轧件接触并使其产生塑性变形。它是轧辊最重要的部分。轧辊辊身经常在高温、高压、冲击等最繁重的负荷条件下工作,它不仅要承受很大的轧制压力(高达 15 MN 以上),同时还经常承受着冲击负荷与交变负荷,以及在高温下用水冷却而产生内应力与冷热疲劳等。因此,对轧辊辊身的要求如下:

1) 要有很高的强度,以承受强大的弯矩和扭矩;

2) 要有足够的刚度,以减少变形,保证轧件尺寸和规格的准确性;

3) 要有良好的组织稳定性,以抵抗轧件高温的影响;

4) 要有足够的表面硬度,以便抵抗磨损和保证轧件的表面质量。

轧辊的直径有公称直径(名义直径)和工作直径之分。公称直径通常指轧机人字齿轮中心距并以此值表示轧机大小。工作直径指轧辊和轧件接触进行压下变形而直接工作的直径,板带轧机的工作直径就是轧辊的外径。初轧机的工作直径则表示孔型槽底直径,对于复杂断面型钢轧辊工作直径确定方法见孔型设计。工作直径 D_g 一般小于名义直径 D,为防止孔型槽切入过深,D/D_g 一般小于 1.4。

轧辊直径可根据咬入角 α(见表 3-1)和轧辊强度来确定。工作辊应满足条件式(3-1):

$$D_g \geqslant \Delta h/(1-\cos\alpha) \tag{3-1}$$

式中 α——咬入角;
D_g——工作直径,mm;
Δh——压下量,mm。

冷轧薄板及带钢轧机,尤其在轧制变形抗力较大的材料时,其轧辊直径应根据最小可轧厚度选择。当轧辊直径很大时,弹性变形增加,致使薄带钢及钢板的正常轧制困难。根据实践经验,轧辊在冷轧时选用直径条件为:

张力轧制时 $D<(1500\sim2000)h$

无张力轧制时 $D<1000h$

式中 h——被轧制钢板最小厚度,mm。

如轧辊用碳化钨制成时,因其弹性模量很大,则轧件厚度可减少 50%~75%。

表 3-1 各类轧机常用最大咬入角

轧 制 情 况	咬入角 $\alpha/(°)$	$\Delta h/D_g$
单片钢板在磨光轧辊上带润滑液冷轧时	3~4	1/700~1/400
单片钢板在磨光轧辊上带润滑液冷轧时,成卷轧制带钢时	6~8	1/170~1/100
在粗糙辊面上冷轧时	5~8	1/250~1/100
在自动轧管机上热轧钢管时	12~14	1/60~1/40
热轧钢板时	15~22	1/30~1/15
热轧型钢时	22~24	1/15~1/12
带有刻痕或堆焊表面的轧辊中轧制时	27~34	1/9~1/6

在轧制过程中,由于轧辊表面的磨损,经过一段时间后,辊面磨损将影响产品质量,此时则需重车或重磨。每次重车量 0.5~5 mm,重磨量 0.01~0.5 mm,当轧辊直径减少到一定程度时,就不再使用,但可采用堆焊办法修复以延长轧辊使用寿命。通常轧辊允许重车率用新辊直径百分数表示:

初轧机 10%~12%

型钢轧机 8%~10%

中厚板轧机	5%～7%
薄板轧机及冷轧机	3%～6%

型钢及初轧开坯轧机的轧辊辊身长度 L 与孔型布置数目及轧辊强度有关。辊身过长会使弯曲强度降低，各类型轧机的辊身长度和直径的比例关系 L/D 为：

初轧机		2.2～2.7
型钢轧机	粗轧机座	2.2～3
	精轧机座	1.5～2
四辊轧机工作辊		2.5～4
	支撑辊	1.3～2.5

钢板轧机轧辊辊身长度 L 按轧制钢板最大宽度 b 确定：

$$L = b + a \tag{3-2}$$

式中，a 根据钢板宽度不同选取的余量，对于带钢，当 $b = 460 \sim 1200$ mm 时，$a = 100$ mm；对较宽钢板 $a = 200 \sim 400$ mm。

(2) 辊颈(直径用 d、长度用 l 表示)。位于辊身的两端，用来将轧辊支撑在轧辊轴承内。在轧制过程中，辊颈同样因承受很大的弯矩和扭矩而产生弯曲应力；而且辊颈与轴承之间的单位压力(p)以及单位压力与圆周速度之乘积(即 pv 值)都很高，使辊颈发热和磨损；同时辊身与辊颈的交界处还存在应力集中现象。生产中，氧化铁皮容易落入轴承中，擦伤辊颈表面等，因此，辊颈的工作条件是比较恶劣的。对辊颈的要求为：

1) 有足够的强度；

2) 有一定的耐磨性能；

3) 表面应平滑、光洁，无麻点和裂纹。

另外，还必须要有防止氧化铁皮和其他污物落入辊颈转动部位的措施。

辊颈有圆柱形和圆锥形两类。圆柱形辊颈[见图 3-8(a)、(b)]用于开式滑动轴承及滚动轴承，为使装卸轴承方便，消除间隙及改善强度条件，圆锥形辊颈[见图 3-8(c)]用于液体摩擦轴承。

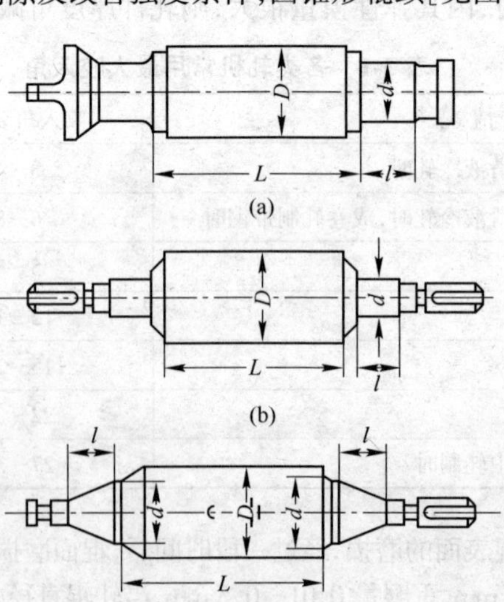

图 3-8　轧辊辊颈形状

(a) 安装滑动轴承的圆柱形辊颈；(b) 安装闭式滚动轴承的圆柱形辊颈；

(c) 安装液体摩擦轴承的圆锥形辊颈

辊颈尺寸从强度考虑，将辊颈取较大 d 值，对加强轧辊安全防止经常出现的断辊颈现象是必要的。但结构上它受到轴承尺寸、轴承座、机架窗口限制。另外，辊颈与辊身的过渡角 R 应选大些，以防止应力集中而断辊。

使用滑动轴承的轧机，轧辊辊颈尺寸比例关系如表 3-2 所示。

表 3-2　轧辊辊颈尺寸比例

轧 机 类 别	d/D	l/d	r/D
初轧机	0.55～0.7	1.0	0.065
开坯及型钢轧机	0.55～0.63	0.92～1.2	0.065
二辊型钢轧机	0.6～0.7	1.2	0.065
小型及线材轧机	0.53～0.55	1.0 + (20～30 mm)	0.065
中厚板轧机	0.67～0.75	0.83～1.0	0.1～0.12
二辊薄板轧机	0.75～0.8	0.8～1.0	r = 50～90 mm

使用滚动轴承时，由于轴承径向尺寸较大，辊颈尺寸受到限制，可近似选取 $d=(0.5\sim0.55)D$，$l/D=0.83\sim1.0$。

(3) 辊头(直径用 d_1、长度用 l_1 表示)。位于轧辊两端，用来连接轧辊与辊套或接轴，传递扭矩，转动轧辊。它主要承受扭转力矩。因此，对轧辊辊头的要求是：要有足够的强度；表面要光滑，光洁，无麻点和裂纹。

辊头的形状因所选用的连接轴的形式而异，如图 3-9 所示。

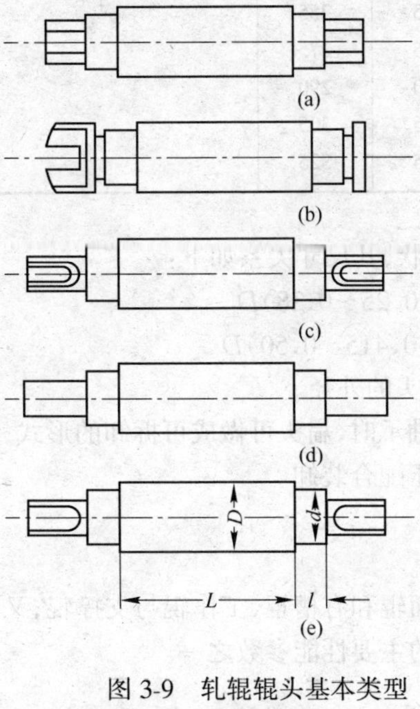

图 3-9　轧辊辊头基本类型

(a) 梅花轴头；(b) 扁头轴头；(c) 带键槽轴头；(d) 圆柱轴头；(e) 带平台轴头

辊头有三种主要形式：梅花轴头，用于梅花接轴及轴套连接；扁头轴头，用于万向接轴的叉头连接；带键槽的或圆柱形轴头，用于与装配式万向轴头或齿形接手连接。实践表明，带双键槽的轴头，在使用过程中，键槽壁容易崩裂。目前常用易加工的带平台的轴头代替带双键槽的轴头。

辊头是传递轧辊扭矩部分，其参数根据接轴型式不同而异。

1）梅花接轴是简单的结构型式，适用于速度不高、压下调整量不大的轧辊。梅花形辊头外径 d_1 与辊颈直径 d 关系大致如下（见表 3-3）：

三辊型钢与线材轧机	$d_1 = d-(10\sim15)$ mm
二辊型钢（连续式）轧机	$d_1 = d-10$ mm
劳特式中板轧机	$d_1 = (0.9\sim0.94)d$
二辊薄板轧机	$d_1 = 0.85d$

表 3-3　轧辊梅花头尺寸

d_1	D_1	r_1	t_1	t_2	附　图
140	148	29	90	100	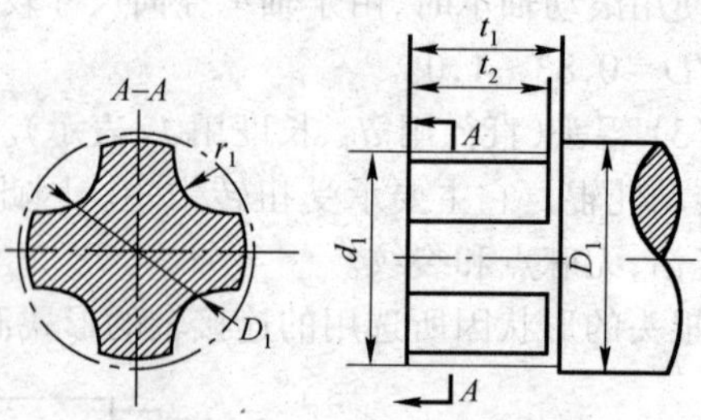
150	162	31	95	110	
160	176	33	105	120	
180	196	38	115	130	
200	216	41	130	150	
220	238	44	140	160	
240	258	49	155	175	
260	278	54	175	200	
280	300	58	185	215	
300	320	62	195	225	
320	340	66	210	240	
340	362	70	225	255	
370	392	77	245	275	
390	412	80	260	290	
420	448	88	275	305	
450	480	94	295	325	

2）万向接轴的辊头呈扁头形状，其尺寸关系如下：

扁头厚度　　$S = (0.25\sim0.28)D$

扁头长度　　$L = (0.415\sim0.50)D$

式中，D 为图 3-4 所示万向接轴叉头的外径。

当轧辊安装滚动轴承或油膜轴承时，扁头可做成可拆卸的形式，轧辊辊头可做成双键或花键形式，也可做成圆柱形，用热装或压配合装卸。

3.2.1.2　轧辊的分类

轧辊可按构造和用途分为光面辊和有槽辊，工作辊与支撑辊；又可根据辊身表面硬度不同分类。轧辊的工作表面硬度是轧辊的主要性能参数之一。

A　按辊面分类

光面辊身（即平面辊）用来轧制板材，通常做成圆柱形或圆柱微带凸形（或凹形）表面，热轧板轧辊辊身微凹，当受热膨胀时，可保持较好的板形；冷轧板轧辊辊身微凸，当它受力弯曲时，可抵消变形的影响，保证良好的板形。有槽轧辊（见图 3-10）用于轧制型钢，线材和钢坯等，是一种在辊身上加工成与轧件断面相适应的轧槽的轧辊。

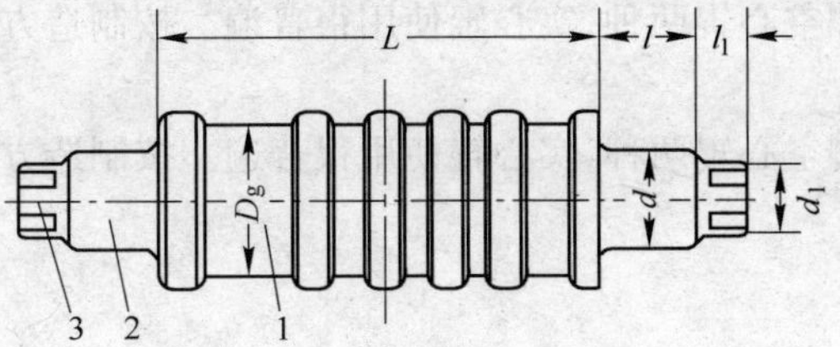

图 3-10 有槽轧辊

1—辊身;2—辊颈;3—辊头

B 按结构分类

普通二辊轧机的轧辊和四辊轧机的整体式工作辊有实心和空心结构两种,热轧机上常用实心辊,冷轧机上多用空心辊。采用空心辊的原因是:

(1) 便于轧辊的预热和冷却;

(2) 当工作辊辊身表面淬火时,为增强淬火效应,保证淬火层的硬度和厚度,需通水冷却内孔表面;

(3) 消除轧辊中心部位在铸造时形成的疏松组织。

C 按制造方法分类

工作辊可分为铸造辊、锻造辊和镶套辊三种。工作辊的典型结构如图 3-11 所示。工作辊传动端与传动扁头相连;连接的方式有两种,一是用键连接[见图 3-11(a)],二是采用平口式结构[见图 3-11(b)]。用键连接时,键槽容易崩裂,目前大多采用平口式结构,这样容易加工,且具有足够的强度。图 3-11(c)所示是硬质合金镶套辊的结构,这种结构有时在一些小型带材轧机上使用。

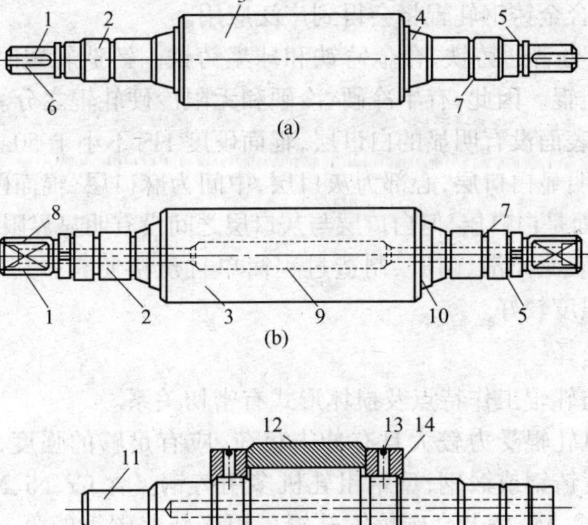

图 3-11 工作辊的结构

(a) 实心辊;(b) 空心辊;(c) 硬质合金镶套辊

1—传动端;2—辊颈;3—辊身;4—圆锥过渡区;5—紧固件槽;6—键槽;7—辊颈润滑油沟;8—平口;

9—内孔;10—双圆锥过渡区;11—心轴;12—硬质合金套;13—螺钉;14—轴向紧固螺母

支撑辊也有实心辊和空心辊两种,实心辊使用很普遍。按制造方法可分为铸造辊、锻造辊和镶套辊三种。

支撑辊也有实心辊和空心辊两种,实心辊使用很普遍。按制造方法可分为铸造辊、锻造辊和镶套辊三种。

3.2.1.3 轧辊材质

经过多年的生产实践,对各种轧机的轧辊均已确定了较合适的材料。在选择轧辊材料时,除考虑轧辊的工作要求与特点外,还要根据轧辊常见的破坏形式和破坏原因,按轧辊材料标准来选择合适的材质。

在板带材生产中,由于产品精度不断提高,对轧制作业条件的要求也日趋严格。轧辊质量的好坏对板带材质量、轧机生产率和作业率的影响很大。如果出现断辊、辊面剥落或轧辊表层不耐磨、不耐热裂等问题,则不仅会打乱生产节奏、降低生产率,而且还将增加轧辊费用。在轧钢生产中,特别是在薄板生产中,轧辊的费用占很大比例。为此,各国均开展了对轧辊的材质、加工和热处理工艺的广泛研究。有的国家还设有专门的轧辊研究机构并提出了很多合理使用轧辊材料的建议。

A　常用的轧辊材料

常用的轧辊材料有合金锻钢、合金铸钢和铸铁等。

(1) 合金锻钢轧辊。在我国"重型机械标准"中已有规定,标准中列出了热轧轧辊和冷轧轧辊用钢。

热轧轧辊用钢有55Mn2、55Cr、60CrMnMo、60SiMnMo等。

冷轧轧辊用钢有9Cr、9Cr2、9CrV、9Cr2W、9Cr2Mo、60CrMoV、80CrNi3W、80CrMoV等。

(2) 合金铸钢轧辊。种类尚不多,也没有统一标准。随着电渣重熔技术的发展,合金铸钢的质量正逐步提高,今后合金铸钢轧辊将会得到广泛应用。

(3) 铸铁轧辊。可分普通铸铁、合金铸铁和球墨铸铁。铸造轧辊时,采用不同的铸型,可以得到不同硬度的铸铁轧辊。因此,有半冷硬、冷硬和无限冷硬轧辊之分。

半冷硬轧辊:轧辊表面没有明显的白口层,辊面硬度HS不小于50。

冷硬轧辊:表面有明显白口层,心部为灰口层,中间为麻口层,辊面硬度HS不小于60。

无限冷硬轧辊:表面是白口层,但白口层与灰口层之间没有明显界限,辊面硬度HS不小于65。

铸铁轧辊硬度高,表面光滑、耐磨,制造过程简单且价格便宜。其缺点是强度低于钢轧辊。只有球墨铸铁轧辊的强度较好。

B　轧辊材料的选择

轧辊材料的选择与轧辊工作特点及损坏形式有密切关系。

初轧机和型钢轧机轧辊受力较大且有冲击负荷,应有足够的强度,而辊面硬度可放在第二位。初轧机常用高强度铸钢或锻钢;型钢粗轧机多用铸钢。含Cr、Ni、Mo等合金元素的铸钢轧辊适用于轧制合金钢;含Mn钢及高碳铸钢轧辊多用于轧普碳钢的第一架粗轧机上。在型钢轧机的成品机架上,成品形状及公差要求严格,要求轧辊有较高的表面硬度及耐磨性,一般选用铸铁轧辊。

带钢热轧机的工作辊选择轧辊材料时以辊面硬度要求为主,多采用铸铁轧辊或在精轧机组前几架采用半钢轧辊以减缓辊面的糙化过程。而支撑辊在工作中主要受弯曲,且直径较大,要着重考虑强度和轧辊淬透性,因此,多选用含Cr合金锻钢。

带钢冷轧机的工作辊对辊面硬度及强度均有很高的要求,常采用高硬度的合金铸钢。其支撑辊工作条件与热轧机相似，材料选用也基本相同，但要求有更高的辊面硬度。为了轧制高碳钢和其他难变形的合金钢，在冷轧机上也采用带硬质合金辊套的复合式冷轧工作辊。其辊心材质与辊套材质的热膨胀系数应十分接近，以防轧辊损坏时，损坏辊套。应该指出，尽管冷轧工作辊的硬度要求很高(达到 HS100)，但却不使用铸铁轧辊，这是因为当辊径确定以后，可能轧出的轧件最小厚度值和轧辊的弹性模数 E 值成反比。即轧辊材料的弹性模数 E 愈大，可能轧出的轧件厚度愈小。铸铁的 E 值只是钢的一半，为此，在冷轧带钢时，使用铸铁轧辊是不利的。

表 3-4 为生产中经常选用的轧辊材料。

表 3-4 各类轧机轧辊材料选用及辊面硬度

选 用 材 料	辊 面 硬 度	用 途
高强度铸钢或锻钢(如 40Cr、50CrNi、60CrMnMo)	＜35～40	初轧机、大型轧机的粗轧机座
合金铸钢(如 ZG70、ZG70Mn、ZG15CrNiMo)	＜35～40	型钢粗轧机
合金锻钢(如 9Cr2Mo、9CrV)	45～50	热带钢轧机支撑辊
合金锻钢(如 9Cr、9Cr2Mo、9CrV)	50～65	冷带钢轧机支撑辊
冷硬铸铁	58～68	热轧带钢工作辊、型钢轧机成品机架
无限冷硬铸铁	75～83	热轧带钢精轧机组后几架
合金锻钢(如 9Cr2W、9Cr2Mo)碳化钨	＞85～90	冷轧带钢工作辊

C 轧辊材料的发展

轧辊材料从早期使用的冷硬铸铁、普通铸钢、合金锻钢发展到使用球墨铸铁轧辊，曾是轧辊生产技术上的一次飞跃性发展。球墨铸铁轧辊是一种制造简单、成本低而综合性能较高的轧辊。它具有较好的耐磨性、消振性与低的缺口敏感性，在采用合金化和热处理条件下，可以获得接近合金锻钢和合金铸钢的机械性能指标。在这个基础上，以后出现了半钢轧辊和球墨钢轧辊，随之继续发展了高铬铸铁轧辊、锻造白口铸铁轧辊、电渣熔铸轧辊、硬质合金轧辊以及各种形式的复合轧辊。值得注意的是，以铸代锻已成为轧辊生产技术主要发展趋势。目前国外现代化巨型轧机，除质量要求极严的冷轧工作辊还采用锻钢辊外，其他如初轧机及板带连轧机支撑辊大型轧辊，几乎均已采用铸造材质的轧辊。下面介绍几种现代化轧钢车间正在使用的轧辊样品。

a 新型球墨铸铁轧辊

球墨铸铁用于轧辊已有 20 余年历史。球墨铸铁的特点在于具有球状石墨。根据合金元素(Ni、Cr、Mo)含量的不同，球墨铸铁轧辊有两种主要类型：珠光体球墨铸铁轧辊和贝氏体球墨铸铁轧辊。后者具有更高的合金含量[$w(Ni)=3\%\sim5\%$、$w(Mo)=0.5\%\sim1.0\%$]，它比前者耐磨、强度高、韧性好。目前一般应用于硬度要求很高的带钢冷连轧机的平整机上。

日本发展了一种新型球墨铸铁轧辊，其特点是在共晶反应时得到细小弥散分布的莱氏体组织，既提高了导热性，又对裂纹传播有所阻碍，因而有较高的抗热性能。用在初轧机上比一般球墨铸铁轧辊使用寿命提高将近一倍。其机械性能比较如表 3-5 所示。

表 3-5 两种球墨铸铁轧辊的比较

材 质	抗拉强度/MPa	伸长率/%	冲击韧性/$kJ\cdot m^{-2}$	纵向弹性模量/MPa
改进的	620～696	2.5～5.0	58～94	$1.62\times10^5\sim1.77\times10^5$
普通的	375～421	0～1.0	25～44	$1.34\times10^5\sim1.53\times10^5$

b　半钢轧辊

半钢轧辊的化学成分范围为：

w(C)＝1.4％～1.8％；w(Si)＝0.2％～0.4％；w(Mn)＝0.7％～1.0％；w(P)≤0.08％；w(S)＜0.04％；w(Ni)＝0.5％～1.0％；w(Cr)＝0.7％～1.2％；w(Mo)0.3％～0.5％。

从成分可知，半钢的含碳量介于铸钢和铸铁之间，而杂质元素总含量低，具有过共析组织的钢，添加Ni、Cr、Mo可强化基体组织。由于半钢含碳量比一般铸铁高，所以铸态材质脆弱易产生偏析和内部缺陷，但经过锻造以后，使铸造组织破碎成很细的组织，再经热处理，使极微细的高硬度碳化物均匀分散地析出。因此它具有耐热龟裂性、耐磨性和强韧性三方面综合的良好性能。半钢轧辊的机械性能如表3-6所示。

表3-6　半钢轧辊的机械性能

轧辊部位	σ_s/MPa	σ_b/MPa	δ/%	冲击韧性/kJ·m^{-2}	硬度HS
辊　身	482	769	6.9	60	45
辊　颈	469	725	10.1	100	40

半钢轧辊的表面硬度差小，韧性高，适于制造型钢和初轧辊。目前日本带钢热连轧机粗轧和精轧机组前段的工作辊均已采用用以半钢代替冷硬铸铁、合金无限冷硬铸铁和合金球墨铸铁。其原因是后者易产生冷硬层剥落、断辊、氧化铁皮粘辊以及打滑等问题。

c　高铬铸铁轧辊

高铬铸铁轧辊的化学成分一般为：

w(C)＝1.8％～3.5％；w(Si)＝0.3％～0.8％；w(Mn)＝0.5％～2.0％；w(P)≤0.04％；w(S)≤0.03％；w(Ni)＝0.3％～2.0％；w(Cr)＝18.0％～30.0％；w(Mo)＝0.2％～0.8％。

高铬铸铁轧辊在欧洲已广泛使用，作为较高强度和耐磨性的合金铸铁轧辊，它特别适用于带钢热连轧机精轧机组前段工作辊、冷连轧机工作辊，热连轧机上采用高铬铸铁轧辊比半钢轧辊寿命提高50％。在冷连轧机上取代锻钢工作辊寿命可提高2～3倍。

高铬铸铁轧辊经过热处理后硬度HS为65～85，下限用于热连轧机，上限用于冷连轧机。

3.2.1.4　轧辊断裂

轧辊是保证轧钢车间生产正常进行的重要部件，除因正常磨损定期进行更换外，还应消灭断辊事故。

轧辊断裂原因有两类：一类属于轧辊材质或制造质量，即轧辊内在原因造成。另一类则是工艺条件和使用情况，即外部原因造成。下表为几种典型的轧辊断裂形式。由于轧辊材质和制造缺陷造成的断裂，一般在断口处可检查出，如砂眼、夹杂、裂纹等缺陷。

在生产实践中，曾发现高速运动的轧辊或传动件突然断裂的现象。经测定研究，这与轧件高速咬入冲击使传动系统发生扭转振动现象有关，它可使应力负荷增加数倍。扭转振动产生应力也会引起零件疲劳破坏。这一现象将随轧机向高速度、大功率、多电枢电机传动发展而日趋严重，应在零件结构强度上加以考虑。

表3-7列出了几种生产中常见的断辊形式。

表 3-7 几种典型的断辊形式

断辊形式	原因分析
钢板轧辊中央断裂	断口较平直为轧制压力过高、轧辊急冷等原因。断口有一圈氧化痕印,为环状裂纹发展造成
带孔型轧辊在槽底部位断裂	常发生在旧辊使用后期,如新辊出现,应检查轧制压力、钢温、压下量等工艺条件及轧辊材质
辊颈根部断裂	辊颈根部过渡圆角 r 过小,造成应力集中;轴承温度过高也可能出现辊颈断裂
辊颈扭断	断口呈 45°,扭矩过大,传动端出现
辊头扭断	常从辊头根部断裂,冷轧薄带钢时,轧辊压力过大,此时扭矩可大于轧制力矩,启动轧机时可能断辊辊头

3.2.2 轧辊使用注意事项

(1) 新轧辊进厂经有关部门同意后开始使用,使用前要对新轧辊编号,以便管理,新轧辊按车(磨)辊规定车(磨)削合格后,吊放到专用的装辊 V 型台架上,开始检查工作辊各部尺寸,进行全面测量与图纸是否相符,尺寸合格后开始装轴承内套和密封端盖等辅助零件,一般方法是:将轴承内套用油或电加热器加热到 150～200℃,当内套膨胀后趁热装到轧辊辊颈上。

(2) 轧辊工作时要有足够的冷却水来冷却轧辊,并防止杂物堵塞喷嘴影响冷却效果。

3.2.3 轧辊点检维护

(1) 目检。用肉眼观察轧辊的外观表面,尤其是轧辊的工作表面及轴承装配部位,仔细查看是否有裂纹,划痕锈斑等缺陷,必要时可用放大镜或其他方法进行检查,并作记录。

1) 尺寸检查。用精密的千分尺检查轧辊原始直径,轴承装配的各种尺寸。

2) 硬度检查。用肖氏硬度计或其他便携式硬度计,校验轧辊各部分的硬度值。

(2) 仪器检查。特殊情况下,进行化学成分、金相组织的复验,以及超声波探伤检查。

3.3 轧辊轴承

3.3.1 轧辊轴承的工作特点和类型

3.3.1.1 轧辊轴承的工作特点

轧辊轴承是用来支撑轧辊的,和一般用途的轴承相比,轧辊轴承有以下特点:

(1) 承受很高的单位压力。由于轴承座外形尺寸受到限制,不能大于辊身最小直径,且辊颈长度又较短,所以轴承上单位载荷大。通常轧辊轴承的单位压力 p 高达 2000～4800 MPa,为普通轴承的 2～5 倍,而且 pv 值(单位压力和线速度的乘积)是普通轴承的 3～20 倍。

(2) 运转速度差别大。不同轧机的运转速度差别很大,例如,现代化的六机架冷连轧机出口速度已达 42 m/s,高速线材轧机出口速度达到 100 m/s,而有的低速轧机速度只有 0.2 m/s。显然,不同速度的轧机应使用不同类型的轴承。

(3) 工作环境恶劣。热轧时轧辊都要用水冷却,且污水、氧化铁皮等容易落入轴承。冷轧机采用工艺润滑剂(乳化液等)来润滑、冷却轧辊与轧件,它们是不能与轴承润滑剂相混的。因此,对轴承的密封提出了较高的要求。

因此,对轧辊轴承的要求是承载能力大、摩擦系数小、耐冲击,可在不同速度下工作,在结构上,径向尺寸应尽可能小(以便采用较大的辊颈直径),有良好的润滑和冷却条件。

3.3.1.2 轧辊轴承的类型

轧辊轴承有滚动轴承和滑动轴承两大类。

滚动轴承主要是双列球面滚子轴承、四列圆锥滚子轴承及四列圆柱滚子轴承。滚针轴承仅在个别情况下用于工作辊。滚动轴承刚性大,摩擦系数较小,但抗冲击性能差,外形尺寸较大。多用于板带轧机、线材和钢管轧机上。

滑动轴承有半干摩擦和液体摩擦两种。

半干摩擦的滑动轴承主要是夹布胶木轴承,它广泛用于各种开坯轧机、中厚板轧机和型钢轧机。在有的小型轧机上还使用铜瓦或尼龙轴承。金属滑动轴承,主要材料是青铜,因其摩擦系数较高、不耐用,又要消耗有色金属,目前仅用于叠轧薄板轧机上,由于轧辊工作温度高(约300℃),故采用沥青做润滑剂。液体摩擦轴承(油膜轴承)的特点是摩擦系数小、工作速度高、刚性较好,广泛用在现代化的冷、热带钢连轧机的支撑辊和其他高速轧机上。液体摩擦轴承的制造精度要求高、成本贵,安装维护要求严格。

3.3.2 轧辊用滑动轴承

轧辊用滑动轴承根据轴承的材料不同可分为金属瓦和非金属瓦两种,其用途和特点如表3-8所示。

表3-8 轧辊轴承的类型

轴承名称	特点	用途
金属瓦滑动轴承	耐热,刚性较好,摩擦系数高(0.003~0.01)耗铜多,寿命短	用于叠轧薄板轧机和旧式冷轧板带轧机
布胶轴瓦滑动轴承	摩擦系数低(0.003~0.006),耐磨性好,耐热性与刚性较差	用于开坯、中板、型钢轧机
滚动轴承	摩擦系数低(0.002~0.005),刚度好,转速受限制,维护使用方便	适用于热轧及冷轧四辊轧机的工作辊,及型钢线材钢管轧机
液体摩擦轴承	摩擦系数低(0.001~0.008),寿命长,刚度较好,转速不受限制,制造维护复杂	适用于高速和高载荷,适用于热轧及冷轧四辊轧机的支撑辊,也用于初轧机

目前使用较多的是非金属瓦轴承,主要用于工艺落后的开坯、横列式型钢轧机生产上,它是用棉织品(棉布或帆布)先在合成树脂中浸透,然后在热状态下用高压制成。它的特点是:抗压强度较大,顺纤维方向为100~150 MPa,垂直纤维方向可达230~245 MPa;摩擦系数很低(0.003~0.006),只有一般金属轴瓦的1/10~1/20,当转速较大时,几乎与滚动轴承的摩擦系数相同,有利于减少能量消耗;有良好的耐磨性,寿命较长;厚度小(30~40 mm),因此可采用较大直径的辊颈,有利于提高轧辊辊颈的强度;质地较软,既耐冲击;又能吸收进入轴承的氧化铁皮等硬质颗粒,因而有利于保护辊颈表面。布胶轴瓦的缺点是:耐热和导热性能很差,因此需要大量的循环水进行强制冷却与润滑,不利于节水与环保。其弹性模量只有5000~10000 MPa,因而弹性变形较大,不利于提高轧机的轧制精度;价格较高,而且需要大量棉布。因此,必须正确地维护和使用。

布胶轴瓦可用水进行冷却和润滑,它的工作温度不应超过60~80℃。因为温度较高时,它会迅速膨胀,进而发生碳化,即烧瓦事故;所用的冷却水必须净化,并且不应有腐蚀性(不能用海水);在整个轧制过程中,不能中断供水,以防止轴承破坏。在充分冷却润滑的条件下,这种轴承能较好地工作。当采用表面淬火的辊颈时,其耐用性还能显著提高。

3.3.3 四列圆柱滚柱轴承

四列圆柱滚柱轴承，如图 3-12 所示。

3.3.3.1 四列圆柱滚子轴承的特点

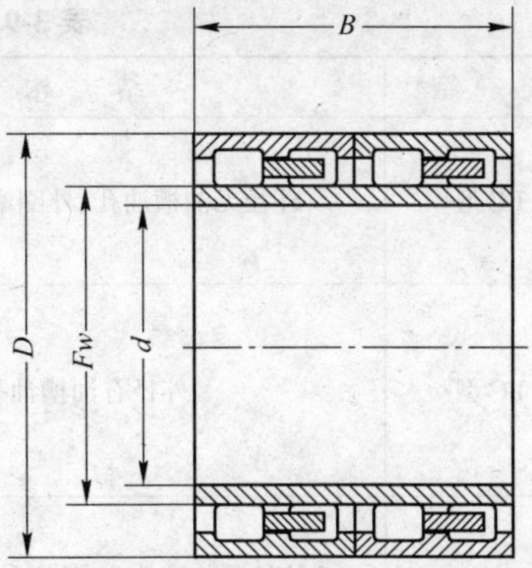

图 3-12 四列短圆柱滚子轴承

(1) 这类轴承摩擦消耗少，轴承径向尺寸较其他滚动轴承小，在相同的条件下，允许轧辊辊颈直径比圆锥滚子轴承等都大。

(2) 轴承装有多列大体积的滚柱，承载能力较大，工作速度也远比圆锥轴承高。

(3) 此类轴承只承受径向载荷，轴向载荷需要用独立的止推轴承来承受，这样使轴承的结构复杂了，但可以使轴承的负荷能力充分用于径向负荷，并且轧辊轴向位置的控制较精确。因此，这类轴承适用于高速重载的场合(轧制速度在 60 m/s 以下的轧机)。随着四辊轧机轧制力和轧制速度的不断提高，支撑辊采用圆柱滚子轴承的日益增多，并且有代替液体摩擦轴承的趋势。

(4) 内圈允许和外组件(外圈、成套滚子)互换装配，有利于快速换辊。目前，在小型线材轧机上，也开始采用这种轴承；轴承内圈在轧辊上安装如图 3-13 所示。

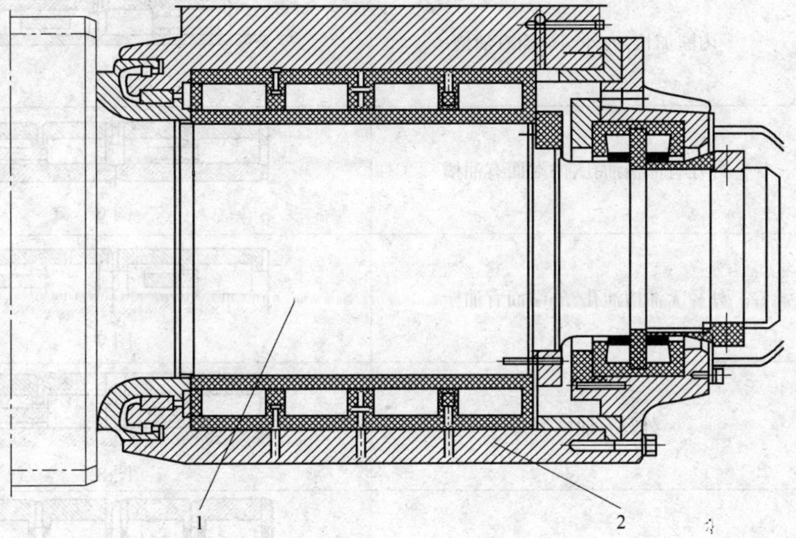

图 3-13 四列短圆柱滚子轴承的安装

1—轧辊辊颈；2—轴承内圈

3.3.3.2 四列圆柱滚子轴承结构形式

(1) FC 型。轴承由一个内圈及两个外组件(外圈带实体保持架和成组滚子)组成，外圈有固定的引导挡边。

(2) FCD 型。轴承由两个内圈及两个外组件组成，外圈有固定的引导挡边。

(3) FCDP 型。轴承由两个内圈、两个外圈、两个平挡圈、一个中挡圈及成组滚子组成，内圈有或无油槽。

在这三种基本结构上，又分以下几种结构，如表 3-9 所示。

表 3-9　四列圆柱滚子轴承结构形式

类　型	结　构	图　形
FC 型	外径无油槽油孔、外圈端面有油槽	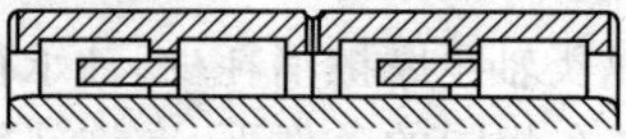 图 1
FC 型	外径有油槽油孔	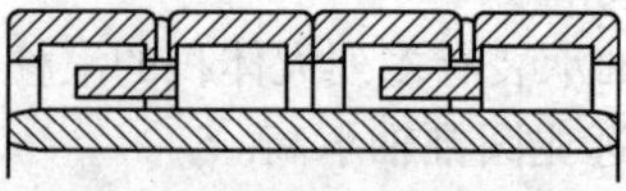 图 2
FC 型	外径无油槽油孔，外圈端面有油槽，外圈无中挡圈，整体窗式保持架	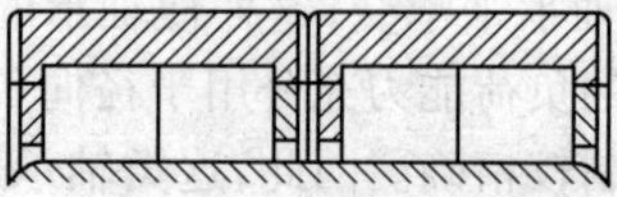 图 3
FCD 型	外径有油槽油孔，外端面无油槽	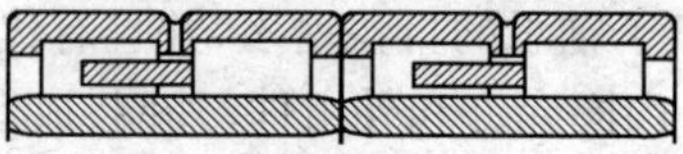 图 4
FCD 型	内圈加长，内外圈端面有油槽	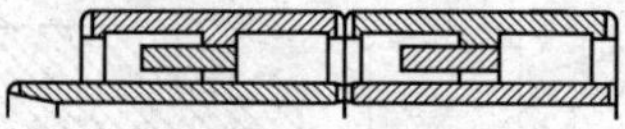 图 5
FCDP 型	外径有油槽油孔，内端面有油槽	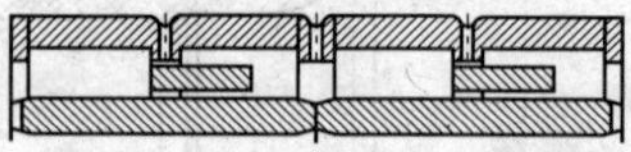 图 6
FCD 型	外径无油槽油孔，外端面有油槽	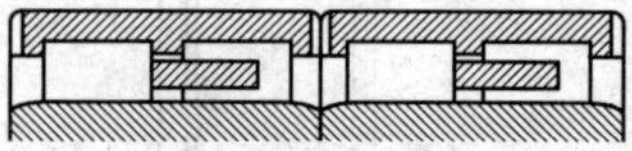 图 7
FCDP 型	外径有油槽油孔	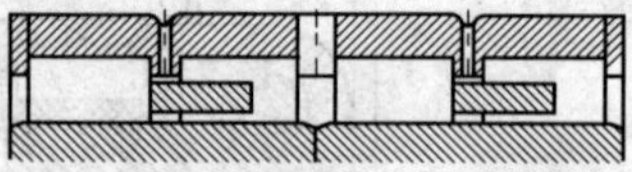 图 8
FCDP 型	外径有油槽油孔，内端面有油槽，空心滚子，柱销式保持架	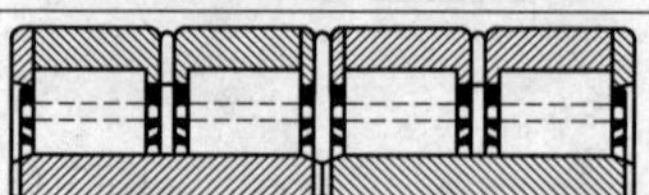 图 9
FC-2LS 型	密封四列圆柱滚子轴承	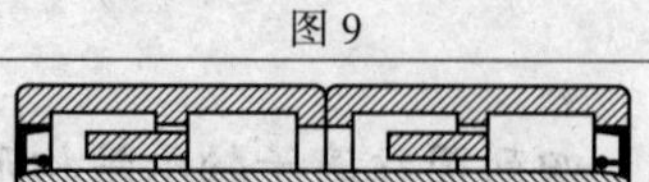 图 10

3.3.3.3　四列圆柱滚子轴承安装与拆卸的步骤

大尺寸四列圆柱滚子轴承（紧配合）安装步骤：

(1) 在油槽中加热(或电感应加热)内圈,油槽的油温达到100℃即可。内圈在油槽中应加热20～30 min为好,加热后的内径增大量按下式计算:

$$\Delta d = 12.5\times10^{6}\Delta t\cdot d$$

式中 Δd——内圈加热后内径的增大量,mm;

Δt——油温与室温之差,℃;

d——内圈内径,mm。

(2) 用干净抹布擦去辊颈表面上的油层。

(3) 迅速吊起已加热的内圈,将有标记"A"的侧面朝上;迅速用干净抹布擦去内圈两侧面及内孔表面上的残留油迹,然后快速将内圈装在辊颈上。

(4) 待冷却后用百分片(即厚薄规)检查此内圈与轴肩定位环之间接触情况,之间不得有间隙(见图3-14)。

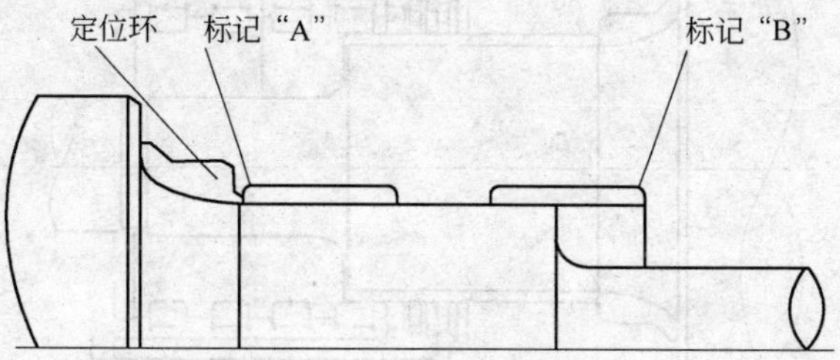

图3-14 轴承内环安装

(5) 用同样的方法安装另一内圈,有标记"B"的侧面在外,两内圈必须相互紧密接触。

(6) 将密封圈压入轴承箱后端面。轴承箱后端面向下平放(见图3-15)。

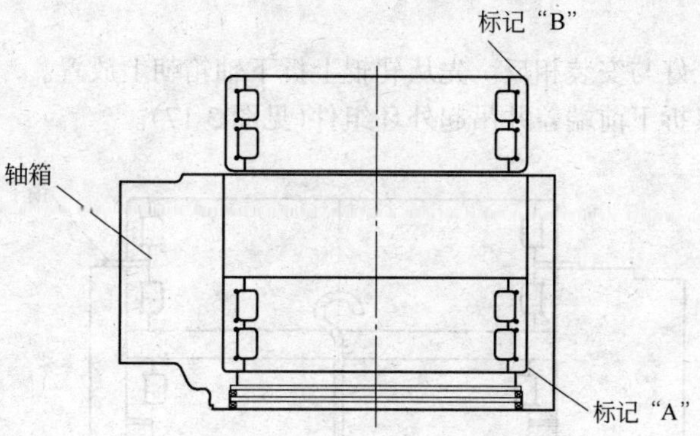

图3-15 密封圈安装

(7) 必须确认每一加油孔要畅通无阻,并需去掉轴箱加油孔边缘的毛刺。

(8) 轴箱内孔表面必须擦干净并涂上薄层润滑油膜。

(9) 确认好外圈组件端面的系列标记号。

(10) 用洁净抹布擦去外圈组件上多余的防锈油。

(11) 在所有滚动体表面上涂上足够的润滑油脂。

(12) 将吊环螺栓拧入保持架端面起吊丝孔内,并用钢丝绳将有标记"A"的外圈组件垂直向下装入轴箱,装入时注意切莫倾斜。

(13) 装入时如发生卡住或倾斜可用铜锤敲击外组件的外圈端面,但要注意不能敲击滚动体及保持架,防止将钢屑及其脏、杂物掉入轴承内。

(14) 外组件下端面与轴箱接触面之间不应有间隙。

(15) 用同样方法安装有标记“B”的另一外圈组件,标记“B”应朝上。

(16) 两外圈组件之间应无间隙。

(17) 前端盖应紧贴轴承侧面,不合适时可用垫片调节。

(18) 最后装上止推卡环。

(19) 将轧辊水平方向放好后,然后用适宜的工具水平吊起内已装有轴承外组件的轴箱。

(20) 注意观察箱体与轧辊两者同心后,然后才慢慢地将箱体套装在轧辊上,同时必须小心不要碰伤滚道与滚子,如有轻微碰伤可用油石轻轻修磨平滑(见图 3-16)。

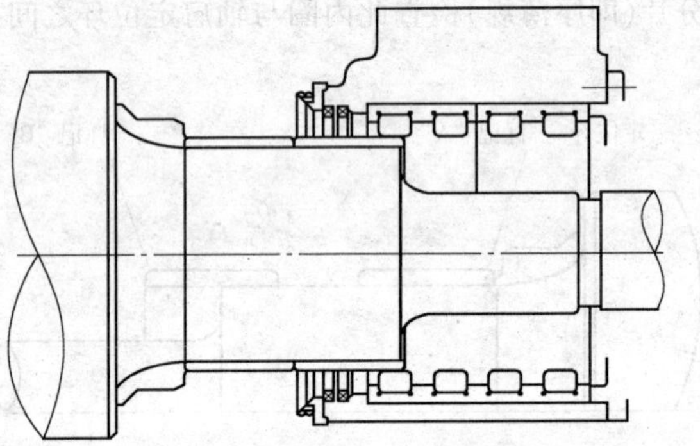

图 3-16 轴承座安装

(21) 在正确地装入键、止推环和其他零件后,拧紧调节螺母和压盖。

(22) 最后要确认箱体在轧辊上回转是否灵活,如不灵活时,要拆下检查,分析其故障原因。

拆卸步骤:

(1) 拆卸的顺序正好与安装相反。先从轧辊上拆下轴箱朝上放置。

(2) 用适宜的工具拆下前端盖并吊起外环组件(见图 3-17)。

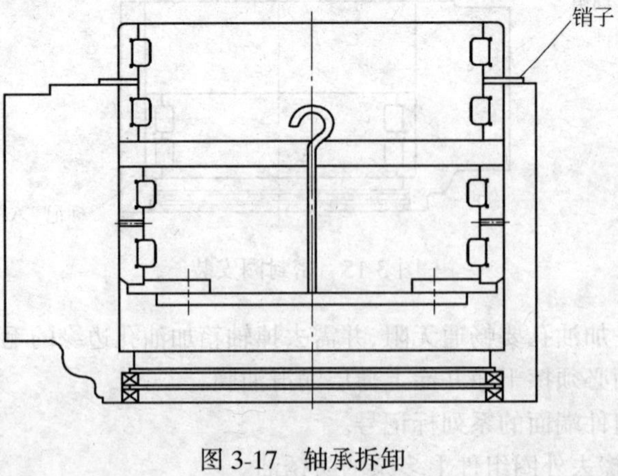

图 3-17 轴承拆卸

(3) 将上外圈组件吊起至外组件加油孔与轴箱端面对齐并能从轴箱侧面目见油孔。

(4) 用销轴插入加油孔后,固定上外圈组件。

(5) 将下外圈组件推下。

(6) 先吊出上外圈组件,后再吊出下外圈组件。

(7) 请注意不要使卸下的轴承与其他零件混杂,还要注意保持架的侧面螺孔不能作为起吊外组件用(安装时可用)。

3.3.4 四列圆锥滚柱轴承

3.3.4.1 四列圆锥滚柱轴承的特点

(1) 既能承受轴向力,又能承受径向力。

(2) 工作时会产生较高的摩擦热,因此对高速轧机不太适用,高速轧制时寿命急剧下降。

(3) 调整间隙困难。

3.3.4.2 四列圆锥滚柱轴承的结构

四列圆锥滚柱轴承的结构如图 3-18 所示,它由两个内圈、三个外圈、滚动体和保持架四部分组成。它有两个外调整环和一个内调整环,使四列锥柱与外套间隙相等,以保持工作时受力均匀。轴承的各个零件没有互换性,在装配时必须按一定标记进行,否则各列滚柱之间会产生不同的轴向间隙,以致四列滚柱之间载荷分布不均,使轴承过早地损坏。为了便于换辊,轴承内圈与轧辊辊颈采用动配合。由于配合较松,内圈会出现微量移动。为了防止由此造成的辊颈磨损,采用提高辊颈硬度的办法,其硬度 HS 为 35~45,同时应保证配合表面经常有润滑油。

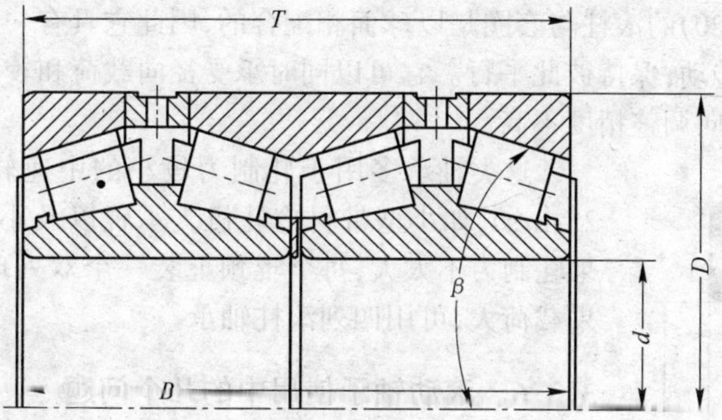

图 3-18 四列圆锥滚柱轴承

圆锥滚柱轴承能承受很大的径向载荷,同时可承受一定的轴向载荷,因而广泛应用于四辊轧机的支撑辊部件中,这种轴承的使用寿命长,当轴承滚道磨损而使轴向间隙增大时,可采用修磨间隔圈的方法使间隙减小。

3.3.4.3 四列圆锥滚柱轴承的装配

轧钢机四列圆锥滚柱轴承也是由内圈、外圈、滚动体和保持架组成的。但是它有自己的特点,就是在结构上它有三个外圈、两个内圈、两个外调整环和一个内调整环,四列锥柱与外套间隙相等。在制造上没有互换性。所以在装配时,必须按一定的标记进行。先将轴承装到轴承座中,然后连同整个轴承座装到辊颈上。将轴承装到轴承座内,可按图 3-19 所示顺序进行:

(1) 吊车和十字工具,将第一个外圈仔细装入轴承座孔中,用塞尺检查外圈和轴承座四周接触情况,再装入第一个调整环[见图 3-19(a)]。

(2) 用专制吊钩旋紧在保持器端面互相对称的 4 个螺孔内,用钢丝绳将第一个内圈、中间外圈和两列滚柱整体吊起装入轴承座[见图 3-19(b)]。

图 3-19　四列圆锥滚柱轴承的装配

(3) 装入内调整环和第二个外调整环[见图 3-19(c)]。

(4) 同方法(2),装入第二个内圈、第二个外圈和两列锥柱[见图 3-19(d)]。

在装配时,轴承所有装配表面都应涂上润滑油。装配完毕后,将止推轴承套和轴承端盖连同密封装入轴承座,拧紧端盖螺丝,使端盖压紧外圈。

3.3.5 球面滚柱轴承

这类轴承(见图 3-20)的滚柱与套圈是以球面相配合的,因此它具有一定的自位性,即轴承的轴线可以随辊颈轴线转动;保持彼此平行。它可以同时承受径向载荷和较小的轴向载荷,因此不需另加止推轴承,但轴向调整精度不高。

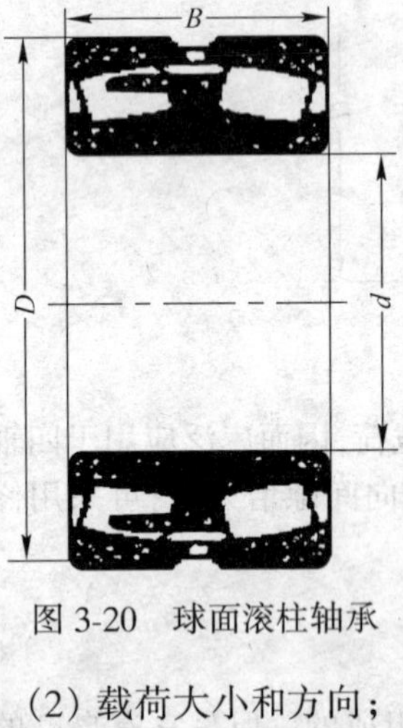

图 3-20　球面滚柱轴承

这类轴承多用于轧制力较小的中速轧机(最高轧制速度达 25 m/s),如小型带材冷轧机支承辊以及小型线材轧机轧辊。如果轧制力不太大,每个辊颈上装一个双列球面滚柱轴承即可;如果载荷大,可用四列滚柱轴承。

3.3.6 滚动轴承使用中的几个问题

3.3.6.1 极限转速

轴承存在极限转速,其值是轴承不产生烧粘时的最高转速,是在一定条件下由试验确定的。影响轴承极限转速的因素主要有:

(1) 轴承精度和尺寸大小;

(2) 载荷大小和方向;

(3) 轴承安装部位的精度、刚度和配合后轴承的游隙;

(4) 润滑剂的种类(脂、油)、清洁度和润滑方法(循环油、油雾、油气润滑);

(5) 轴承环境温度和冷却方法;

(6) 密封形式和密封材料特性;

(7) 轴承结构参数及滚动体列数。

轧辊轴承由于使用条件差异较大,故各国产品样本中均未提供极限转速数据。在这里提供以下数据仅供参考:普通级(Po)单列圆柱滚子轴承,正常组游隙,当量载荷 $P_r < 0.1C_r$(C_r 为样

本规定之额定动载荷),脂润滑及冷却条件正常,在轴及轴承座刚性好的情况下,轴承之 $d_m \cdot n$ 值为:

$$d_m \cdot n \leqq (40 \sim 45) \times 10^4$$

式中 d_m——$d_m = (d + D)/2$,mm;

n——转速,r/min;

d——轴承内径,mm;

D——轴承外径,mm。

普通级(Po)单列圆锥滚子轴承,冲压保持架,脂润滑,轴承之 $d_m \cdot n$ 值为:

$$d_m \cdot n \leqq 25 \times 10^4$$

油润滑的极限转速略高于脂润滑的 20%,载荷对极限转速的修正系数如图 3-21 所示。合成载荷(F_a/F_r)对极限转速的修正系数如图 3-21 所示。当对轴承精度、游隙、保持架设计、润滑方法等项进行改进后,极限转速可有较大幅度的提高。

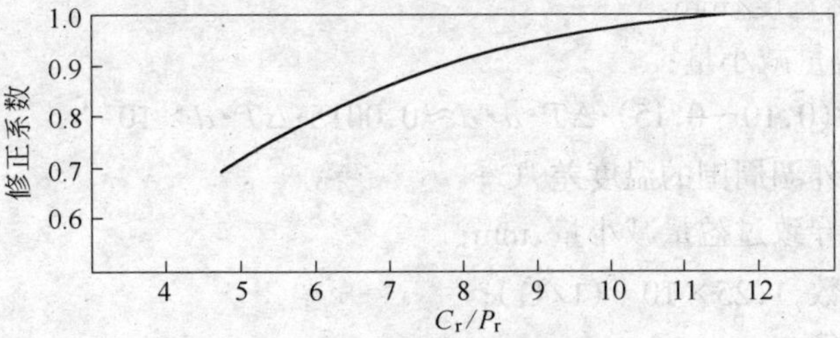

根据轴承负荷修正极限转速

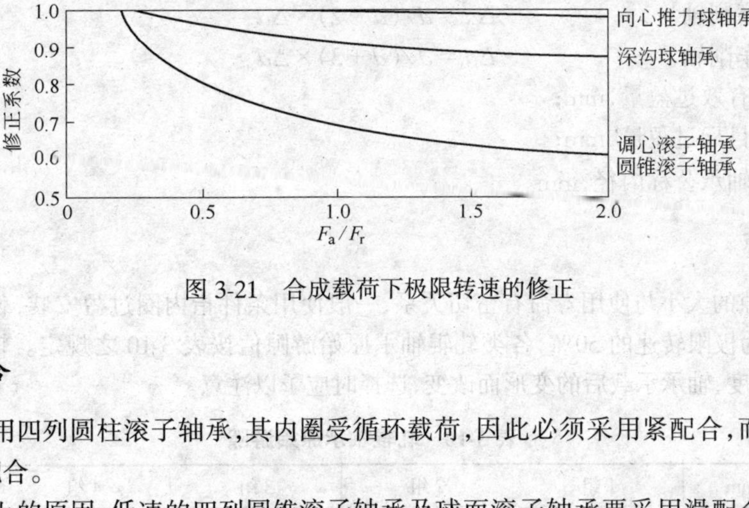

图 3-21 合成载荷下极限转速的修正

3.3.6.2 配合

轧辊辊颈用四列圆柱滚子轴承,其内圈受循环载荷,因此必须采用紧配合,而外圈受局部载荷,故采用滑配合。

由于安装上的原因,低速的四列圆锥滚子轴承及球面滚子轴承要采用滑配合。为了防止辊颈受损,一般轴承内径有螺旋油槽,端面也要有油槽。

作为轴向定位或轴向游动轴承(如深沟球轴承、四点接触球轴承、双内圈双列角接触球轴承、大锥角双列圆锥滚子轴承),仅仅承受轴向载荷,内圈采用松配合。当轴向定位轴承装在过渡套筒上时,轴承以紧配合装在套筒上,而套筒以松配合装在辊颈上。

轴向定位或游动轴承外圈绝对不可以承受径向载荷,在外径与轴箱孔间要有足够的间隙。

轴承配合过盈量的选择:当内圈受循环载荷时,应当采用过盈配合。如果过盈量不足,则会产生打滑,配合面容易磨损或烧轴。如过盈量过大,则轴承与辊颈间配合压力过大。套圈周向应

力 σ_{tmax}过大，有可能导致套圈断裂，特别是在冲击重载荷下，套圈上有刻痕时(裂纹源)，容易形成应力集中，轴承极易断裂。一般过盈值应经过理论计算，以不大于轴颈的 7/100000 为宜。

因此，选择配合要考虑轴承载荷性质、大小、温度、安装、拆卸，以下公式仅供参考：

(1)载荷与过盈量。载荷作用下，过盈减小量：

$$\Delta d_F = 0.08\sqrt{\frac{d}{B}F_r} \times 10^{-3}$$

式中　d——轴承公称内径，mm；

B——轴承公称内圈宽度，mm；

F_r——轴承承受的径向载荷，N。

(2) 所需的最小过盈量：

$$\Delta d = 0.02F_r/B \times 10^{-3}$$

式中　F_r——轴承承受的径向载荷，N；

B——轴承公称内圈宽度，mm。

(3) 内圈温升引起过盈量减小量：

$$\Delta d_T = (0.10 \sim 0.15) \cdot \Delta T \cdot a \cdot d \approx 0.0015 \cdot \Delta T \cdot d \times 10^{-3}$$

式中　ΔT——轴承内部和外圈周围的温度差，℃；

Δd_T——由于温度差导致过盈量减小量，mm；

a——线(膨)胀系数，1.25×10^{-5}(1/℃)；

d——轴承公称内径，mm。

(4) 配合面的精度对过盈值的减小量：

磨削轴　　$\Delta d = d/(d+2) \times \Delta d_a$

车削轴　　$\Delta d = d/(d+3) \times \Delta d_a$

式中　Δd——有效过盈量，mm；

Δd_a——目标过盈量，mm；

d——轴承公称内径，mm。

3.3.6.3　游隙

轴承中游隙的大小与使用寿命有密切关系，一般使用条件指内圈过盈安装，载荷 $P_r < 0.1C_r$，内圈旋转速度为极限转速的 50%，各类轧辊轴承原始游隙值按表 3-10 之规定。轴承的内部游隙因配合、运行温度、轴承承载后的变形而改变，选择时应予以注意。

表 3-10　轧辊轴承原始游隙　　μm

公称内径 d/mm		1组		2组		3组		4组		5组	
超过	到	min	max	min	max	min	max	min	max	min	max
80	100	15	50	50	85	75	110	105	140	155	190
100	120	15	55	50	90	85	125	125	165	180	220
120	140	15	60	60	105	100	145	145	190	200	245
140	160	20	70	70	120	115	165	165	215	225	275
160	180	25	75	75	125	120	170	170	220	250	300
180	200	35	90	90	145	140	195	195	250	275	330

续表 3-10

公称内径 d/mm		1组		2组		3组		4组		5组	
超过	到	min	max	min	max	min	max	min	max	min	max
200	225	45	105	105	165	160	220	220	280	305	365
225	250	45	110	110	175	170	235	235	300	330	395
250	280	55	125	125	195	190	260	260	330	370	440
280	315	55	130	130	205	200	275	275	350	410	485
315	355	65	145	145	225	225	305	305	385	455	535
355	400	100	190	190	280	280	370	370	460	510	600
400	450	110	210	210	310	310	410	410	510	565	665
450	500	110	220	220	330	330	440	440	550	625	735
500	560	120	240	240	360	360	480	480	600		
560	630	140	260	260	380	380	500	500	620		
630	710	145	285	285	425	425	565	565	705		
710	800	150	310	310	470	470	630	630	790		
800	900	180	350	350	520	520	690	690	860		
900	1000	200	390	390	580	580	770	770	960		
1000	1120	220	430	430	640	640	850	850	1060		
1120	1250	230	470	470	710	710	950	950	1190		
1250	1400	270	530	530	790	790	1050	1050	1310		

3.3.6.4 润滑

轧辊轴承多选用润滑脂润滑，高速时采用油润滑。

轴承润滑的目的是在滚动表面及滑动表面间形成油膜，金属表面间形成弹性流体动力润滑油膜。当润滑剂选择正确、润滑剂足够清洁、转速、温度、载荷适当情况下，轴承使用寿命会远远超过计算寿命，因此，合理选择润滑剂，对轧辊轴承使用寿命至关重要。

润滑脂的选择要点：

(1) 转速愈高，应用针入度大的脂；

(2) 环境温度低时应用针入度大的脂；

(3) 环境温度高时选用滴点较高的脂；

(4) 要有较强抗水能力，不可选用钠基脂，易乳化。

国内生产的多效锂基脂，在耐温特性、抗挤压、耐水、防蚀、粘附力方面均表现较好；通用锂基脂，极压锂基脂，极压复合锂基脂及耐油密封润滑脂性能较好，可以选择使用。轧辊轴承润滑脂是由高级脂肪酸和增效剂复合而成的多元复合锂基脂，是轧辊轴承理想的润滑脂，推荐使用。

3.3.6.5 密封

轧辊轴承欲达到长寿命、有效的轴承密封是十分必要的。油封必须能有效的防止氧化铁皮，水乳液及其他杂质污物进入轴承内腔，同时也要能防止润滑剂外漏。

轴承常用的密封形式有迷宫、O 形环、轴向密封环（V 形）、径向密封环、金属制的活塞环等（见图 3-22）。

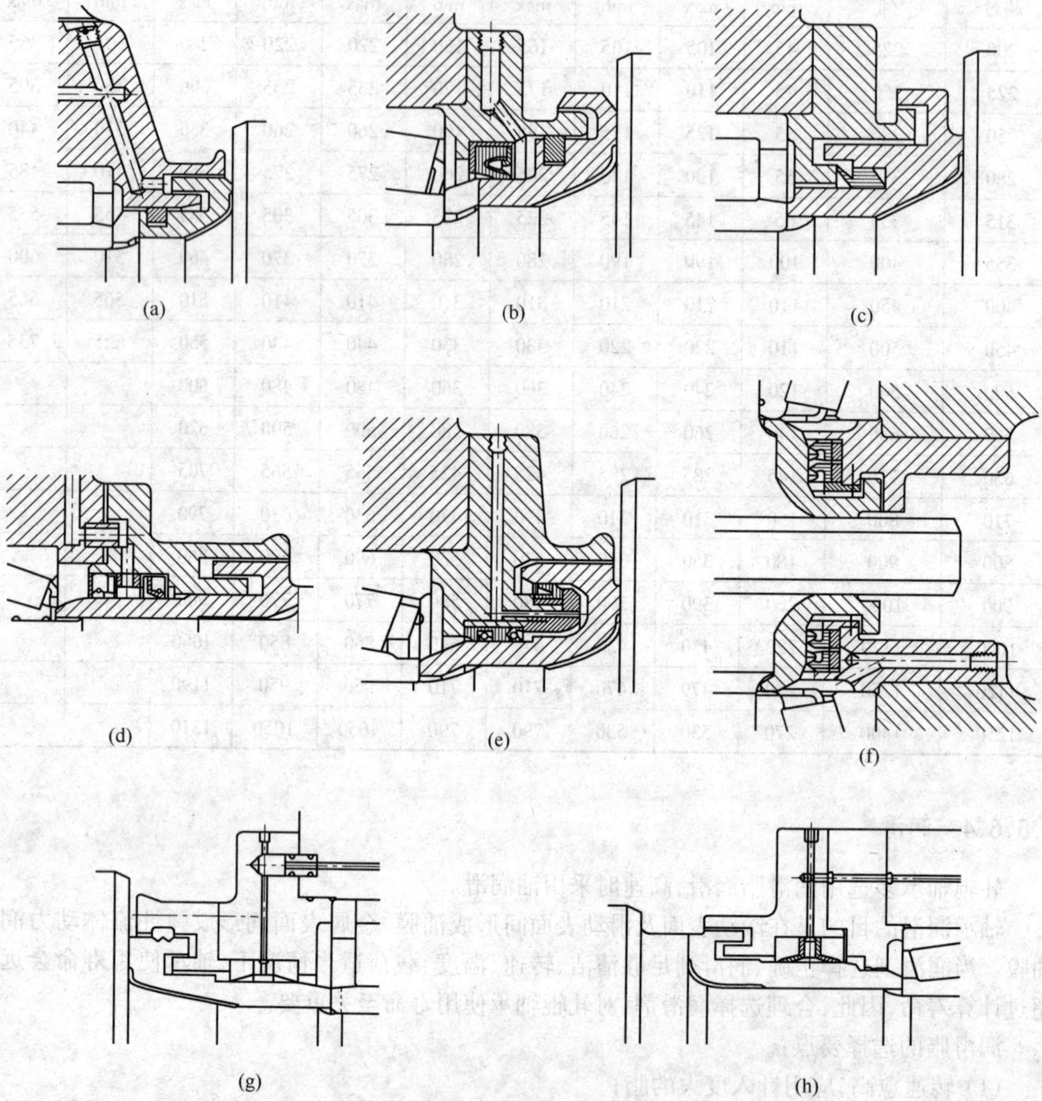

图 3-22　轴承密封

密封的选择应考虑的因素有轧制速度、密封有效性要求、润滑剂类型和运行温度。

图 3-22(a)、(b)、(c)为迷宫、V 形密封、径向密封环及排水环的综合运用。图 3-22(d)、(e)为多重径向密封及迷宫组成的密封部位，可完全阻挡水的进入。立辊轧机密封部位的设计，其迷宫口必须向下[见图 3-22(f)]。一般情况下，径向密封唇的指向应一个指向轴承内腔，一个指向外部，以防止脂的外泄和水的进入。通常密封环之间应填充润滑脂[见图 3-22(g)、(h)]。热带钢轧机润滑剂的泄漏，不影响被轧制的材料，而冷轧带钢则要避免，任何泄漏会污染材料表面。因此，径向密封环的唇部必须指向轴承。密封唇滑动表面必须光滑，轧辊端部外倒角应圆滑过渡，防止轧辊装卸时碰伤密封唇。

3.3.6.6 滚动轴承的主要损坏形式(见表 3-11)

表 3-11 轧机轴承主要损坏形式

损坏现象	原因	措施
1. 外圈、内圈断裂	1. 安装过盈量太大 2. 轴或外壳的圆角过大 3. 冲击负荷过大 4. 剥落或烧伤的发展	1. 选择合适的配合 2. 使轴或外壳的圆角尺寸小于轴承倒角尺寸 3. 改善负荷条件
1. 一侧出现偏载剥落 2. 滚道圆周方向对称位置出现剥落	1. 有异常的轴向载荷 2. 外壳的圆度差	1. 自由端轴承的外圈与外壳之间选择间隙配合 2. 提高外壳孔的加工质量
3. 挡边出现缺陷	1. 安装时敲击挡边 2. 轴向冲击负荷过大	1. 改进安装作业方法 2. 改善负荷条件
4. 滚动体碎裂	1. 冲击负荷过大 2. 剥落的发展 3. 润滑剂不合适或不足 4. 轴向负荷过大	1. 改进安装作业方法和使用方法 2. 改善负荷条件 3. 填充润滑剂、清洗轴承周边
5. 保持架出现伤痕、变形、缺陷、断裂和异常磨损	1. 振动冲击力过大 2. 润滑剂不足 3. 安装不良(呈倾斜状态) 4. 安装时撞伤	1. 改善负荷条件 2. 重新选择润滑方式和润滑剂 3. 减少安装误差 4. 改变保持架形式 5. 改进安装作业方法
6. 轴承出现锈蚀	1. 保管不当 2. 空气中水分的凝结 3. 有水或腐蚀性物质侵入	1. 改善轴承保管 2. 改进密封装置 3. 长期停止运转时进行防锈处理
7. 滚道出现压痕	1. 有异物侵入 2. 安装时有冲击 3. 内外孔配合不当 4. 游隙选择不当	1. 清洗轴承周边 2. 改进密封装置 3. 改进安装作业方法 4. 选择合适游隙组别
8. 出现因轴承发热引起的变色．变形和熔敷	1. 轴承内部游隙过小 2. 润滑剂不合适或不足 3. 负荷过大 4. 其他轴承损伤的发展	1. 选择合适的轴承内部游隙 2. 重新选择润滑方式和润滑剂 3. 重新选择轴承形式 4. 早期发现轴承损伤

(1) 初级损坏形式(指未造成事故性损坏时的状态):

1) 轴承滚道、内径、外径、滚动体表面的磕伤、划伤、压痕;

2) 轴承工作表面的磨损;

3) 轴承内径或外径表面转动打滑痕迹;

4) 轴承配合表面和工作表面腐蚀;

5) 滚子端面与挡边表面摩擦粘连。

(2) 后期损坏形式(指造成停机损失时的损坏状态):

1) 轴承载荷区工作表面疲劳剥落;

2) 轴承内圈轴向贯穿断裂,内圈碎裂;

3) 轴承外圈径向断裂,外圈掉边,外圈碎裂;

4) 轴承套圈、滚子歪曲变形,滚道形成压坑;

5) 滚动体碎裂;

6) 保持架歪曲变形,过梁断裂。

(3) 轴承损坏原因分析：

轧辊用轴承事先应当对轴承尺寸进行选择，然后注重安装、配合、润滑、密封和运行维护几个环节。否则，即使是内在质量无可挑剔的轴承也会很快失效。轴承运行时应连续监控，发现微小的异常应及时判断排除，不要等到引发恶性循环阶段，此时，轴承已损坏得面目全非，主次故障原因混淆，真正原因已无法分析清楚。表 3-11 为轧机所用轴承常见的损坏形式。

目前，常用轧机轴承的代号如表 3-12 所示。

表 3-12 典型轴承类型新旧代号对照

轴承类型	新代号(倒数第五位)	旧代号(倒数第四位)
双列角接触球轴承	0	6
调心球轴承	1	1
调心滚子轴承	2	3
推力调心滚子轴承	2	9
圆锥滚子轴承	3	7
双列深沟球轴承	4	0
推力球轴承	5	8
深沟球轴承	6	0
角接触球轴承	7	6
推力圆柱滚子轴承	8	9
圆柱滚子轴承	N	2
外球面球轴承	U	0
四点接触球轴承	QJ	6

3.3.6.7 轴承的自位

滚动轴承的内环是装在轧辊辊颈上，外环安装在轴承座内，轧制时轧辊辊身要受弯变形发生挠曲，而辊颈的轴线会相对水平位置回转一个角度，轴承内环也会随辊颈回转；而外环是安装在轴承座内，如保持位置不变，那么轴承内外环之间的间隙就不是矩形而是楔形，这样多列轴承工作时就会偏载，寿命急剧下降。所以要提高轴承寿命，必须解决轴承偏载问题，轴承均载自位问题以及赋予轧机自卫机构和性能问题还没有引起世人的足够认识和重视。

轧辊轴承置身于辊系中，严酷的事实表明，轴承的服役寿命远低于其固有寿命(手册设计、出厂寿命)，短寿命率竟达 50%～90%，造成每年巨额经济损失，严重困扰正常生产。

对于轴承固有寿命和服役寿命不等现象，国内外专业技术人员和学者进行了长期深入的研究、不断优化滚动轴承内部结构、润滑冷却、密封、防振特性、提高安装质量等以适应轴承体环境、缩小两种寿命本同的差距。

对四列滚动轴承两种寿命不等现象，要靠轴承内部结构的优化、润滑冷却条件的改善和安装科学化加以解决是有限度的。可以说潜力已基本挖尽。摆脱困扰的新途径就是构成四列滚动轴承服役寿命因素的另一方——轴承载体应具备使轴承每列均载且不超载的性能。

轴承的固有寿命不等于轧机滚动轴承的服役寿命。滚动轴承同载体相连。服役寿命并不是单纯决定于轴承自身结构形式、安装质量、润滑冷却和密封优化程度，而且还取决于由轧辊、轴承座、机架、轴向固定挡板、支撑辊、弯辊装置、压下装置和轴向调节(或横向传动)组成的载体特性。

载体特性在重载、高速状态下定义为载体在定位状态下是否具有自动防止异常偏载和超载的能力。具有上述性能的机构称为自位(自适应)载体。

基于实现滚动轴承服役寿命接近或等于其固有寿命、现代短应力线高刚度轧机和高效板带及管轧机辊系必须是滚动轴承的自位载体。人们习惯地认为压下螺丝与轴承座间的球面垫能保证四列滚动轴承自位均载,这是误解。因为,球面垫只是机架窗口内轴承座与压下螺丝间的运动副,不能保证轴承座随轧辊辊颈的倾斜而摆动。应该指出的是,如果轧机本身有自位性能而滚动轴承偏载属异常偏载,其偏载系数一般超过 2 以上。在设计时曾考虑的偏载系数小于 1.33,它是每一列滚子选用而形成的径向间隙不等造成的,属轴承自身结构问题。所以,如要解决滚动轴承偏载问题,应从轴承本身和轧机结构综合处理。

3.3.7 动压液体摩擦轴承

液体摩擦轴承是一种流体动力润滑的闭式滑动轴承,1934 年始用于轧钢机。其基本特点如下:

(1) 摩擦系数低,可减少能耗。由于轴承的加工非常精密并有良好的密封,能在很高的单位压力下(24.5 MPa 以上),处于液体摩擦状态。辊颈在轴承中旋转时,被一层油膜与轴承衬套分隔开来。轴承中的能量消耗只是用来克服润滑油层间很小的内摩擦,所以摩擦系数很小(0.001 ~0.008)。

(2) 适合于高速重载的工作条件。液体摩擦轴承的允许速度实际上只受散热条件的限制,在具有很好的冷却条件下,随着速度的增加,其承载能力不但不减少,反而可以增加。同时,油膜轴承对冲击载荷不敏感。因此,高速重载的轧机采用液体摩擦轴承较合适。

(3) 使用寿命长,因摩擦系数低,所以轴承工作面几乎没有磨损。如果使用维护适当,寿命可达 10 年以上。

(4) 刚性大而弹性变形极小,因此轧制精度较高。

(5) 结构紧凑,在承受相同载荷情况下,液体摩擦轴承的径向轮廓尺寸相对较小,有利于采用较粗的轧辊辊颈。

由于液体摩擦轴承的显著优点,其应用范围日益扩大;近年来,广泛用于四辊轧机的支撑辊和冷轧与热轧钢板、带钢以及线材、小型轧机上。为了减少能耗,甚至在某些初轧机上,也应用了液体摩擦轴承。

但是,液体摩擦轴承的制造精度和成本较高,安装精度要求较严,使用维护也复杂。

根据油膜形成方法的不同,液体摩擦轴承可分为动压轴承、静压轴承和动-静压轴承三种类型。

3.3.7.1 动压轴承

动压轴承是应用最早和最广泛的液体摩擦轴承。动压轴承的主要特点是:工作油膜是靠轧辊辊颈在轴承中旋转时产生的液体的动力效应来建立的,所以这种液体摩擦轴承称为动压轴承。其工作原理如图 3-23 所示。

轧辊辊颈直径为 D_n,轴承衬套内径为 D_s,半径间隙为 δ,$D_s - D_n = 2\delta$。当辊颈静止时,在外载荷 P_u 的作用下,辊颈中心向下偏离轴承衬套中心一个半径间隙的距离 δ,即辊颈与轴承衬套在承载区相互接触(见图 3-23)。在轴承工作时,锥形轴套(与轧辊以键连接在一起)与轴承衬套(与轴承座固定在一起)间形成一定油楔。当辊颈转动时,压力为 0.1~0.15 MPa 的润滑油通入轴承,锥套就将具有一定黏度的润滑油带入这个油楔中。吸入油楔中的油的压力随着转速的提高而增大(液体动力效应),并与外力P相平衡,迫使辊颈中心顺着旋转方向偏移到一个新的稳定位置(偏心距为 e,见图 3-23)。油楔中的径向压力 p_ϕ 如图示形状分布,其最大值位于油楔的最低位置和油楔的尖端位置(此处有最小油膜厚度 h_{min})之间,各点压力 p_ϕ 在垂直方向的投影面积乘积之和等于外力 P。这样,润滑油的动压力的合力,平衡了加在轴承上的径向载荷(包括轧辊自重),因此,锥形轴套与轴承衬套就被一层极薄的动压油膜所分开。这时,轴承工作面之间的摩擦即为纯液体摩擦。

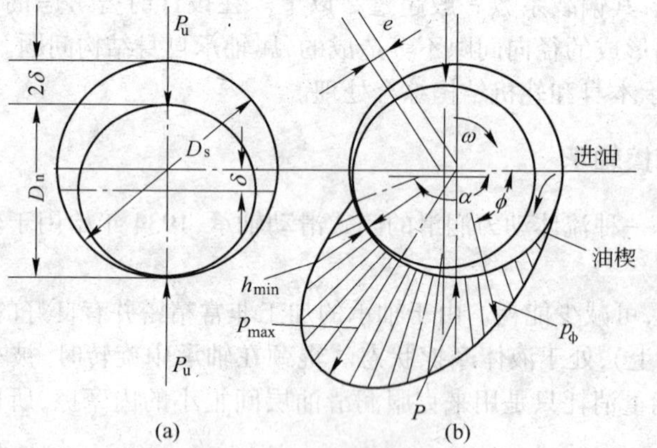

图 3-23　动压轴承工作原理
(a) 静止状态;(b) 辊颈旋转时油楔径向压力分布

这层动压油膜,将随着轴承转数和润滑油黏度的增加而加厚,随外载荷的增加而变薄。

动压轴承保持液体摩擦的主要条件是:

(1) 轧辊辊颈和轴承衬套间具有楔形间隙,以便使润滑油被吸入楔缝,在辊颈和轴承衬套之间建立稳定的油膜。

(2) 轧辊辊颈要有足够的旋转速度,以便在油膜中形成与外载荷平衡的压力。

(3) 要连续供给足够的、黏度适当的、非常洁净的润滑油。

(4) 轴承摩擦面需要高精度加工。尺寸精度为一级,表面粗糙度 0.1～0.05,微观不平度不大于 0.5～1 μm。

(5) 轴承应具有良好的密封。

动压轴承所选用的润滑油,有低黏度的透平油(22～57 号)和高黏度的轧钢机油(HJ3-28)。摩擦系数为

$$\mu = \pi \eta v / \delta p \tag{3-3}$$

式中　p——平均单位压力,N/m²;

η——油的黏度,N·s/m²;

v——轧辊辊颈表面滑动速度,m/s;

δ——轧辊辊颈和轴承衬套的半径间隙,m。

由上式可见,为了减少摩擦系数,对于轻载、高速的轴承,宜采用低黏度润滑油;而重载、低速时,宜用高黏度的润滑油。

A　动压轴承开车前,运转中及换支撑辊时应注意的事项

(1) 润滑系统启动后正常供油 30 min 后,使油膜轴承充满润滑油轴承才能运转。

(2) 短时停轧供油系统可以不停,当轧机检修或因故停车较长时间(一般 4 h 以上)再次启动

必须空转轧机 5～10 min 确认回油温度和流量,正常方可轧钢。

(3) 新组装的油膜轴承,投入正常轧钢前必须不少于 2 h 跑合运行,在此期间观察润滑系统及油膜轴承各处仪表指示是否正常,各密封和连接处有无漏油现象,运转中有无异常。

(4) 开车后要检查各给油回油管路和接头有无漏油,轴承有无异常声响及局部发热。当轴承回油温度与进油温度接近时方可使轧机加大负荷工作。

(5) 一般只有工作辊辊速大于 20 r/min 时才允许进钢,油膜轴承工作能力与转速有关。

(6) 更换支撑辊时,油膜轴承装入牌坊后不应有较大的倾斜。

(7) 更换支撑辊时油库停泵 10 min 后,使润滑油尽量回到油库后方可拆油管,并把各油管接头用布包好以免杂质进入。

B 动压轴承维护

油膜轴承停机时应检查以下方面:

(1) 检查轴承各螺栓有无松动,以手锤敲打不动为可;

(2) 检查轴承上各密封装置是否漏油,检查水封磨损情况,检查轴承是否进水;

(3) 检查轴承各油管接头有无松动和泄漏现象;

(4) 检查各轴承压力是否正常,并记录每个轴承的压力和流量;

(5) 随时检测回油温度,有问题及时和油库联系。

油膜轴承在运转中应注意检查部位:

(1) 轴承在运转中注意有无异常声响;

(2) 检查轧辊在运转中是否平稳,有无卡阻突根现象;

(3) 检查油路是否畅通无阻,各润滑点的压力表,温度表和流量表是否良好可靠,各种信号指示系统是否正常;

(4) 检查冷却水,高压水工作是否正常;

(5) 压紧缸工作状况,有无漏液及管路检查。

C 动压轴承的修理

(1) 油膜轴承在使用过程中可能出现一些技术缺陷,解体后如果发现锥形套有刮伤、划伤及划痕和锈斑,可用细油石进行打磨,再用毛毡蘸研磨膏进行研磨,最后用海军呢或鹿皮抛光。

(2) 轴承衬套巴氏合金有局部脱落时,可用相同材质的焊料进行补焊,焊补后可用机加工或人工刮研的办法来修理,如焊补地方很小,只用刀修后再用鹿皮抛光,切忌勿用砂布,严禁使用研磨粉或研磨膏,以免硬质颗粒进入眼睛内。

(3) 轴承衬套巴氏合金,大面积烧化和大面积脱落时,锥套表面失去光泽和大量刮伤和划痕时,要返回制造厂返修。

(4) 滚动轴承的滚动体有磨损的地方,可用油石修理。

D 动压轴承的储存

(1) 油膜轴承储存要求室内清洁干燥,具有防止灰尘、湿气、蒸气、煤气的场地。有良好的通风,室内温度不能有剧烈的变化,应保持在 15～25℃的室温。

(2) 长期储存的轴承必须每半年至一年的时间内进行一次防腐检查,如防腐油过期变质时,要进行重新涂油。

(3) 重新涂油时,必须按轴承涂油包装的规则进行,涂油前要对零部件仔细的检查清洗,涂油后做好防腐记录,要把备件号、防腐油牌号及防腐日期填写好,存入档案。

(4) 对锥套与衬套防腐后可用制造厂原来的包装箱进行包装,备件堆放要做到轴心垂直地面，严禁横放，堆放衬套的地方不要放到露天和很冷的地方，防止金属备件收缩时发生脱离。做到夏天防锈，冬天防冻。

(5) DF密封和水封J形密封圈的堆放，应该平放不得堆垛叠压，不能靠近热源和油污，其他O形胶条要单独管理，橡胶件老化期为1～2年，备件不宜久存和过多的订货。

E　动压轴承的检修安装

(1) 动压轴承检修安装场地的要求：

1) 轴承间应设在轧钢车间轧机附近，但又必须与轧钢车间隔开，安装油膜轴承的地方应照明良好，温度适当，光线充足，保证在清洁无粉尘的专用场地进行。

2) 轴承间不允许有电火花产生，所有电源均应设防爆装置，同时严禁烟火，工作人员不许穿易产生静电的化纤工作服，只许穿干净棉布工作服才能进行作业。

3) 轴承间应保证有足够的空间进行油膜轴承的装卸和维修，工作室内应设煤油、汽油、工作油槽，要配备一个热油槽及翻转轴承箱体的翻转机等设施，还要建两个以上的专用检查台架用来检查锥套、衬套。

4) 应配置有维修和安装的工具、专用吊具，要有高压风管路，高压风要有良好的过滤装置。轴承间要配有一定数量的精密量具，并有防火设施。

(2) 动压轴承的清洗：

1) 油膜轴承使用到一定时期，如6个月，必须全面解体检查清洗重新安装。新轴承(或从轧辊卸下的轴承)要把防腐油层和污物清理掉，把残油和杂质刮掉，刮油时除轴承箱体外其他件不准动用任何金属物。

2) 需要清洗的轴承零部件，先放到95～100℃热油槽内浸泡10～15 min，烫去残油及污物，用过滤后的压缩空气将工件工作表面和孔穴吹干净，再用煤油汽油逐次清洗，直到消除煤油痕迹为止。

3) 清洗锥套衬套时禁止用手直接接触工作表面，也不许用棉纱和破布清洗，要用好白布和绸布逐次清洗，最后使用120号航空汽油，用农用喷雾器喷洗，喷洗后自然晾干不准用手触摸工作表面，以防生锈。

4) 清洗时禁止把几个零部件放在同一个油槽内，以免相互撞击，而碰伤工作表面，如发现工作表面有缺陷时，必须进行修刮、研磨、抛光处理。

5) 清洗后的零部件放到专用干燥检查台架上，在光线充足照明良好，清洁无尘场地检查，对光洁度可疑处用10～30倍放大镜仔细观察，如发现衬套乌金层内有硬金属应及时清除。

6) 清洗过的零部件，在装配或储存前，表面必须涂上工作油或防腐油，零部件清洗后应尽快的进行安装，组装后的轴承应尽快装到支撑辊上，那里是轴承最理想的库房。

7) 轴承座的清洗：轴承座每半年必须彻底清洗一次，清洗时对箱体内外各给油回油孔，都应严格检查清洗，生锈部位用砂布打掉，用压缩空气吹干净，决不允许其箱体内部残留任何杂质和污物，用汽油清洗后用塑料布盖好。

3.3.7.2　静压轴承

基于动压轴承存在的不足，近年来出现了静压轴承。静压轴承的高压油膜是靠一个专门的液压系统供给的高压油产生的，靠油的静压力使辊颈悬浮在轴承中。因此，这种高压油膜的形成与轧辊辊颈的运动状态无关，无论是启动、制动或反转，甚至静止状态，都能保持液体摩擦条件。

静压轴承具有较高的承载能力，寿命比动压轴承长(主要取决于供油系统的寿命)，应用范围广，轴承规格多，能满足任何载荷条件和速度条件的要求，轴承刚度高。此外，轴承套筒材料可降低要求,只要比辊颈材料软就行了。但是,由于静压轴承必须有一套可靠的高压液压系统及保护装置,所以其应用不如动压轴承普遍。

静压轴承的工作原理如图 3-24 所示。轴承衬套内表面的周围布置着四个油腔 1、2、3 和 4。受载方向的大油腔 1 为主油腔,对面的小油腔 3 为副油腔,左、右有两个面积相等的侧油腔 2 和 4。用油泵(图中未示出)将压力油经两个滑阀节流器 A 和 B 送入油腔。油腔 1 和 3 中的压力由滑阀 A 控制,油腔 2 和 4 的压力由滑阀 B 控制,滑阀和阀体周围的间隙,起节流作用。当轧辊未受径向载荷时,从各油腔进入轴承的压力油使辊颈浮在轴承中央,此时辊颈周围的径向间隙相等,各油腔的液体阻力和节流阻力也相等,两滑阀在两端弹簧的作用下都处于中间位置,即滑阀两边的节流长度 l_c 相等。当辊颈受径向载荷 W 时,辊颈沿受力方向发生位移,其中心偏离轴承中心的距离为 e,使承载油腔 1 处的间隙减小,油腔压力(p_1)升高;而对面油腔 3 处的间隙增大,油腔压力(p_3)降低,因此,上下油腔之间形成压力差为 $\Delta p = p_1 - p_3$。由于反馈作用,此时作用在滑阀 A 左端上的压力将大于右端的压力,这就迫使滑阀向右移动一个距离 x。于是右边的节流长度增大到 $l_c + x$,节流阻力增加;而左边的节流长度则减小为 $l_c - x$,其节流阻力减小。因而流入油腔 1 的油量增加,流入油腔 3 的油量减小。同时由于滑阀 4 两端的节流阻力不同,使油腔 1 与油腔 3 的进油压力差加大,从而使辊颈位置中心的偏移值减小,达到一个新的平衡位置。如果轴承和滑阀的有关参数选择得当,则完全可能使辊颈恢复到受载以前的位置,所以轴承具有很大的刚度。由上可见,静压轴承可使轧辊辊颈在受载后稳定地保持很小的位移,甚至没有位移,这一特性对提高轧制精度非常有利。

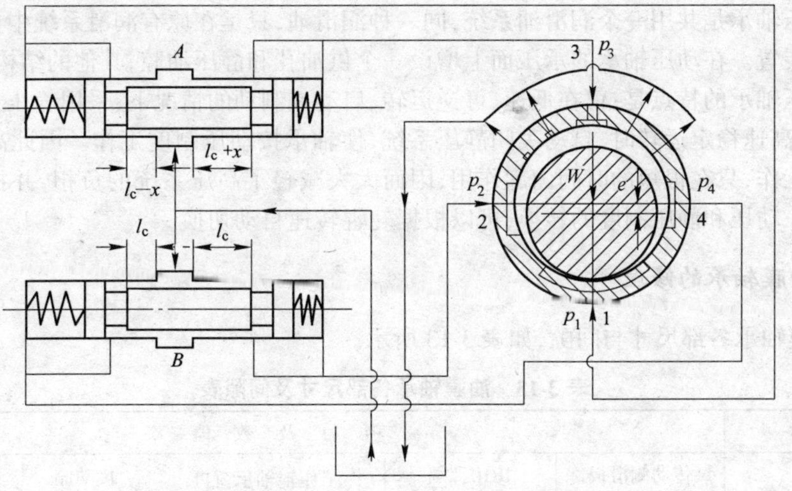

图 3-24 600 mm 冷轧机支撑辊所用的静压轴承工作图

静压轴承的结构如图 3-25 所示。

3.3.7.3 静-动压轴承

静压轴承虽然克服了动压轴承的某些缺点,但它本身也存在着新的问题,主要是轧钢机重载静压轴承需要一套连续运转的高压液压设备来建立静压油膜,这就要求液压系统有较高的可靠性。液压系统的任何故障都可能破坏轴承的正常工作。

静-动压轴承就是把动压轴承和静压轴承的各自优点结合起来,克服了动压轴承和静压轴承两者的不足。轧钢机上采用这类轴承是近 10 多年来发展起来的一项新技术。武钢 1700 mm

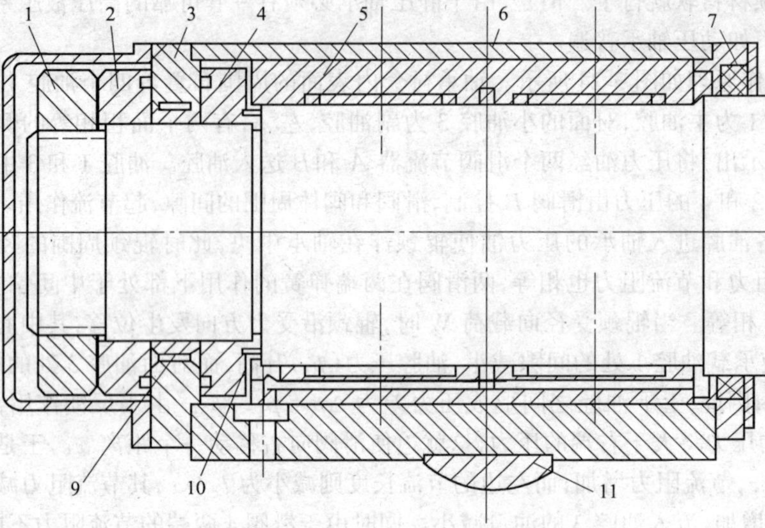

图 3-25　600 mm 冷轧机支撑辊所用的静压轴承结构简图

1—螺母；2、4—止推块；3—固定块；5—衬套；6—轴承座；7—密封圈；8—轧辊；9—调整垫；10—补偿垫；11—自位板

冷连轧机等一些现代化轧机上已采用了这种轴承。

静－动压轴承是共用一个润滑油系统，同一种润滑油，只是在原有润滑系统中再增添一套静压润滑系统装置。在动压轴承的承压面上增设一个供油孔和静压油腔，其他的结构没什么改变。

静－动压轴承的特点是：仅在低速、可逆运转、启动或制动的情况下，采用静压系统供给高压润滑油；而在高速稳定运转时，自动关闭静压系统，使轴承按动压制度工作。因此高压系统不必长期连续地工作，只在很短的时间内起作用，因而大大减轻了高压系统的负担，并提高了轴承工作的可靠性。动压和静压制度的转换，可以根据轧辊转速自动切换。

3.3.7.4　油膜轴承的修理

(1) 油膜轴承各部尺寸与间隙，如表 3-13 所示。

表 3-13　油膜轴承各部尺寸及间隙表

名　称	项 目 及 数 值				
上支撑辊轴承箱	传动侧滑板	$1810^{-0.50}_{-0.75}$	工作辊轴承窗口滑板尺寸/mm	传动侧	$1050^{+0.50}_{-0.70}$
	换辊侧滑板	$1820^{-0.50}_{-0.75}$		换辊侧	$1060^{+0.50}_{-0.70}$
下支撑辊轴承箱	传动侧滑板	$1810^{-0.50}_{-0.75}$	下支撑辊水平/$mm \cdot m^{-1}$	0.10	
	换辊侧滑板	$1820^{+0.50}_{-0.75}$			
双列滚锥轴承	轴承型号		轴向间隙/mm	0.40～0.60	
	1879/510S				

(2) 若锥形套有局部损伤、环痕和锈斑，可视技术缺陷程度，采用专用的磨光工具或细油石进行修整，再用毛毡蘸研磨膏进行研磨，最后用海军呢或鹿皮抛光。

(3) 当轴承衬套轴承合金有局部脱落时，可用相同材质的焊料进行补焊，补焊后视补焊面积的大小确定采用机加工或人工刮研的方法进行修理。

(4) 如果轴承衬套轴承合金损伤严重,通常采用换轴承衬套或将其重新浇铸加工,但在刮研装配时要注意检测相对应的另一只轴承衬套轴承合金面接触情况。

(5) 锥套配合面磨损严重时,应进行返修,通常可采用喷镀工艺和机加工来进行。若滚动轴承的滚动体有轻微且为个别滚动体有损伤时,可采用对其进行修理的方法来解决,若磨损严重时,应进行更换。

3.3.7.5 油膜轴承安装

油膜轴承的装配步骤如下:

(1) 油膜轴承的装配:

1) 轴承间应设在主轧机附近,应有良好照明,温度适当,空气清洁且无粉尘。

2) 轴承间不允许有电火花产生,电源应设防爆装置,同时严禁烟火,工作人员不许穿易产生静电的化纤工作服,只许穿纯棉布的工作服进行作业。

3) 轴承间应有足够的空间,以进行油膜轴承的装配工作。室内应设煤油、汽油工作油槽,一个热油槽以及翻转轴承箱体的翻转机等设施。还要备置2台以上的专用检查台架,用来检测锥套、衬套。

4) 应配置专用工具、吊具、高压风管路(应有良好的过滤装置)和一定数量的精密量具以及防火设施。

(2) 油膜轴承的清洗:

1) 将需要清洗的轴承零部件,先放到90～120°C热油槽内浸泡10～15 min,烫去残油及污物,然后用清洁的压缩空气将工件表面和孔穴吹净,再用煤油、汽油依次清洗,最后用36～120号航空汽油利用喷雾器喷洗,用脱脂棉布、绸布擦净或自然晾干,不得用汗手触摸工件表面。

2) 轴承防腐油层应用竹片刮掉,同时不得将几个零部件堆放在热油槽内,以免相互撞击而损伤配合面。若发现工作表面有缺陷时,必须进行修刮、研磨和抛光。

3) 清洗后的轴承零部件,应放到专用检测台架上,用10～30倍放大镜进行观察,若发现异常,必须进行刮研、研磨和抛光处理。清洗检查后的轴承零部件,装配前应在其配合表面上涂上工作油,并用塑料布盖好。

(3) 油膜轴承的测量:

1) 轴承座滑板的测量。首先检查箱体滑板螺栓是否松动,螺栓紧固后方可进行测量,轴承座滑板的同心度误差必须符合图纸的要求;然后对轴承箱内孔、球面垫、压紧缸等处逐项进行测量,并作好记录。

2) 锥套、衬套的测量。测量时,要在同一个测点按3个方位测量,然后取3个数值的平均值。根据所测得的数值,对轴承座、锥套、衬套进行合理搭配,达到配合良好、间隙达标,并作好记录存入设备档案。

3) 轴承座滑板调整数据。

换辊侧:$1820^{+0.50}_{-0.75}$ mm

传动侧:$1810^{+0.50}_{-0.75}$ mm

4) 上轴承座安装工作辊轴承内滑板窗口尺寸。

换辊侧:$1060^{+0.40}_{+0.70}$ mm

传动侧:$1050^{+0.40}_{+0.70}$ mm

5) 下轴承箱球面垫。

R1340 mm球面,使用到30 mm宽平面时应更换新件,以便自行调位。

(4) 油膜轴承的安装：

1) 轴承零部件测量并选配后，要进行编号并在不影响其精度的位置打上字头。同时，实测尺寸必须与图纸尺寸相符，将其尺寸数据记入轴承档案。

2) 将轴承座放置到专用台架上，使其轴线垂直地平面，用3个千斤顶支起并将轴承座上平面调水平。然后将轴承内孔再次清洗干净，并涂上工作油。

3) 将衬套用专用吊具吊起并找平，清洗干净后，吊到工作油槽内浸上油，然后轻缓靠自重装入轴承座。当衬套进入1/3时，要对准销轴孔，当衬套装到位后，将衬套销轴加上O形胶圈用M20×40螺丝固定在轴承座上，对螺丝做防松处理。

4) 用专用吊具将锥套吊起并找好水平，清洗干净后，吊到工作油箱内浸上油，然后将其装入衬套。当锥套装入1/2时，将锥套键槽转到支撑辊键的位置上。

5) 将压肩环涂上工作油装入，然后将调整好的滚动轴承装入，同时要对准键槽和装好O形胶圈。

6) 上述工作完毕后，用M36×110螺丝紧固。轴承座下方6条螺丝上装上紫铜垫圈，以防进水与漏油。螺丝紧固后要用铁丝穿起来防松。同时，要检查并保证滚动轴承间隙应为0.40～0.60 mm；锥套与衬套边缘尺寸应为11.20 mm。

7) 将轴承座吊到翻转机上并倾翻90°，将箱体立起来，并清理干净，把轴承密封挡板吊起来清洗干净装上O形密封圈，吊放到轴承座上，用内六方螺丝紧固。然后将密封挡板喷镀面上涂上干油，再将“DF”密封圈装入密封挡板中，同时将密封弹簧调整好长度用粘接剂粘到DF密封圈上，并装上不锈钢密封箍。

8) 将铝合金环装入。

3.4 轧辊调整及平衡机构

3.4.1 轧辊调整机构

3.4.1.1 轧辊调整机构作用

轧辊调整机构的作用是调整轧辊在机架中的相对位置，以保证要求的压下量、精确的轧件尺寸和正常的轧制条件。轧辊的调整机构主要有轴向调整机构和径向调整机构，以及用于板带轧机上调整辊型的特殊调整机构。轧辊轴向调整机构，对于有槽轧辊是用来对正轧槽，以保证正确的孔型形状。对于板带轧机则用于轧辊轴向固定。

轧辊径向调整机构的具体作用有：

(1) 调整两工作辊轴线间距离，以保证正确的辊缝开度，给定压下量，轧出所要求的断面尺寸。尤其在初轧机、板坯轧机上，几乎每轧一道都需调整一次辊缝。

(2) 调整两工作辊的平行度。

(3) 当更换轧辊时，要调整轧制线高度，使下辊辊面与辊道水平面一致；在连轧机上，还要调整各机座间轧辊的相互位置，以保证轧制线高度一致。

3.4.1.2 轧辊径向调整机构的类型

轧辊径向调整机构的结构与轧机的形式和轧辊的位置有密切关系，可分为上辊调整机构、下辊调整机构、中辊调整机构及轧辊侧向调整机构等类型。

A 上辊调整机构

上辊调整机构通常称为压下机构，它的用途最广，安装在所有的二辊、三辊、四辊和多辊轧机上。其结构在很大程度上与轧辊的压下速度、移动距离和工作频率有关。压下机构有手动的、电动的或液压的。各类轧机的压下速度如表 3-14 所示。

表 3-14 各类轧机的压下速度

轧机类型	压下速度/$mm\cdot s^{-1}$	轧机类型	压下速度/$mm\cdot s^{-1}$
大型初轧机	80～250	中厚板轧机	5～25
大型扁坯初轧机	50～120	薄板热轧机	0.1～0.2
750～850 mm 初轧机	40～80	热带钢可逆式粗轧机	15～50
700～800 mm 三辊开坯机	30～60	热带钢四辊粗轧机	1.08～2.16
型钢轧机	2～5	热连轧精轧机	0.47～1.33
钢管穿孔机、二辊叠轧	1～2	冷轧带钢轧机	0.05～0.1
薄板轧机		冷轧多辊带钢轧机	0.005～0.01

B 下辊调整机构

下辊调整机构有手动也有电动的。在中辊固定的三辊型钢轧机上，调下辊以调整中下辊间距离；在初轧机和几乎所有二辊或四辊板带轧机上，为了保持轧制线水平不变，用在下辊轴承座下面加垫片的方法来调整下辊的位置。

C 中辊调整机构

在中辊固定的三辊型钢轧机上，中辊用斜楔手动微调上瓦座，只是为了调整轴瓦间隙；在下辊固定的三辊劳特式轧机上，为了在中上辊之间或中下辊之间交替过钢，需使中辊交替地压向上辊或下辊。其传动方式有电动、液压及升降台联动等多种形式。

D 侧向调整机构

侧向调整机构一般用于斜辊式穿孔机、均整机，以及带垂直轧辊的立辊轧机上，这些轧机的左右两个轧辊各装有一套侧向压进机构。其传动机构一般都是电动的，结构与电动压下类似。

3.4.2 手动压下机构

手动压下机构，主要用于不经常调整的型钢轧机与线材轧机上，调整工作主要是在轧钢之前完成的，对调整速度没有特殊要求。常见的手动压下机构有以下几种形式：

(1) 斜楔调整方式[见图 3-26(a)]；

(2) 直接传动压下螺丝的调整方式[见图 3-26(b)]；

(3) 圆柱齿轮传动压下螺丝的调整方式[见图 3-26(c)]；

(4) 蜗杆传动压下螺丝的调整方式[见图 3-26(d)]。

3.4.3 电动压下机构

电动压下机构是最常使用的上辊调整机构，通常包括电动机、减速机、制动器、压下螺丝、压下螺母、压下位置指示器、球面垫块和测压仪等部分。

压下机构的结构，按照压下速度和工艺特点的不同，可分为电动快速压下机构(用于可逆式热轧机)和板带轧机压下机构两大类。

3.4.3.1 电动快速压下机构

A 工艺特点

在初轧机、中厚板轧机、连轧机组的可逆式粗轧机等可逆式热轧机上，其压下机构的工艺特点是：

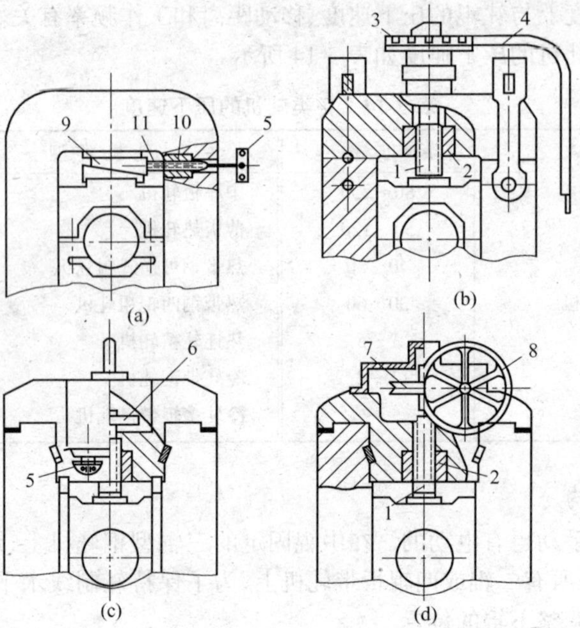

图 3-26　手动调整机构

1—压下螺丝；2—压下螺母；3—齿盘；4—调整杆；5—调整帽；6—大齿轮；
7—蜗轮；8—手轮；9—斜楔；10—螺母；11—丝杠

(1) 上轧辊要快速、大行程、频繁地调整；

(2) 轧辊调整是在道次之间进行，不带轧制负荷，即不带钢压下。通常把这种压下速度大于 1 mm/s 的不带钢压下机构称为电动快速压下机构。

为了适应上述工艺特点，要求压下机构：

(1) 传动系统惯性要小，以便频繁地启动、制动；

(2) 有较高的传动效率和工作可靠性；

(3) 必须有克服压下螺丝阻塞事故(坐辊或卡钢)的措施。

B　结构形式

按照传动的布置形式，快速压下机构采用以下两种类型：

(1) 采用立式电动机。传动轴与压下螺丝平行布置的形式如图 3-27 所示，压下机构的两台立式电动机 1 通过圆柱齿轮减速机 4 传动压下螺丝 5；液压缸 3 用于脱开离合齿轮，使每个压下螺丝可以单独调整(调整轧辊平行度)。立式电机传动的压下机构，由于使用了圆柱齿轮，因此传动效率高、零件寿命较长，又可节约有色金属(不用铜蜗轮)。近年来，新设计的初轧机已普遍采用这种传动形式。

立式电机传动的压下机构可以有多种配置方案，如图 3-28 所示。其中图 3-28(a)和图 3-28(b)用于某些 1150 mm 初轧机；图 3-28(c)用于某些 1000 mm 初轧机；图 3-28(d)用于某些 900 mm 轨梁轧机的二辊粗轧机座。

(2) 采用卧式电动机。传动轴与压下螺丝垂直交叉布置的形式，这种形式通常是用圆柱齿轮和蜗轮副联合传动压下螺丝。它的优点是能够采用普通卧式电机，结构较紧凑，有利于降低初轧机高度。但是，为了把水平轴运动转换成垂直轴运动，不得不采用效率低、工作寿命短和消耗大量青铜的蜗轮传动。在采用了难于加工的球面蜗轮副或平面蜗轮以后，传动效率显著提高。

在压下速度不太快的板坯轧机上经常采用这种布置形式。

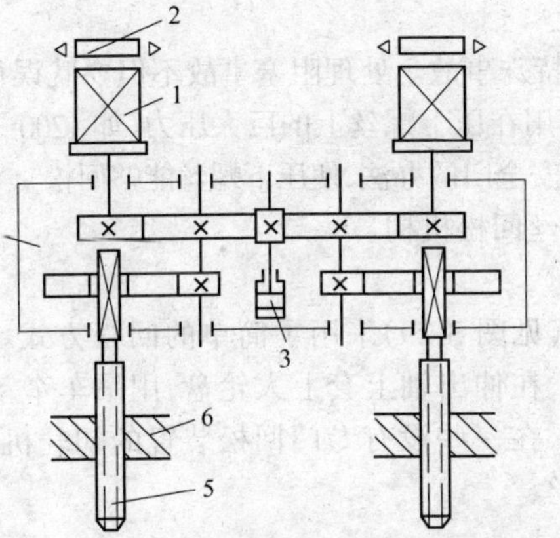

图 3-27　立式电机圆柱齿轮传动的压下机构

1—立式电动机；2—制动器；3—液压缸；4—圆柱齿轮减速机；5—压下螺丝；6—压下螺母

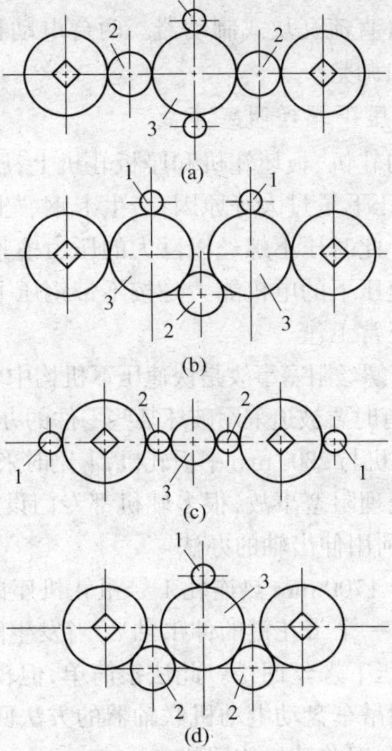

图 3-28　立式电机传动压下机构的配置方案

1—电动机轴；2—小惰轮；3—大惰轮

图 3-29 是国产 1700 mm 热连轧四辊可逆式粗轧机压下机构传动示意图，其技术性能如下：

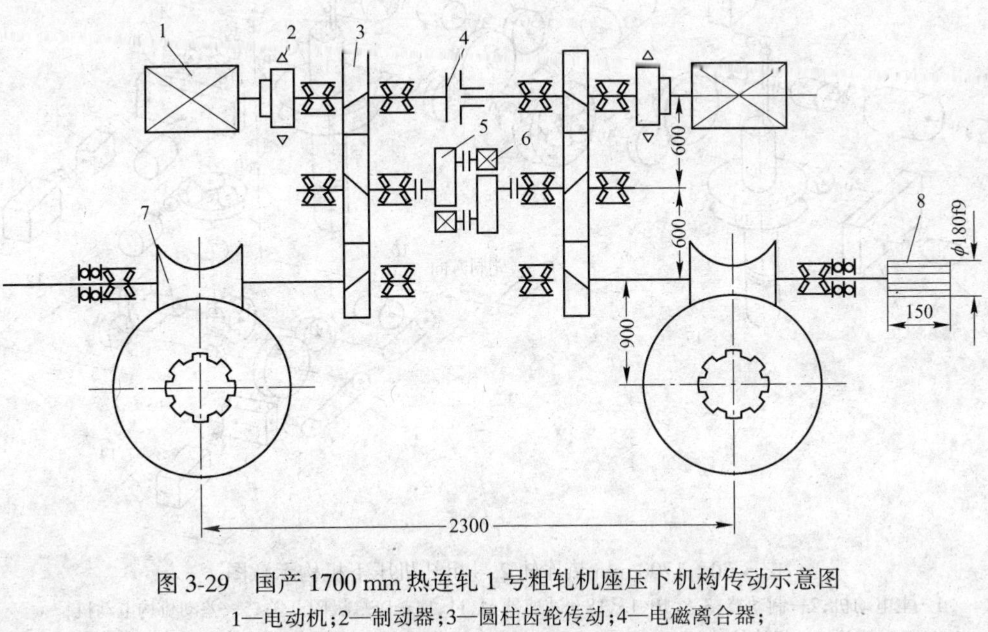

图 3-29　国产 1700 mm 热连轧 1 号粗轧机座压下机构传动示意图

1—电动机；2—制动器；3—圆柱齿轮传动；4—电磁离合器；5—传动箱；6—自整角机；7—球面蜗轮副；8—伸出轴

压下速度为19.6～39.2 mm/s，圆柱齿轮速比 $i=1$，蜗轮副 $i=12.75$，采用四线蜗杆，每台直流电机功率为160 kW，压下螺丝总行程640 mm，上辊最大提升高度300 mm。为了快速制动，装设了ZWZ-600直流瓦块式制动器。两台电动机由电磁离合器相连，脱开电磁离合器，两个压下螺丝即可单独调整。

C　压下螺丝阻塞事故

在初轧机、板坯轧机和厚板轧机上，压下机构的压下行程大、速度快、动作频繁，常常由于操作失误、压下量过大等原因，产生卡钢、“坐辊”或压下螺丝超极限提升而发生压下螺丝无法退回的事故。此时压下螺丝以巨大的压力楔紧在螺母中，称为阻塞事故。

快速压下的电机能力是按不带钢压下设计的，此时电机无法再启动，压下螺丝不能回松，轧机不能正常工作。

压下螺丝阻塞事故是快速压下机构中较易发生的特殊事故。处理阻塞事故不但要耽误很多时间，而且有时要被迫采用破坏某些零件的办法来解除作用在压下螺丝上的巨大压力(如1200二辊叠轧薄板轧机与2300 mm中板轧机，卡钢时采用氧气切割安全臼的办法，使压下螺丝能够回松)。

为处理阻塞事故，很多轧机都专门设置了压下螺丝回松机构。

a　利用伸出轴的办法

国产1700 mm热连轧1号粗轧机座的压下机构(见图3-29)采用了简单的回松方式。在蜗杆轴上有一个带花键的伸出轴8，当发生阻塞事故后，在伸出轴上套上大轮盘，用吊车牵动轮盘转动，使压下螺丝回松。此法很简单，但较费时费力。在一些没有专门回松装置的初轧机上，有时也采用吊车盘动电动机联轴器的方法回松压下螺丝。

b　利用差动机构回松

图3-30为1700 mm热连轧2号粗轧机压下机构，利用差动机构可在轧辊卡紧力约10 MN的

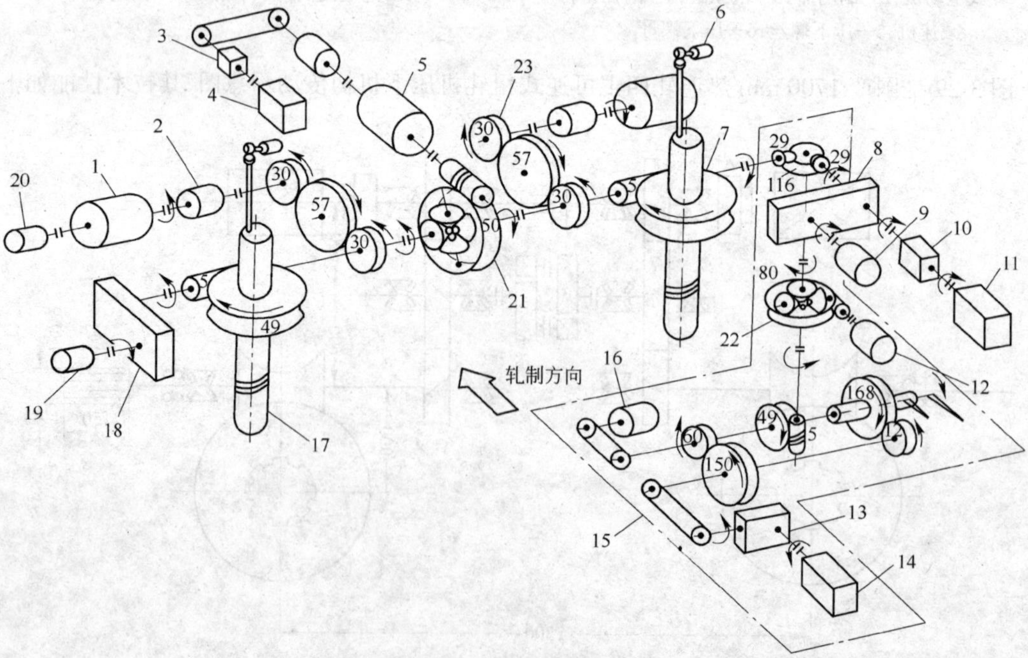

图3-30　1700 mm热连轧2号粗轧机压下机构示意图

1—主电动机；2—制动器；3、8、10、13、18—减速器；4、11、14—LSC极限开关；5—差动机构电动机；6—LSH极限开关；7—蜗轮传动；9、19—自整角机；12—表回零电动机；15—表盘；16—消除读数间隙电动机；17—压下螺丝；20—测速发电机；21、22—差动机构；23—圆柱齿轮传动

情况下回松压下螺丝。差动机构电机经两级蜗轮减速，可在单侧压下螺丝上产生 4.5 MN 回松力（电机功率虽不大，但速比很大，故可产生很大扭矩），一个压下电机经一级蜗轮减速，可产生 1.2 MN 回松力，两者合计约 5.7 MN。具体回松步骤是：若卡钢时两端阻塞压力总和为 10 MN，由测压仪测得一侧为 5.5 MN，则另一侧为 4.5 MN。回松时，先松开 5.5 MN 的一侧，待测压仪读数降至 2.5 MN 时停下，再回松 4.5MN 的一侧，最后再回松剩余的 2.5 MN 压力。

c　设置专门的液压回松机构

图 3-31 是 4200 厚板轧机的压下螺丝回松机构结构图，它装在压下螺丝上部，便于维修。当发生阻塞事故时，装在双臂托盘 2 上的两个液压柱塞 5 升起，通过托盘 6 和压盖 7 将下半离合器（花键套）8 提起，并与上半离合器 2 结合。接着，两个工作缸 3 推动上半离合器 2 的双臂回转（回转半径 900 mm），强迫压下螺丝旋转回松。工作缸最大行程 300 mm，压下螺丝相应移动 2.8 mm 液压回程缸 4 可使工作缸柱塞返程。如此往复几次，即可将阻塞的压下螺丝松开。

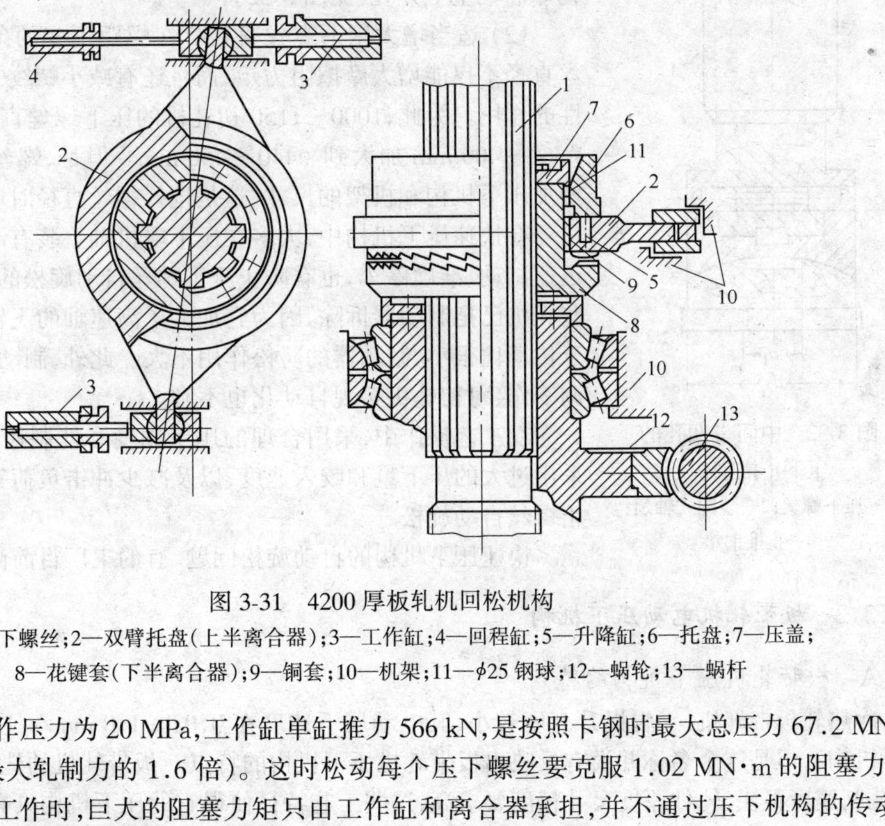

图 3-31　4200 厚板轧机回松机构

1—压下螺丝；2—双臂托盘（上半离合器）；3—工作缸；4—回程缸；5—升降缸；6—托盘；7—压盖；8—花键套（下半离合器）；9—铜套；10—机架；11—$\phi25$ 钢球；12—蜗轮；13—蜗杆

液压缸工作压力为 20 MPa，工作缸单缸推力 566 kN，是按照卡钢时最大总压力 67.2 MN 设计的（相当于最大轧制力的 1.6 倍）。这时松动每个压下螺丝要克服 1.02 MN·m 的阻塞力矩。这一回松机构工作时，巨大的阻塞力矩只由工作缸和离合器承担，并不通过压下机构的传动零件，故传动零件仍可按小很多的工作载荷设计。

在设计轧机时，考虑发生阻塞事故时的回松措施是十分必要的。回松力可按每个压下螺丝上最大轧制力的 1.6～2.0 倍考虑。

D　压下螺丝的自动旋松

压下螺丝自动旋松（回松）问题主要发生在初轧机（当采用立式电机压下时，问题尤为严重）和中板轧机上，这种现象表现为，在轧制过程中已经停止转动的压下螺丝，在突加的压力下自动向上旋松，使已经给定的压下量减小，造成轧件厚度不均，严重影响轧件质量。

自动旋松的原因是，为了实现快速压下，压下螺丝的螺距取得较大的螺纹升角。接近于螺丝、螺母间的摩擦角,加上采用圆柱齿轮传动,压下机构的自锁性较差。另一个影响螺丝自锁性的因素是螺纹表面的摩擦角 ρ,它是由螺纹间的摩擦条件决定的。在快速压下的轧机上,由于压下螺丝要频繁快速移动,故必须采取良好的润滑措施,否则将使压下螺母的寿命因迅速磨损而大为降低。从润滑效果看,采用稀油润滑较好,这时螺母磨损比用干油时可降低 1.2～2.0 倍。但润滑条件越好,摩擦角越小,自锁性也越差。因此压下螺母的寿命和它的自锁性能是相互矛盾的,但这一矛盾不能以降低设备寿命的办法来解决。在一般情况下,仍以用稀油润滑为好。以上为内因,回松的外因则是冲击负荷。初轧机和中板轧机轧制道次多,压下量大,在反复轧制中伴随着巨大的冲击,尤其在咬入角过大与氧化铁皮较多时,咬入时容易打滑,这将使压下螺丝受到连续冲击一样的动载荷。实践证明,任何没有防松装置的螺旋机构,在冲击负荷下都可能松动。

目前,防止螺丝自动旋松的主要办法是加大压下螺丝的摩擦阻力矩。可以从两方面入手:

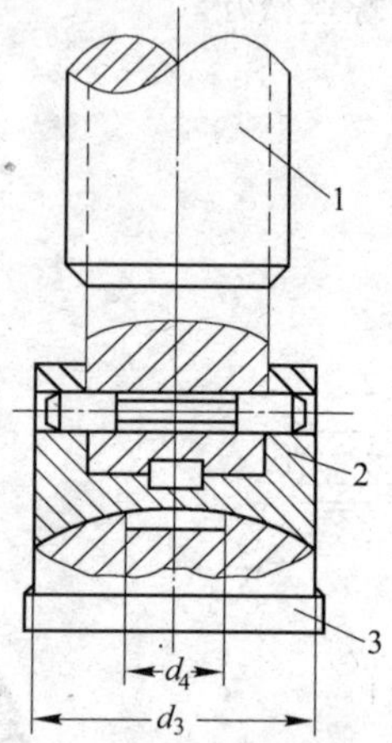

图 3-32　中间带凹孔的压下止推铜垫

1—压下螺丝;2—装配式轴颈;3—止推铜垫

(1) 加大压下螺丝止推轴颈的直径(采用装配式轴头),并且在球面铜垫上开孔(见图 3-32);

(2) 适当增大压下螺丝直径。在螺距不变的条件下,增大螺丝直径不仅能增大摩擦阻力矩,而且还有减小螺纹升角、增强自锁性的作用。为此,1000～1150 初轧机的压下螺丝直径已从过去的 ϕ360～400 mm 加大到 ϕ440～450 mm。但是,螺丝直径过大,会增加压下机构和机架的尺寸,这是选择螺丝直径时应注意的问题。

在快速压下机构中,大多在压下电机轴上装有制动器,目的是迅速制动、准确停车,也有防止压下螺丝自动旋松的作用。目前有些轧机已把制动器拆除,因为它加大了高速轴的飞轮力矩,而且由于传动比很小,制动器的防松作用不大。此外,制动器不易同步协调工作,对初轧机实现自动化也不利。

在工艺操作中,采用合理的压下制度和轧制速度,例如,不要采用过大的压下量和咬入速度,以及减少冲击负荷等,也有利于防止螺丝自动旋松。

快速压下机构的自动旋松问题,有的工厂目前尚未很好解决。

3.4.3.2　板带轧机电动压下机构

A　板带轧机压下机构的特点

冷热轧板带轧机,上辊提升高度较小,其电动压下速度在 0.02～1.0 mm/s,过去称为“慢速压下机构”,但是这个名称并没有反映出板带轧机压下机构的特点。板带轧机的轧件既薄又宽又长,轧制速度很快,轧件厚度尺寸精度要求高,这些工艺特征使得它的压下机构具有以下特点:

(1) 轧辊调整量较小。上辊提升高度一般为 100～200 mm,在换辊操作时,最大行程也只有 200～300 mm。在轧制过程中,轧辊的调整行程更小,最大为 10～25 mm,最小时只有几个微米。

(2) 调整精度高。目前热轧宽带钢的纵向厚度差已提高到 ±(0.025～0.05)mm,有的甚至达到 ±0.015 mm(冷轧带钢的公差范围更小),压下机构的调整精度应在厚度公差范围以内。

(3) 频繁的带钢压下。轧制过程中,为消除带钢的厚度不均匀和保证轧制精度,压下机构必须随时在轧制负荷下调整辊缝,即“带钢压下”。此外为了消除机座弹性变形的影响,在开轧前对轧辊进行零位调整时,也需要进行工作辊压靠操作。这些都要求板带轧机的调整机构应按在轧制负荷下调整轧辊的条件来设计。

(4) 动作迅速、灵敏度高。为在高速度下调整轧件厚度偏差,压下机构必须动作迅速,反应灵敏。这就要求传动系统惯性小、加速度大。

(5) 轧辊平行度的调整要求严格。因为带材的宽厚比很大,上下辊应严格保持平行。

B　板带轧机电动压下的结构形式

四辊板带轧机的电动压下机构,一般采用圆柱齿轮加蜗轮副传动,或两级蜗轮副传动的形式。这两种传动形式又有多种配置方案,在设计中选择配置方案时,不仅应考虑满足工艺要求(压下速度、加速度、压下能力及压下螺丝单独调整方式等),还应考虑换辊和检修的方便等。

下面以两台轧机的压下机构为例,介绍两种配置方案的电动压下机构。

图 3-33 是国产 1700 mm 热连轧精轧机座的电动压下机构传动示意图,采用了圆柱齿轮加蜗轮副的传动形式。由于两个压下螺丝中心距较大,两台电机均放在中间,其间装设有电磁离合器 4,以便对压下螺丝单独调整。由于是带钢压下,传动系统传递扭矩较大,压下螺丝 2 的尾部作成花键形式。为减小压下螺丝的摩擦阻力矩,压下螺丝端部采用装配式的轴颈,且以球面向心推力轴承代替普通的球面铜垫(图中未示出)。为便于检修导卫时吊钩能进入,压下电机 3 安装在蜗杆的上方,这样可使结构紧凑。

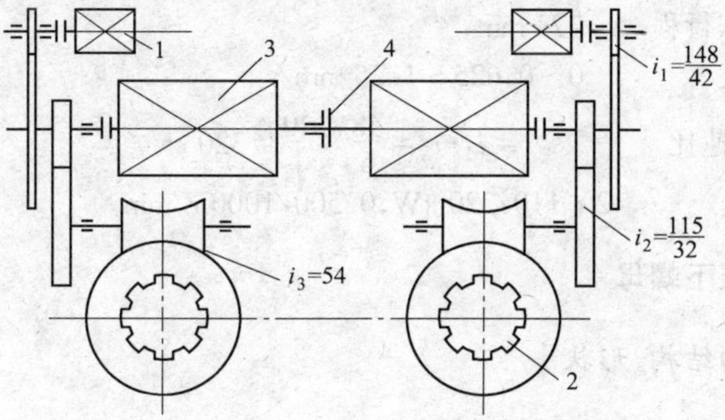

图 3-33　国产 1700 mm 精轧机座压下机构传动示意图

1—测速发电机;2—压下螺丝;3—电动机;4—电磁离合器

这一压下机构的技术特性如下:

压下螺丝外径和螺距	520 mm×20 mm
压下螺丝工作行程	150 mm
压下螺丝移动速度	0.425～0.85 mm/s
传动系统总速比	194.0625
电磁离合器最大扭矩	2000 N·m
压下电机(直流)	2×110 kW,500 r/min
压下螺丝设计承载能力	20MN
轧机工作载荷(总轧制力)	25MN

某厂 1700 热连轧精轧机座的电动压下机构采用两级蜗轮副传动的布置形式(见图 3-34),可获得较大的速比,但传动效率低,需增大电机容量。为了使结构紧凑并改善蜗轮箱的密封和防尘条件,两级蜗轮副装设在一个封闭箱体中。为便于对两个压下螺丝单独调整,两台双出轴直流电机用电磁离合器连接(断电时连接)。压下螺丝端部装有弧面推力锥柱轴承,以减小压下螺丝的摩擦阻力矩。由于蜗杆分别布置在两个蜗轮的两侧;两个压下螺丝同步旋转时的转向相反,为此,两个压下螺丝分别是左、右旋螺纹。

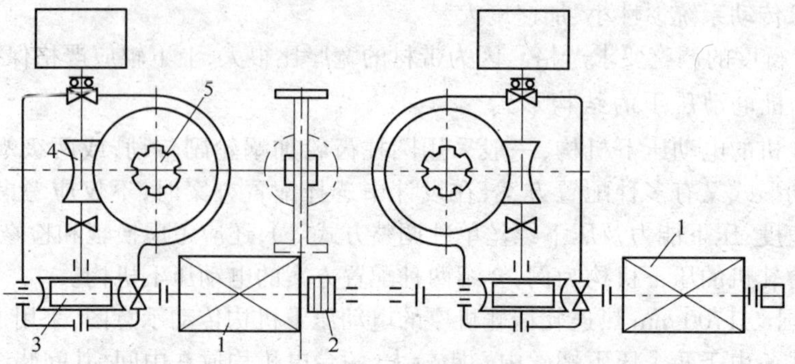

图 3-34　1700 mm 热连轧精轧机座压下机构传动示意图

1—电动机；2—电磁离合器；3—一级蜗轮副；4—二级蜗轮副；5—压下螺丝

这台轧机压下机构的技术特性如下：

压下螺丝的外径和螺距	485 mm×24 mm(左、右旋)
压下螺丝最大工作行程	273 mm
压下螺丝移动速度	0～0.625～1.25 mm/s
传动系统速比、总速比	$i=i_1\cdot i_2=\frac{48}{6}\times\frac{40}{1}=320$
压下电机	2×110/220 kW，0/500/1000 r/min

3.4.4　压下螺丝和压下螺母

3.4.4.1　压下螺丝的结构、形状

压下螺丝一般由头部、本体和尾部三部分组成。

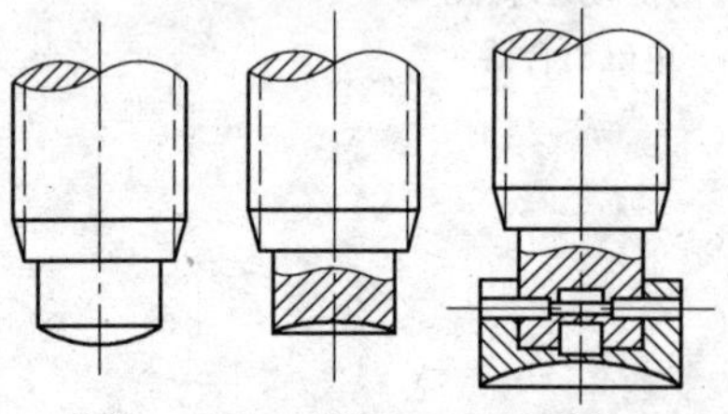

图 3-35　压下螺丝的止推端部

A　压下螺丝头部

压下螺丝头部与上轧辊轴承座接触，承受来自辊颈的压力和上辊平衡机构的过平衡力。为了防止端部在旋转时磨损，并使上轧辊轴承座具有自动调位能力，压下螺丝端部一般都作成球面形状，并与球面铜垫接触形成止推轴承。压下螺丝止推端的球面有凸形和凹形两种，老式的结构多是凸形[见图 3-35(a)]，这种结构形式在使用时使凹形球面铜垫承受拉应力，因而铜垫易碎裂。改进后的压下螺丝头部作成凹形[见图 3-35(b)]，这时凸形球面铜垫处于压缩应力状态，提高了铜垫的强度，增强了工作可靠性。压下螺丝头部也可做成装配式的[见图 3-35(c)]。增大球面止推轴颈是为了增大端面的摩擦阻力矩，防止压下螺丝的自动旋松，这种结构用在自锁能力差的初轧机上。而在带钢轧机上，为了减小压下电机功率和增加启动加速度，目前，大多数采用滚动止推轴承代替滑动的止推轴承。

B　压下螺丝本体

压下螺丝本体即带有螺纹部分，它与压下螺母的内螺纹相配合，以传递运动和载荷。螺纹有锯齿形和梯形两种(见图 3-36)。前者主要用于快速压下机构，后者主要用于轧制压力大的轧机(如冷轧带钢轧机等)。压下螺丝多数是单线螺纹，在初轧机等快速压下机构中有时采用双线或多线螺纹。

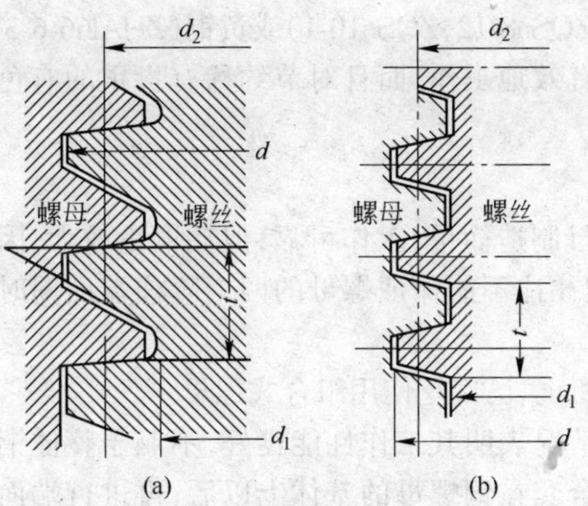

图 3-36 压下螺丝、螺母的螺纹断面

(a) 锯齿形;(b) 梯形

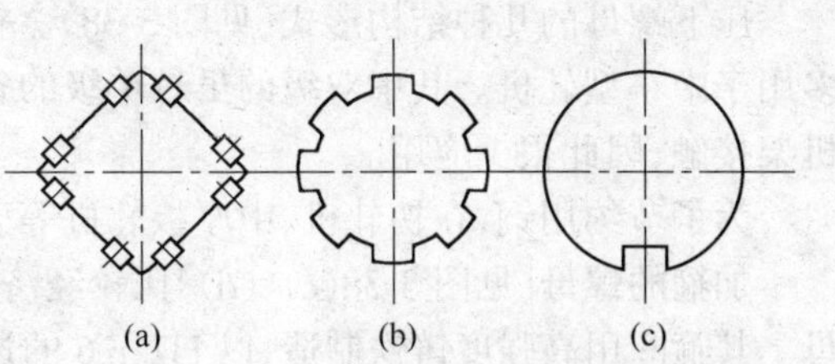

图 3-37 压下螺丝的尾部断面形状

(a) 方形;(b) 花键形;(c) 带键槽圆柱形

C 压下螺丝的尾部

压下螺丝的尾部是传动端,承受来自电动机的驱动力矩。尾部的断面形状主要有方形、花键形和圆柱形三种(见图 3-37)。方形尾部四面镶有青铜滑板,它主要用于快速压下机构。花键尾部的承载能力大,多用于低速、重载的带钢轧机。带键槽的圆柱形尾部仅用于轻负荷的压下机构中。

3.4.4.2 压下螺丝的尺寸参数和强度

压下螺丝的基本参数是螺纹部分的外径 d 和螺距 t,可按国家专业标准选取。

压下螺丝直径由最大轧制力决定。因压下螺丝的悬臂长度与直径之比值一般小于 5,故可不计算纵向弯曲。压下螺丝的内径 d_1 按压应力强度计算

$$d_1=\sqrt{\frac{4P}{\pi R_b}} \tag{3-4}$$

式中 P——作用在压下螺丝上的最大轧制力;

R_b——压下螺丝材料的许用应力。

一般压下螺丝材料为锻造碳钢,安全系数取为 $n=6$,当 $\sigma_b=600\sim700$ MPa,$\delta_5=16\%$时,许用应力为 $R_b=100\sim120$ MPa。当负荷很大时,可采用合金钢材料,如 37SiMn2MoV 等。为提高压下螺丝螺纹和端部的耐磨性,需要进行表面淬火(HRC=45～60)并磨光。

由于压下螺丝和轧辊辊颈承受同样大小的轧制力,故两者的直径有一定的比例关系,即

$$d=(0.55\sim0.62)d_j$$

式中 d——压下螺丝外径;

d_j——辊颈直径(对四辊轧机则应是支撑辊辊颈直径)。

公式中较小的比例系数用于铸铁轧辊;较大的比例系数用于铸钢及锻钢轧辊。

压下螺丝的螺距 t,对开坯机和型钢轧机,一般取 $t=(0.12\sim0.16)d$;对钢板轧机为了精确调整;这一比值较小。四辊热带连轧机 $t=(0.025\sim0.050)d$,四辊冷轧机最小螺距取 $t=0.017d$。

3.4.4.3 压下螺母

压下螺母是轧钢机上重量较大的易损零件(1150 mm 初轧机和 4200 mm 厚板轧机的压下螺

母重量达 1.8 t 和 4.1 t)，并用高强度青铜(ZQAl9-4，ZQSn8-12，ZQSn10-1)或黄铜(ZHAl66-6-3-2)铸成。因此，合理设计其结构，不仅对保证压下机构有效地工作，而且对节约稀有贵重的有色金属均有重要意义。

A 压下螺母的几种结构形式

压下螺母的几种结构形式(见图 3-38)。整体螺母制造简单，工作可靠，但耗铜量较大，因此多用于中小型轧机。其中双级的虽较单级的省铜，但往往不能保证螺母的两个阶梯端面同时与机架接触，因此很少应用。

为了节约用铜，在初轧机、中厚板轧机等大型轧机上，已广泛使用组合式螺母。

加箍的螺母[见图 3-38(c)、(d)]比较经济，使用情况表明其工作性能良好，不亚于整体铜螺母。其箍圈用高强度铸铁制造，以 H7/m6 的过渡配合套在铜螺母的基体上以后，再进行端面和外径加工。当采用双箍时，在套第二个箍圈之前，必须先车削第一个箍圈外径及相应的螺母外径。采用加箍螺母，必须保证箍圈的端面紧密的压在螺母的台阶上。高强度铸铁（例如 KTZ45-5）的弹性模数与青铜相似，能保证在受压时，箍圈与螺母本体均匀变形。高强度铸铁还有较好的塑性，装配时箍圈不易破裂，这一点灰口铸铁是无法保证的。箍圈不宜采用热装配，因为箍圈冷却后与螺母的台阶端面之间会产生间隙。如必须热装时，则冷却后应再一次将箍圈压实。

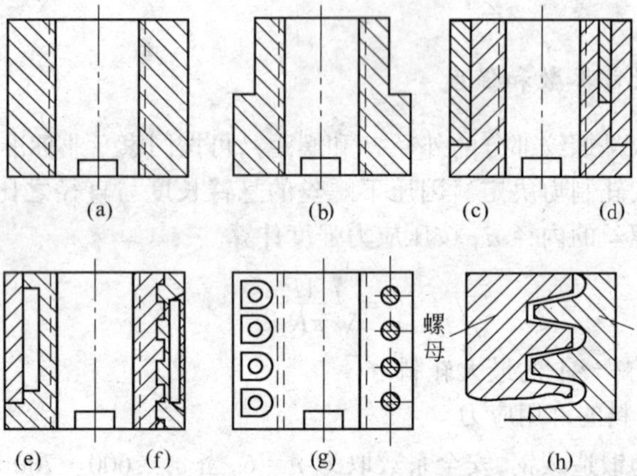

图 3-38 压下螺母的结构形式

(a) 单级的；(b) 双级的；(c) 单箍的；(d) 双箍的；(e) 带冷却套的；(f) 带铸青铜芯的钢螺母；(g) 两半拼合的；(h) 带青铜衬钢螺母

采用循环水冷却的加箍螺母[见图 3-38(e)]使用情况表明，可有效地延长螺母使用寿命。

带青铜芯的铸钢螺母[见图 3-38(f)]，是在一个内表面有环形槽和纵向槽的铸钢套内先浇铸一层青铜，然后再车削螺纹。螺母外层焊有冷却水套。这种螺母比较省铜，但铸铜层不太牢固，很少应用。

带青铜衬的钢螺母[见图 3-38(h)]是上一种螺母的改进形式，其本体是钢制的，先车削成具有较薄螺纹的毛坯，然后再用电熔法涂上一层青铜衬，最后再精加工其螺纹。它可节省大量青铜，但需经常检查铜衬磨损情况，以防铜衬磨完后磨坏压下螺丝。这种螺母可用在螺母磨损量不大的热轧薄板轧机和冷轧机上。

此外，在浇铸条件受限制时，还可采用两半合成的螺母[见图 3-38(g)]。

B 压下螺母的尺寸和安装

压下螺母的主要尺寸是它的外径 D 和高度 H。压下螺母的高度 H(代表着螺纹圈数的多少),是根据螺纹接触面上的允许单位压力为15～20 MPa来确定的,并且假定压力是均匀分布在全部螺纹上,因此,大约取 $H=(1.2\sim2.0)d$(d 为螺纹外径)。压下螺母的外径 D,根据其端面和机架接触面上的单位压力为60～80 MPa来确定,一般取 $D=(1.5\sim1.8)d$。因压下螺母材料强度低于压下螺丝,故只验算螺母螺纹牙的弯曲和剪切强度。

压下螺母安装在机架横梁镗孔中,为了便于拆装,常采用H8/f9级的动配合。为了防止压下螺母从机架中脱落或转动,通常用压板将其固定,压板嵌在螺母和机架的凹槽中,用双头螺栓固定(见图3-39)。压板槽的位置一般不应在机架横梁的中间断面上,因为那里弯矩最大,以免减弱机架强度。

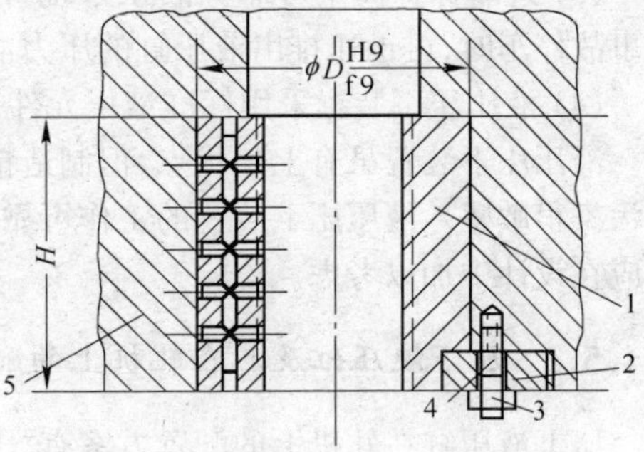

图3-39 压下螺母在机架横梁上的装配
1—压下螺母;2—压板;3—螺母;
4—双头螺栓;5—机架上横梁

压下螺母可用干油或稀油润滑。采用稀油润滑,循环油从开在靠近上端面的径向油孔送入螺纹,在螺母内沿轴向和径向还开有油孔,以便润滑油能流入每圈螺纹。初轧机的快速压下,如采用稀油润滑,螺母寿命可提高1.5～2倍。

3.4.5 带钢轧机的液压压下装置

3.4.5.1 液压压下装置的特点

长期以来,带钢轧机上使用的是电动压下机构。电动压下机构由于运动部分的转动惯量大,有反应速度慢、调整精度低、传动效率低等缺点。随着带钢轧制速度的逐渐提高,产品的尺寸精度要求日趋严格,特别是采用厚度自动控制系统(AGC)以后,电动压下机构已不能满足工艺要求。为了提高产品的尺寸精度,在高速带钢轧机上开始采用液压压下装置。目前,新建的冷连轧机组几乎已全部采用液压压下装置,热带钢连轧机精轧机组的最后一架,也往往装有液压压下装置。

液压压下装置是用液压缸代替传统的压下螺丝、螺母来调整轧辊辊缝的。现代化轧机上的液压压下装置,除液压缸和与之配套的伺服阀、液压系统外,一般都配备有带钢厚度自动控制系统,可在轧制过程中实现对带钢厚度的闭环控制。

与电动压下机构相比较,液压压下装置具有以下特点(见表3-15):

表3-15 液压压下与电动压下动态特性比较

项　目	速度 v /mm·s^{-1}	加速度 a /mm·s^{-2}	辊缝改变0.1mm的时间/s	频率响应宽度范围/Hz	位置分辨率/mm
电动压下	0.1～0.5	0.5～2	0.5～2	0.5～1.0	0.01以上
液压压下	2～5	20～120	0.05～0.1	6～20	0.001～0.0025
改善系数	10～20	40～60	10～20	12～20	4～10

(1) 响应速度快,调整精度高。液压压下装置的机械结构部分少、惯性小,有很高的辊缝调整速度和加速度,在频率响应、位置分辨率诸方面都大大优于电动压下机构。表3-15给出了液

压压下与电动压下动态特性方面的比较。动态特性的大幅度提高,使得产品的精度提高,质量更有保证,缩短了加速、减速阶段带钢头尾的超差长度,节约了金属及能源,提高了产品的合格率。

(2) 采用液压压下,可以根据需要改变轧机的当量刚度,实现对轧机从“恒辊缝”到“恒压力”的控制,以适应各种轧制工艺要求。如在冷轧机的初轧阶段,要求工作机座具有尽可能大的“刚度”,以保证带钢获得最小厚度偏差,而在精轧和平整阶段,要求机座具有较小的“刚度”,以使成品带材获得较好的板型。

(3) 过载保护简单可靠。液压系统可有效地防止轧机过负荷,保护轧辊和轴承免遭破坏。当事故停车时,可迅速排出液压缸的压力油,加大辊缝,避免轧辊烧裂或被刮伤。

(4) 液压压下装置采用标准液压元件,简化了机械结构,较机械传动效率高。

液压压下装置虽有上述优点,但制造精度和操作维护要求都很高,技术上比较复杂,对油液的污染很敏感。液压压下装置的工作可靠性主要取决于液压元件和控制系统的可靠性,这些问题应在设计中加以考虑。

3.4.5.2 压下液压缸及其在轧机上的配置

压下液压缸在轧机上的配置方案有“压下式”和“压上式”两种形式。

在冷连轧机组或平整机上,可以采用压下式,也可以采用压上式。采用压上式时,在轧机上部可以设置不带钢压下的电动压下机构,以便做大行程的压下调整。

压下式的液压缸设置在机架上部,需增设悬挂装置,结构较为复杂,但它的最大优点是电液伺服阀可装在液压缸附近,不仅提高了液压缸的反应速度,而且伺服阀的工作环境好,便于维护检修。

在热连轧精轧机组中,通常只在最后一架轧机上装有液压压下装置。在这样的轧机上,同时还配置有与前几架精轧机相同的电动压下机构,为此,液压缸只能布置在机架下方,即为压上式。压上式油缸结构较为简单,但不便维护,工作环境较差。

下面以某厂的1700 mm冷、热连轧机的液压压下装置为例,介绍压下式和压上式两种配置方案。

A　压下式液压压下装置

1700 mm冷连轧机采用压下式液压缸,液压缸在机架内的布置情况如图3-40所示。图3-40中,压下液压缸3和平衡架9由悬挂在机架顶部的平衡液压缸1通过拉杆来平衡。若拔掉销轴8,则平衡架连同压下液压缸可随同支撑辊一起拉出机架进行检修。压下液压缸与支撑辊轴承座间有一组垫片5,其厚度可按照轧辊的磨损量调整,这样可避免过分增大液压缸的行程。

压下液压缸的缸体平放在上支撑辊轴承座6上(有定位销),液压缸的橡胶密封环包有聚四氟乙烯,以减少摩擦阻力。液压缸的活塞顶住机架上横梁下方的弧形垫块2,可利用双向动作的液压缸7将两弧形垫块同时抽出,便可进行换辊操作。

缸体上装有液压压力传感器4,每个液压缸有两个光栅式位置传感器10,按对角线布置在活塞两侧。活塞直径为965 mm,最大行程100 mm,最大作用力为12.5 MN。液压压下系统采用MOOG73型电液流量控制伺服阀,其额定流量为57 L/min,最大工作压力21 MPa。为防止高压油被铁锈污染,整个液压系统的管道和油箱均用不锈钢制造。

轧机的测压仪装在机架底部,在下轴承座与斜楔调整机构之间。

B　压上式液压压下装置

1700 mm热连轧精轧机最后一架(F7)采用压上式液压缸,它放置在机架下横梁上,其结构简图如图3-41所示。为调整轧制线高度和减小液压缸行程,在液压缸下方装有机械推上机构(包

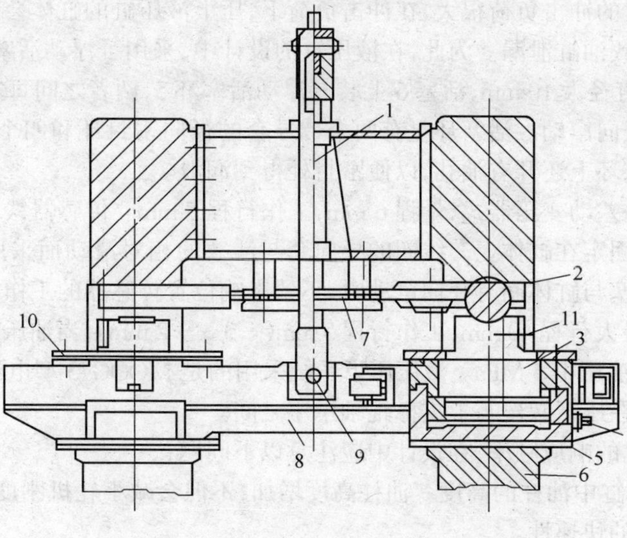

图 3-40 1700 mm 冷连轧机液压压下装置

1—平衡液压缸；2—弧形垫块；3—压下液压缸；4—液压压力传感器；5—垫片组；6—上支撑辊轴承座；7—双向油缸；8—销轴；9—平衡架；10—位置传感器；11—高压油进油口

括推上螺丝 8 和带蜗轮的螺母 7）。螺母 7 由 75 kW、515 r/min 的直流电机通过速比为 4.13 和 25 的两级蜗轮副传动（传动机构图中未画出）。调整速度为 2 mm/s，工作行程 121 mm，最大行程 180 mm（不得带负荷运转）。

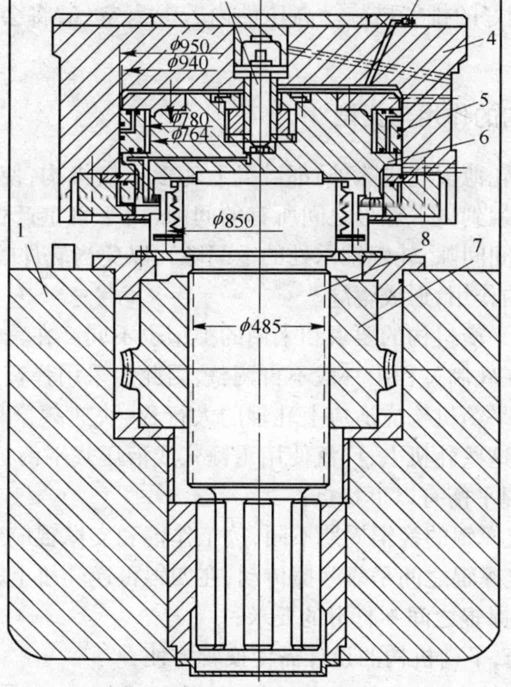

图 3-41 1700 mm 热连轧精轧最后一架 F7 压上液压缸简图

1—机架下横梁；2—位置传感器；3—排气阀；4—缸体；5—活塞环；6—活塞；7—带蜗轮的螺母；8—推上螺丝

热连轧机咬钢时的冲击负荷很大,在冲击负荷下,压上液压缸的缸体会产生相对于活塞的径向窜动,这很容易导致油缸泄漏。为此,在液压缸的设计中,采用了浮动活塞环的结构,即缸体内径 ϕ950 mm 比活塞直径大 10 mm,活塞 6 上装有浮动活塞环 5,两者之间每边有 8 mm 径向间隙,允许活塞在缸体内径向窜动。活塞环上有两个带导套的径向密封环和四个端面密封环,以保证高压油不泄漏。活塞环上还开有油孔,以便密封处得到润滑。

位置传感器 2 是差动变压器式,量程 6 mm,工作行程 5 mm。传感器铁芯由弹簧压紧在活塞中央,变压器线圈则固定在缸体上。线圈的导向套与活塞的相对滑动面采用了与浮动活塞环类似的密封结构,当活塞与缸体间有径向窜动时,不致影响位置传感器的工作。

压上液压缸的最大行程 40 mm,工作行程 5 mm(- 3～ + 2 mm),当油压为 21 MPa 时,工作推力为 14.7 MN,回程油压 1.5 MPa。液压压下系统采用的是 MOOG73 型电液流量伺服阀。测压仪装在机架的上部,在压下螺丝与上支撑辊轴承座之间。

为了提高液压缸的响应频率,在设计中应注意以下问题:

(1) 应减小液压缸中油柱的高度。油柱高度增加,不但会减小轧机刚度,还会降低液压缸的工作频率,影响压下的快速性。

(2) 适当提高供油压力,可以提高系统的反应速度和控制精度,也可以减小液压缸直径。目前常用的液压系统供油压力为 25 MPa。

(3) 应尽量缩短伺服阀到液压缸间的管路长度。据资料介绍,当配管长度从 6 m 缩短到 3 m 时,压下系统的响应频率从 10 Hz 提高到 15 Hz。我国科技人员曾试验,将伺服阀直接装在液压缸上,效果也很好。

(4) 应选择摩擦系数小的密封材料,从结构上设法减小活塞与缸体间的摩擦阻力。实践证明,摩擦阻力对液压缸的响应频率影响很大。

(5) 液压系统应有较好的排气措施。高压油内若混入空气,将会大幅度降低系统的刚度和影响液压缸的反应速度。

3.4.6 上轧辊平衡机构的作用与类型

几乎所有的轧机(叠轧薄板轧机除外)都设置上轧辊平衡机构,使上辊轴承座紧贴在压下螺丝端部,并消除从轧辊辊颈到压下螺母之间所有的间隙(由于自重产生的,压下螺丝螺纹间的上间隙、螺丝端部与球面垫间间隙、轧辊轴承处的上间隙),以免当轧件咬入轧辊时会产生冲击。平衡机构还兼有抬升上辊的作用,形成辊缝。

轧机的形式不同,对平衡机构的要求和采用的类型也不同。在三辊型钢轧机上,上辊的移动量很小,一次调整好后,在轧制过程中一般不再调整,因此多采用弹簧平衡。

初轧机、板坯轧机的平衡机构应适应上轧辊的大行程、快速频繁移动的特点,且要求工作可靠,换辊和维修方便。在这些轧机上,广泛使用重锤式或液压式平衡机构。

四辊板带轧机的上辊平衡有以下特点:

(1) 由于工作辊和支撑辊的换辊周期不同,故工作辊和支撑辊应分别平衡;

(2) 由于工作辊和支撑辊之间是靠摩擦传动,在四辊可逆轧机上,工作辊平衡机构应满足空载加、减速时工作辊和支撑辊之间不打滑的要求;

(3) 工作辊换辊频繁,平衡机构的设计需使换辊方便;

(4) 上辊的移动行程较小,移动的速度不高。

由于以上特点,四辊板带轧机主要采用液压平衡,仅在小型四辊轧机上采用弹簧平衡。下面分别介绍这几种平衡机构。

3.4.6.1 弹簧式平衡机构

弹簧式平衡机构结构最简单,多用在三辊型钢轧机、线材轧机或其他简易轧机上。三辊型钢轧机的上辊平衡机构(见图 3-42)由四个弹簧和拉杆组成,弹簧 1 放在机架盖上面,上辊的下瓦座 7 通过拉杆 6 吊挂在平衡弹簧上。弹簧的平衡力应是被平衡重量的 1.2～1.4 倍,可通过拉杆上的螺母加以调节。当上辊压下时,弹簧压缩,上辊上升时则放松,因此,弹簧的平衡力是变化的,使用的弹簧愈长,平衡力愈稳定。

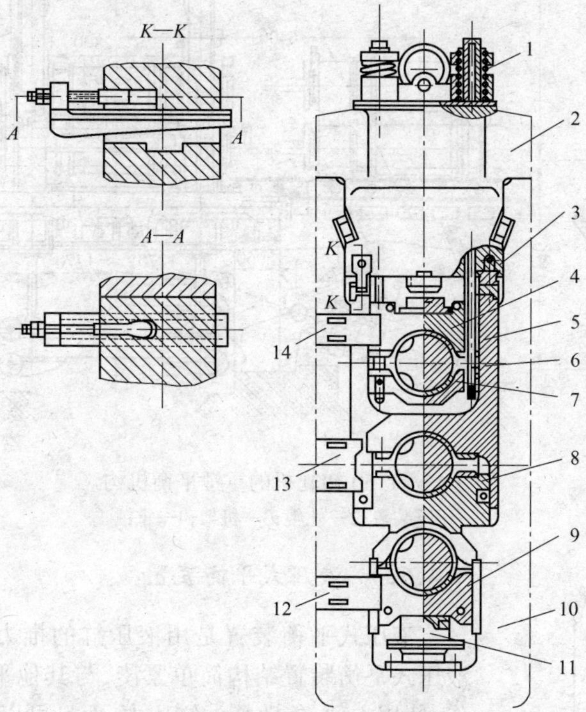

图 3-42 650 型钢轧机的轧辊轴承

1—上辊平衡弹簧;2—机架上盖;3—中辊轴承座调整装置;4—上辊上瓦座;5—中辊上瓦座;6—拉杆;7—上辊下瓦座;8—中辊下瓦座;9—下辊下瓦座;10—机架立柱;11—压上装置垫块;12、13、14—轧辊轴向调整压板

弹簧平衡只适用于上辊调整量不大于 50～100 mm 的轧机。它的优点是简单可靠,缺点是换辊时要人工拆装弹簧,费力费时。

3.4.6.2 重锤式平衡机构

重锤式平衡机构一般用在上辊移动量很大的初轧机上,它工作可靠、维修方便,其缺点是设备重量大,轧机的基础结构较复杂。平衡锤通常装在工作机座的下面,平衡力由杠杆和支杆传给上轧辊。

图 3-43 是 1150 初轧机的重锤平衡机构。上辊轴承座支在机架内的四根支杆上,这些支杆连接在机架下方的活动横梁上,横梁则吊挂在平衡锤的杠杆上。调整平衡锤在杠杆上的位置,即可调整上轧辊的平衡力。换辊时,上辊由压下螺丝压到最低位置(平衡锤处于最高位置),用专门的栓销横插在机架立柱内的纵向槽内,锁住支杆,即可解除平衡力对轧辊的作用。

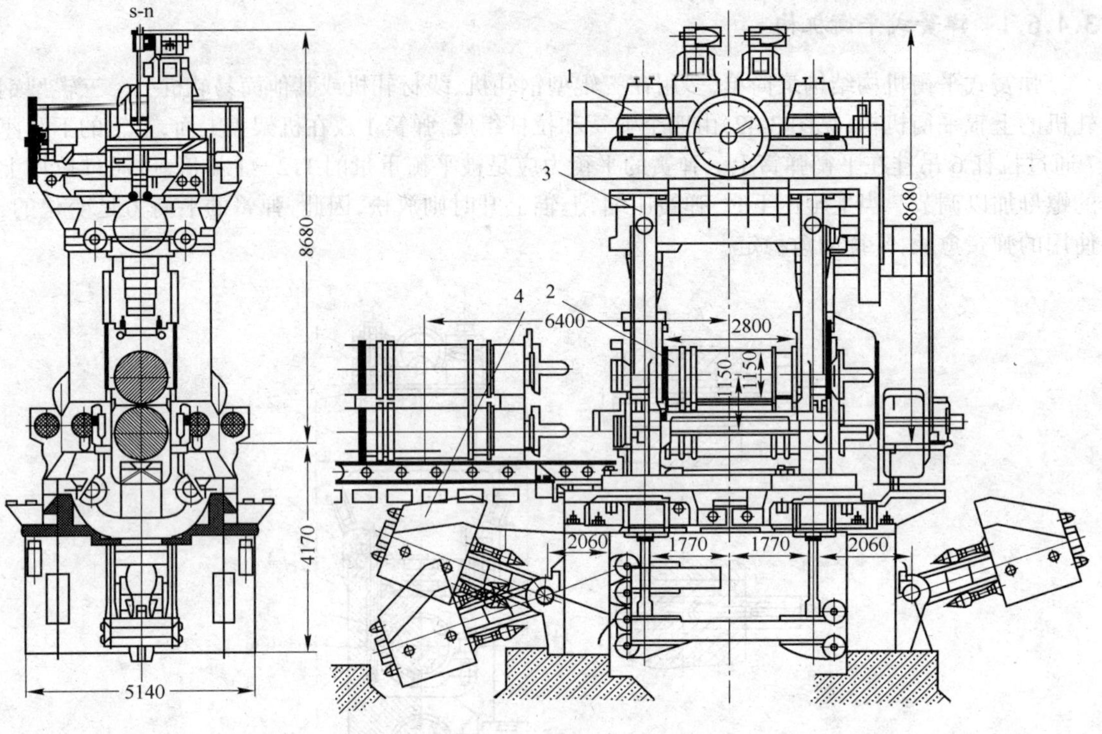

图 3-43　1150 初轧机的重锤平衡机构

1—压下装置；2—轧辊；3—机架；4—重锤

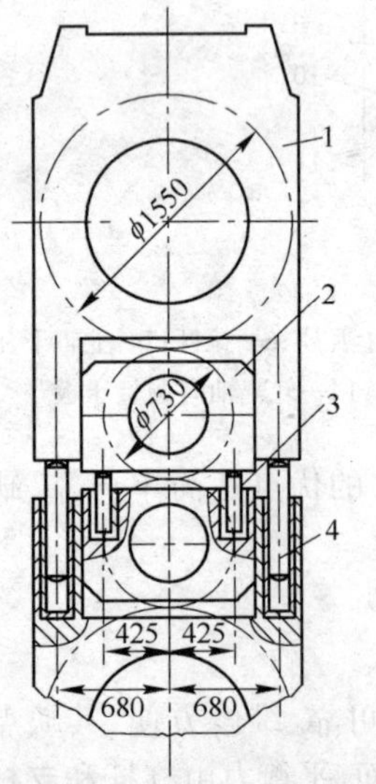

图 3-44　1700 mm 热连轧精轧机座八缸式平衡装置

1—上支撑辊轴承座；
2—上工作辊轴承座；
3—上工作辊平衡缸；
4—上支撑辊平衡缸

3.4.6.3　液压式平衡装置

液压式平衡装置是用液压缸的推力来平衡上辊重量的。液压式平衡装置结构简单紧凑，与其他平衡方式比较，易于操作，使用方便，能改变油缸压力，而且可以使上辊不受压下螺丝的约束而上下移动，这些都有利于换辊操作。但它的投资较大(需要有一套液压系统并装设蓄势器)，维修也较复杂。

液压平衡装置广泛用于四辊板带轧机。四辊轧机的液压平衡有八缸式和五缸式两种形式。

A　八缸式平衡装置

图 3-44 是国产 1700 mm 热连轧精轧机座八缸式平衡装置简图。由图可见，四个安装在下工作辊轴承座中的液压缸 3 支撑着上工作辊轴承座，用以平衡上工作辊组和上支撑辊本体重量，液压缸柱塞直径为 ϕ140 mm。这 4 个液压缸还同时起工作辊弯辊缸的作用，用以调整辊型，为获得不同的弯辊力，液压缸的工作压力可在 5～21 MPa 范围内调节，这样对每个轴承可产生 155～650 kN 的作用力。支撑辊的平衡缸也是 4 个，其柱塞直径 ϕ160 mm，它只平衡支撑辊轴承座和压下螺丝的重量。平时，液压缸的工作压力为 12 MPa，当换工作辊时，压力可增至 18 MPa，此时，平衡缸除平衡支撑辊轴承座和压下螺丝重量外，

还需平衡支撑辊本体重量。

八缸式平衡装置结构比较紧凑，但缸的数量较多，而且在每套下工作辊和下支撑辊轴承座部件中，都必须设置平衡缸，从而增加了轴承座加工的复杂性。此外，每次换辊都必须拆卸油管。换支撑辊时，为了将整个辊系抬起，还需在机座下部另外设置提升液压缸。

图 3-45 是某厂 1700 mm 冷连轧机座的液压平衡装置，是八缸式平衡装置的又一例。为适应快速换辊需要，上工作辊平衡缸 4 与上支撑辊平衡缸 3 均设置在机架窗口的凸台上，换工作辊时不需要拆卸油管。上、下支撑辊轴承座内还装设有工作辊负弯辊缸 2，用以调整辊型。工作辊的换辊轨道 6，在换辊时可由支撑辊平衡缸经过上支撑辊轴承座提升（工作辊轴承座下的滚轮可沿轨道 6 轴向抽出换辊）。上工作辊平衡缸 4 和下工作辊压紧缸 5 同时也是工作辊的正弯辊缸（用以调整辊型）。应当指出，设置下工作辊压紧缸 5 是必须的，否则，在没有轧制负荷时，下工作辊与下支撑辊之间会由于压紧力太小（仅有重力）而产生打滑现象。在机架窗口中，平衡缸加上弯辊缸共设置了 20 个液压缸。

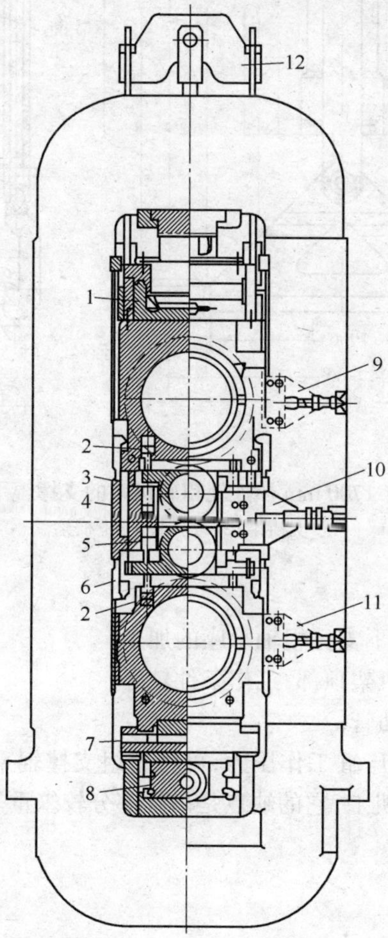

图 3-45　1700 mm 冷连轧的液压式平衡装置

1—压下液压缸；2—工作辊负弯辊缸；3—上支撑辊平衡缸；4—上工作辊平衡缸；5—下工作辊压紧缸；6—工作辊换辊轨道；7—测压仪；8—斜楔式下辊调整机构；9、11—支撑辊轴向压板（传动侧）；10—工作辊轴向压板；12—压下液压缸平衡架

B 五缸式平衡装置

五缸式平衡装置与八缸式不同之处只是支撑辊的平衡方式不同,支撑辊的平衡缸只有一个,设在机座的中间上部。工作辊平衡方式与支撑辊的平衡方式相同。

图 3-46 是国产 1700 mm 热连轧粗轧机座的支撑辊平衡装置简图。下横梁 3 钩住上支撑辊轴承座上的凸耳,而下横梁的上端则通过连杆 2 挂在由平衡缸柱塞推动的上横梁 1 的铰链上。

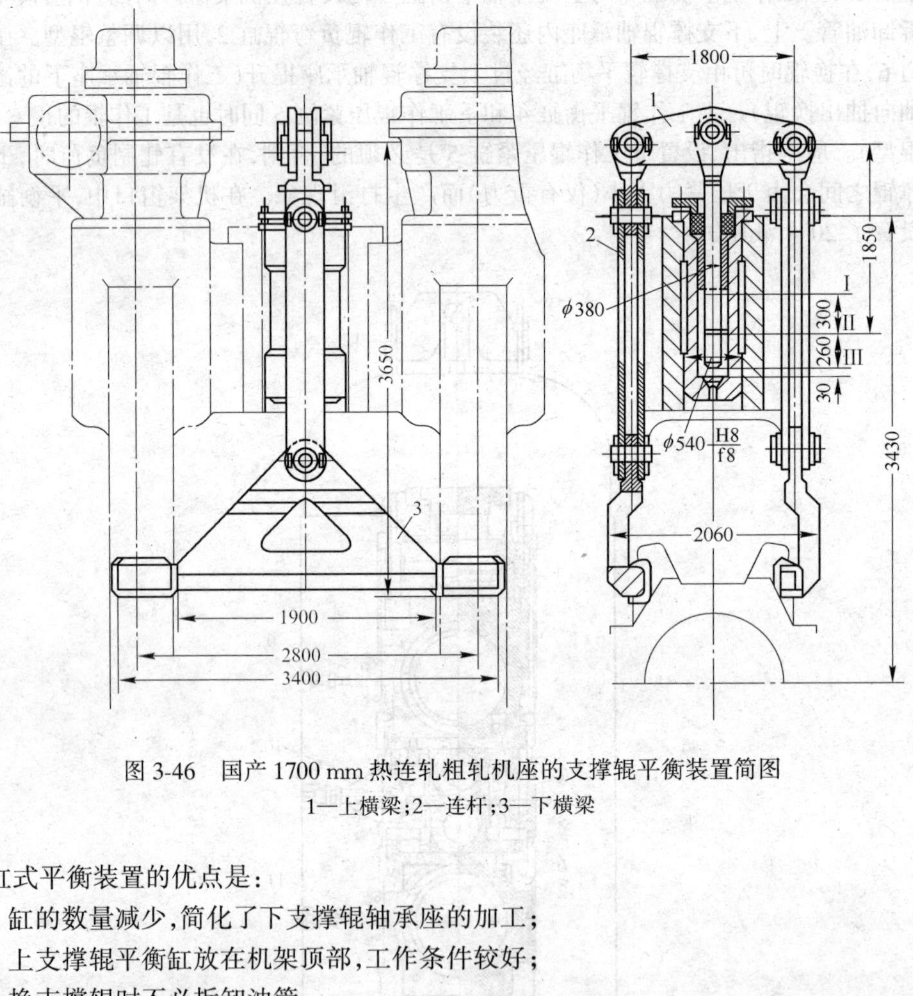

图 3-46 国产 1700 mm 热连轧粗轧机座的支撑辊平衡装置简图

1—上横梁;2—连杆;3—下横梁

五缸式平衡装置的优点是:

(1) 缸的数量减少,简化了下支撑辊轴承座的加工;

(2) 上支撑辊平衡缸放在机架顶部,工作条件较好;

(3) 换支撑辊时不必拆卸油管;

(4) 更换支撑辊时,增大液压缸工作压力,可将整组支撑辊系提起,有利于换辊操作。五缸式平衡装置多用在热轧钢板轧机上,它的缺点是吊挂部分较笨重。

3.5 机架

3.5.1 机架的作用和类型

机架是用来安装轧辊、轧辊轴承、轧辊调整装置和导卫装置等工作机座中的全部零部件,并承受全部轧制力的轧机部件。因此,机架是轧钢机中最重要的部件之一,对其强度和刚度都有较高的要求。

根据轧钢机的型式和生产工艺的工作要求,一般轧钢机机架分为闭口式和开口式两种。

闭口式机架的牌坊,为一整体的框架,如图 3-47(a)所示。其特点是有较好的强度和刚度,常用于轧制压力较大或对轧件尺寸要求严格的轧钢机上,如初轧机、开坯机、钢板轧机、钢管轧机和冷轧机等,有时也用于型钢轧机。

开口式机架的上盖(上横梁)是可拆装的,如图 3-47(b)所示。其强度与刚度较闭口机架差,而且加工面多,造价高。但其突出优点是换辊方便,故仅用于经常换辊的横列式型钢轧机上。特别是大中型横列式型钢轧机,几乎全部采用开口式机架。

开口式机架上盖(上横梁)与立柱的连接方式有多种,常用的有:

(1) 螺栓连接[见图 3-47(b)],机架上盖(上横梁)用两个螺栓与机架立柱连接。这种连接方式结构简单,但因螺栓较长,变形较大,所以机架刚度较低。此外,换辊拆装螺母较费时间。

(2) 套环连接[见图 3-48(a)]。这种连接取消了立柱与上盖上的垂直销孔。套环下端用横销铰接在立柱上,套环上端用斜楔把上盖和立柱连接起来。这种结构换辊较为方便。由于套环的断面可大于螺栓或圆柱销,轧机刚性有所改善。

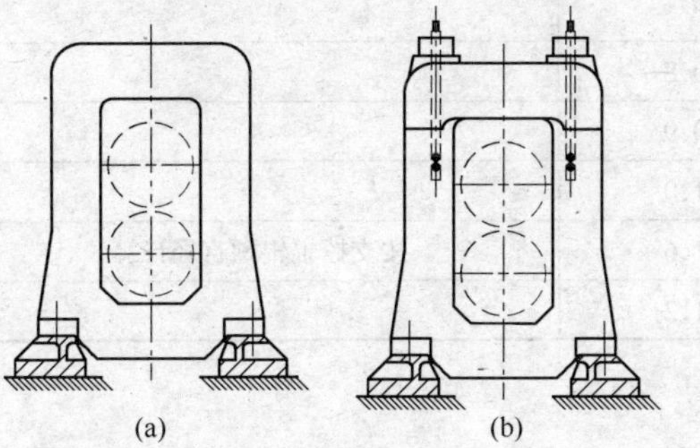

图 3-47　轧钢机机架

(a) 闭口式机架;(b) 开口式机架

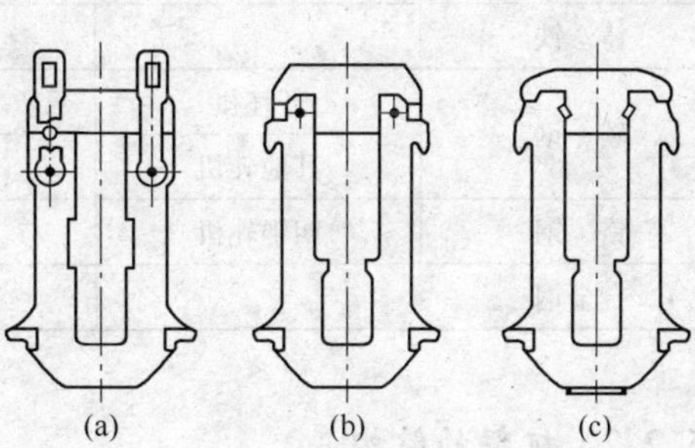

图 3-48　常用开口机架的联接方式

(a) 套环联接;(b) 圆销联接;(c) 斜楔联接

(3) 圆销连接[见图 3-48(b)]。这种连接是将上盖与立柱用圆销连接后,再用斜楔楔紧。其优点是结构简单,连接件变形较小。但是,在楔紧力和冲击力作用下,当圆销沿剪切断面发生变形后,拆装较为困难,使换辊时间延长。

(4) 斜楔连接[见图 3-48(c)]。上盖与立柱由斜楔连接,换辊方便,有较高的刚度,故称为半闭口机架。这种机架使用效果较好,得到了广泛的应用。

除上述机架以外,现代轧机还有预应力机架和无牌坊机架等。这几种机架一般都应用在小型棒线材轧机上。

3.5.2　机架的主要尺寸和结构

3.5.2.1　机架的主要尺寸

机架的主要尺寸为机架窗口的高度 H、宽度 B 和机架立柱的断面尺寸($F_2 = lb$)等,如图 3-49 所示。机架窗口的高度 H,取决于轧辊辊颈的直径、轧辊轴承座高度、压下螺丝伸出端的最小长度(或液压压下的油缸及有关零件的高度尺寸)和安全臼(或上推垫)、短支撑等有关零件的高度尺寸,以及轧辊的

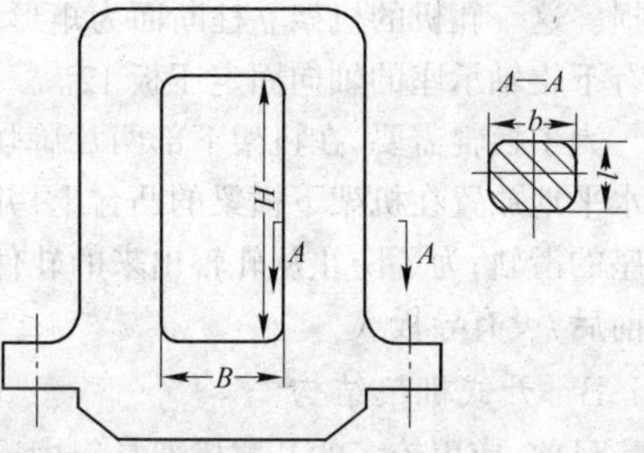

图 3-49　机架结构简图

调整量等因素。有的轧辊还须加上上轧辊的最大提升量(应考虑换辊的需要量)。

在确定机架窗口的宽度(B)时,对闭口式机架,应考虑换辊方便,其窗口宽度应稍大于轧辊最大直径;对开口式机架,其窗口宽度应根据轧辊轴承的外形尺寸确定。机架立柱断面尺寸是根据强度条件确定的。由于作用在机架立柱上和作用在轧辊辊颈上的力为同一作用力,而辊颈强度(当它的直径与长度,有固定比值时)近似地与其直径的平方(d^2)成正比,所以,根据轧辊材料及轧机的类型,即可定出立柱断面积 F_2 与 d^2 之间的关系。在设计时,可根据比值$\left(\frac{F_2}{d^2}\right)$的经验数据确定机架立柱断面积后,再验算机架强度。根据轧辊材料和轧钢机类型,比值$\left(\frac{F_2}{d^2}\right)$可按表 3-16 选取。

表 3-16　机架立柱断面积与轧辊辊颈直径平方之比值

轧辊材料	轧机类型	比值$\frac{F_2}{d^2}$	备　注
铸　铁		0.6～0.8	
碳　钢	开坯机	0.7～0.9	
	其他轧机	0.8～1.0	
铬　钢	四辊轧机	1.2～1.6	按支撑辊辊颈直径计算
合金钢		1.0～1.2	

3.5.2.2　机架的结构

A　闭式机架结构

图 3-50 为国产 1150 mm 初轧机机架结构形式图。它有两个各重约 80 t 的单片机架(牌坊)4 组成,用四根 M215 的拉紧螺栓 1 和铸钢撑管 2 将这两片机架 4 连接在一起。机架的材料为 ZG35。整个机架通过 8 个 M175 的螺栓 7 固定在铸钢轨座 8 上,轨座 8 的两端支撑在上辊平衡装置的支架 10 上,两轨座的中间部分则直接放在地基上,并用 12 个 M130 的螺栓固定。轨座在平衡支座上的位置可用斜楔 11 进行调整。在整个机架窗口高度上都镶有 40Cr 合金钢耐磨滑板 3 和 6(下轴承虽不经常上下移动,但在可逆轧制中存在较大的水平冲击力。并且在配合间隙内,轴承要反复摆动,这样,对立柱仍有相对运动,故机架窗口的下部在安放轴承座处,也镶有耐磨滑板 6),保护立柱内表面。在有的初轧机上,由于下辊轴承座处没有镶耐磨滑板,立柱有较严重的磨损。这一轧机的机架立柱断面为矩形,对于滑板的固定来说,不如工字形断面方便。在机架上装有下辊轴承座的轴向固定压板 12。

为了换辊需要,在机架下部两片牌坊之间,设有铸钢的连接梁 13,其上有钢滑板,连接梁两端水平地放置在机架下横梁的凸台上,并用键 14 定位。在换辊时,联接梁作为传动端的下辊轴承座的滑轨;为了防止从轧辊出来的轧件对第一个机架辊的冲击,在机架内侧下轧辊的前后(机架前后)设有导板 5。

B　开式机架结构

目前,应用较多的开式机架是斜楔连接的开式机架。图 3-51 为 650 型钢轧机斜楔连接的开式机架结构图。

机架由两个 U 形架 3、12 和一个上盖 1 组成。上盖与 U 形架之间用斜度为 1:50 的斜楔 4

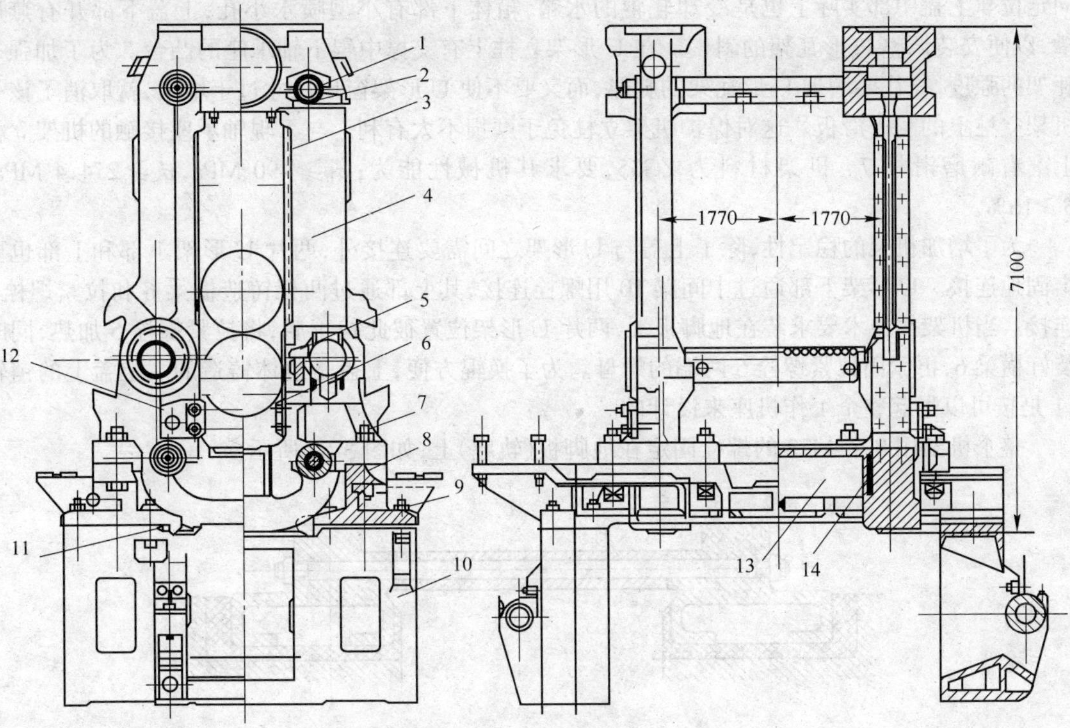

图 3-50 1150 mm 初轧机的工作机座

1—拉紧螺栓；2—撑管；3、6—耐磨滑板；4—牌坊；5—导板梁；7—螺栓；8—轨座；9—地脚螺栓；10—支架；11—斜楔；12—固定压板；13—联接梁；14—定位键

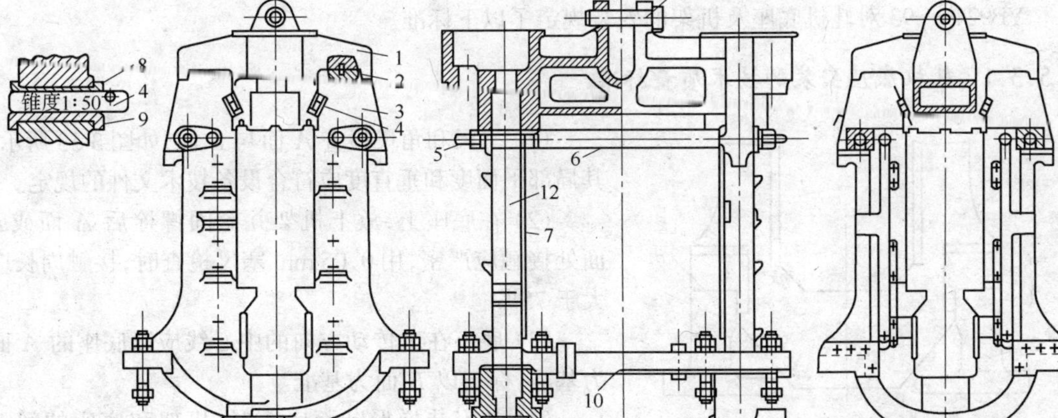

图 3-51 650 型钢轧机的机架

1—机架上盖；2—定位销钉；3—U 形架；4—斜楔；5—拉紧螺栓；6—铸造横梁；7—凸台；8—上鞍形垫板；9—下鞍形垫板；10—中间梁；11—销子；12—牌坊

连接。为了简化机架楔孔的加工和防止斜楔磨损机架，楔孔做成不带斜度的长方孔，其上下两个承压面带有鞍形垫板 8 和 9，下鞍形垫板 9 也带有 1:50 的斜度。上盖与 U 形架立柱用销钉 2 轴

向定位。上盖中部实际上也是冷却轧辊的水箱，箱体下部有小型喷水小孔，上盖下部开有燕尾槽，以便安装调整H形瓦架的斜楔。在U形架立柱上有支撑中辊下轴承座的凸台。为了加强H瓦架的强度，往往要增加H形瓦架的腿厚，而又要不使U形架窗口尺寸过于增大，就取消了该处机架立柱上的耐磨滑板。这对保护机架立柱免于磨损不太有利。与下辊轴承座接触的机架立柱上镶有耐磨滑板7。机架材料为ZG35，要求其机械性能为：$\sigma_b \geqslant 490$ MPa，$\sigma_s \geqslant 274.4$ MPa，$\delta \geqslant 16\%$。

为了增加机架的稳定性，除了上盖与U形架之间需要连接外，两片U形架下部和上部也要牢固地连接。U形架下部通过中间梁10用螺栓连接，其上部通过两根铸造横梁6和拉紧螺栓5连接。当机架按技术要求装在地脚板上，两片U形架位置彼此找正后，将拉紧螺栓5加热，同时装好横梁6，再紧固拉紧螺栓5两端的螺母。为了换辊方便，上盖是整体铸造的。上盖上的销轴11是按可以吊起整个工作机座来设计的。

整个机架用8个M72的螺栓固定在地脚板（轨座）上，如图3-52所示。

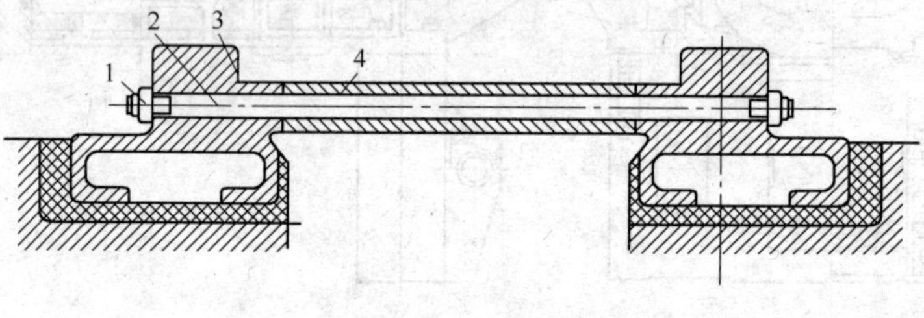

图3-52　地脚板

1—螺帽；2—拉杆；3—地脚板；4—支撑管

3.5.3　轧机底座、机架安装的技术质量标准

YB9249—93对轧机底座及机架的安装规定了以下标准。

3.5.3.1　轧机底座安装的技术质量标准

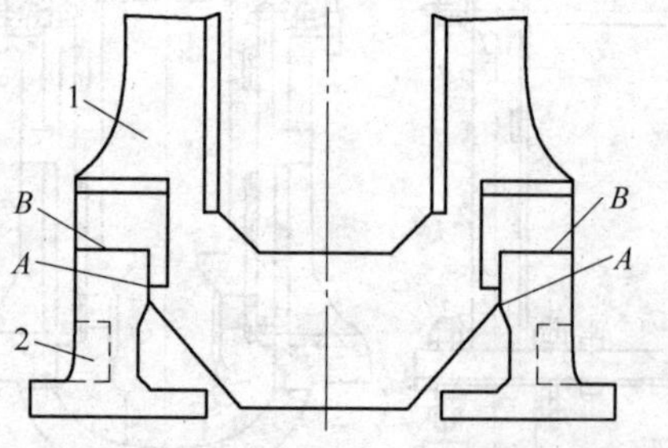

图3-53　轧机底座及机架的安装标准

1—机架；2—轨座

(1) 平尺和角尺检查A面与B面，如图3-53所示。其局部平面度和垂直度应符合设备技术文件的规定。

(2) 在底座上，放上机架并紧固螺栓后A面或B面处接触应严密，用0.05 mm塞尺检查时，接触周长应大于75%。

(3) 底座在主传动方向的中心线应以底座的A面为基准，标高以B面为基准。

(4) 在安装梯形断面底座时，机架和底座的间隙必须调整到两个外斜面上或两个内斜面上，不得将间隙同时分布在一个外斜面上和一个内斜面上，如图3-54所示。接触部位的接触面积不得小于75%，局部间隙不得大于0.05 mm，非接触面部位的间隙不得大于0.10 mm。

3.5.3.2　轧机机架安装的技术质量标准

(1) 轧机机架中心线的检查应以机架窗口中心线为基准，测量方法如图3-55所示。

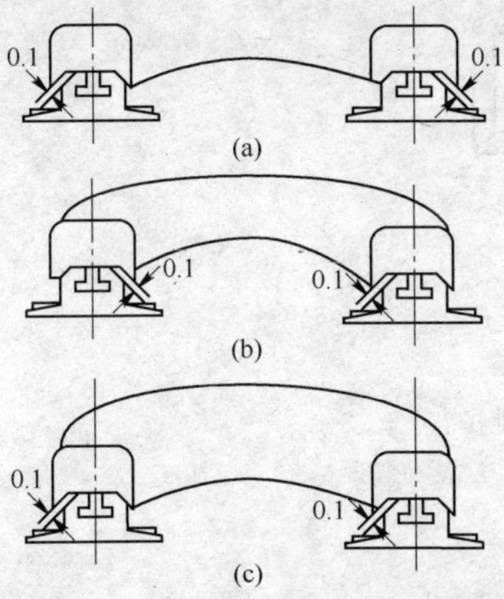

图 3-54 与梯形底座接触间隙示意图

(a) 间隙在两个外斜面上；(b) 间隙在两个内斜面上；
(c) 间隙分布在一个外斜面上和一个内斜面上

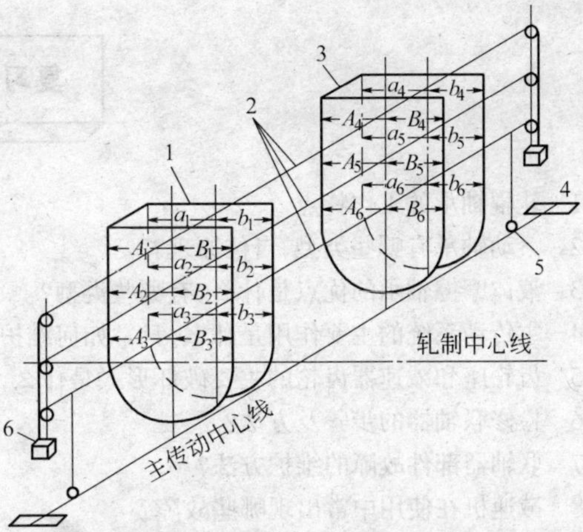

图 3-55 轧机机架纵横中心线的测量示意图

1—左机架窗口；2—挂设测量中心线；3—有机架窗口；
4—中心标板；5—线锤；6—重锤图

(2) 机架窗口垂直度的检查，可拆除滑板，在窗口上挂设中心线，在窗口内侧立面上选择2～4点，在窗口同一水平面内测量两点，用内径千分尺检查，如图 3-56 所示，两机架的偏差宜偏于同一方向，或者在机架窗口垂直面上，用平尺和框式方水平仪进行测量。

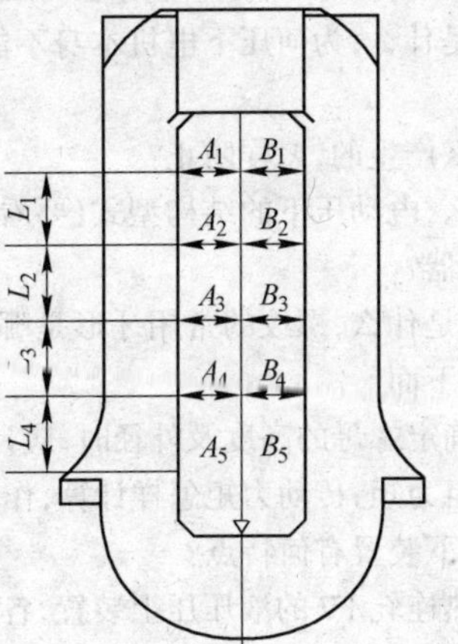

图 3-56 机架垂直度示意图

(3) 检查机架内压下螺母孔的中心线与窗口中心线的同轴度，其偏差应符合设备技术文件的规定。

(4) 下横梁与机架的接触不得产生歪斜现象，其局部间隙应小于 0.10 mm，接触面积应大于75%或按技术文件规定执行。

(5) 机架安装在底座上后，应复查两侧机架的水平度，其偏差应符合设备技术文件的规定。

复习思考题

3-1 轧辊轴承的工作特点。
3-2 滚动轴承有哪些类型,自位原理?
3-3 液体摩擦轴承的优点是什么,有哪些类型?
3-4 主传动系统的主要作用是什么,日常如何维护?
3-5 齿轮座和减速器齿轮的主要破坏形式是什么,日常如何维护?
3-6 检修联轴器的步骤及方法?
3-7 联轴器部件故障的维护方法?
3-8 减速机在使用中常出现哪些故障?
3-9 轧辊 3 个组成部分的名称、作用和形状?
3-10 轧辊的常用材料有哪几类?
3-11 调整机构的作用是什么,轧辊调整机构按用途、驱动方式、工艺的分类有哪些类型?
3-12 手动压下机构常用于什么轧机,为何要用手动,常用什么机构?
3-13 电动快速压下机构用于何种轧机,其工艺特点是什么,对电动快速压下机构的要求是什么?
3-14 立式电机传动的快速压下机构有何优点?
3-15 采用卧式电机传动的快速压下机构的优点,各组成部分的作用(要读懂传动图),为什么能调整一侧压下,采用差动机构的优缺点是什么,如何排除压下螺丝的阻塞事故?
3-16 压下螺丝阻塞事故的产生原因是什么,为何压下电机本身不能排除阻塞事故,回松装置是怎样工作的?
3-17 轧制中压下螺丝自动旋松是怎么产生的,怎样防止?
3-18 板带轧机压下机构的特点是什么,电动压下的结构型式(要看懂压下机构系统图),压下指示器的作用是什么,为何要采用电磁离合器?
3-19 压下螺丝三部分的形状,其作用是什么,螺纹的常用牙形是哪种,螺纹工作面斜度约为多少,压下螺丝工作时,螺纹间隙在上面或在下面?
3-20 螺母的结构、材料与固定方法,确定螺母的高度及外径时,应计算什么负荷、什么应力?
3-21 电动压下螺丝需克服哪两部分阻力矩,传动力矩怎样计算,作用在压下螺丝上的压力 p_1 怎样确定?
3-22 与电动压下机构相比较,液压压下装置有何特点?
3-23 1700 mm 冷连轧的液压压下和热连轧 F7 的液压压上装置,各由哪些部分组成,怎样工作的?
3-24 上辊平衡机构的具体作用是什么,有哪几种类型?
3-25 弹簧平衡适用于什么轧机,弹簧平衡的优缺点是什么?
3-26 重锤平衡适用于什么轧机,重锤平衡的优缺点是什么?
3-27 液压平衡一般用于什么轧机,其优缺点是什么,四辊轧机的五缸式和八缸式平衡装置各在何处安装了液压缸,各缸起何作用,四辊轧机共用了多少个液压缸?

4 精整设备

4.1 剪切机

4.1.1 剪切机的用途和类型

轧钢车间所生产的产品，除带钢卷和线材盘卷外，一般都要切成定尺长度。钢材的定尺长度一般按部颁标准规定，也可以按订户要求确定。根据轧件断面形状及端面质量要求的不同，所采取的切断方法也不同。剪切机通常用来切断方坯、扁坯、钢板和一些条形钢材，其生产率一般应大于轧钢机的生产率，以确保正常生产。

轧钢车间所用的剪切机，根据刀片的形状配置方式以及被剪轧件情况的不同，可分为以下几类：

(1) 平行刀片剪切机。这种剪切机的两个刀片是彼此平行的[见图 4-1(a)]，通常用于横向热剪初轧坯(方、板坯)和其他方形、矩形断面的钢坯，故又称为钢坯剪切机。这类剪切机有时也用两个成形刀片冷剪轧件(例如圆管坯及小型圆钢等)，此时刀刃的形状与被剪轧件的断面形状应相适应。

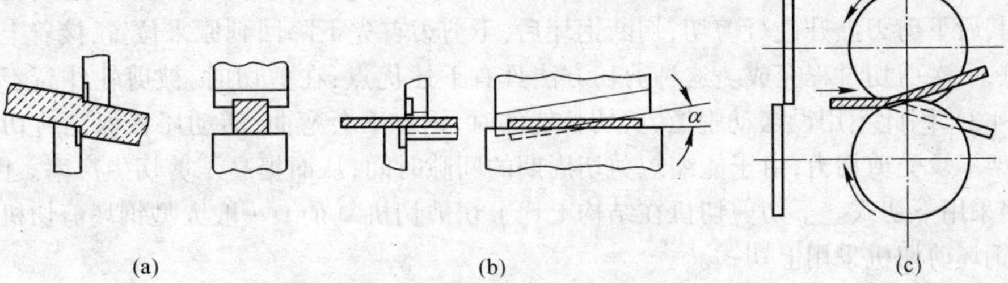

图 4-1 剪切机刀片配置简图

(a) 平行刀片剪切机；(b) 斜刀片剪切机；(c) 圆盘式剪切机

(2) 斜刀片剪切机。这种剪切机的两个刀片一个水平另一个倾斜，相互成一定角度安装[见图 4-1(b)]。上刀片一般是倾斜的，其斜角为 1°～6°。此类剪切机常用于冷剪和热剪钢板、带钢、薄板坯及焊管坯等，有时亦用来剪切成束的小型钢材。

(3) 圆盘式剪切机。这种剪切机的两个刀片均为圆盘状[见图 4-1(c)]，主要用于纵向剪切钢板及带钢的边，或者将钢板和带钢纵向剪切成几部分。

(4) 飞剪。这种剪切机用于横向剪切运动着的轧件，即刀片在轧件移动的同时将轧件切断。此类剪切机一般安装在半连续式和连续式轧机作业线上，用来剪切轧件的头、尾和切定尺。

4.1.2 平行刀片剪切机

平行刀片剪切机有两种基本类型：

(1) 上切式剪切机，上刀片是活动的，下刀片是固定的。

(2) 下切式剪切机，两刀片都是活动的，但剪切动作由下刀片的运动来实现。

此外，根据机架与刀片相对位置的不同，又可分为闭式剪切机(其机架位于刀片的两边，一般都是尺寸比较大的剪切机)和开式剪切机(其机架位于刀片的一边，一般都是小尺寸的剪切机)。

上切式剪切机的下剪刃固定不动，上剪刃向下运动进行剪切。它通常采用曲柄连杆机构，其特点是运动和结构简单。主要缺点是被剪切轧件易弯曲，剪切断面不垂直，以至影响剪切后轧件在辊道上的顺利运行；当剪切厚度大于 30～60 mm 的钢材时，需要在剪切机后增设摆动辊道，如图 4-2 所示。由于摆动辊道比较笨重，在剪切厚度大的钢材时，一般已经不采用这种剪切机了。

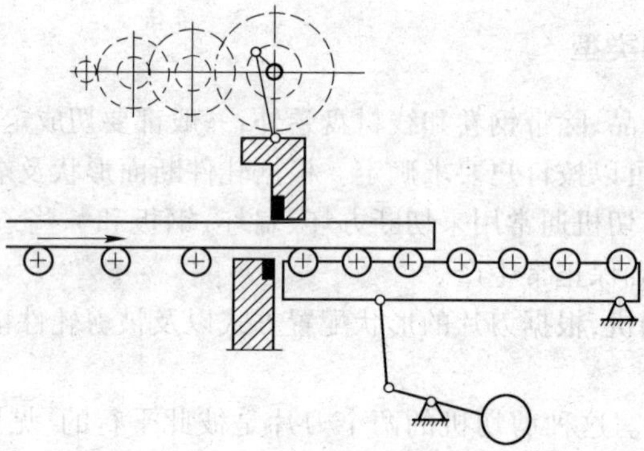

图 4-2　上切式剪切机及摆动台简图

下切式剪切机的两个剪刃都运动，剪切过程是通过下剪刃上升来实现的；它广泛用于剪切断面大于 30～60 mm 的初轧坯和其他轧件，等剪切开始时，上剪刃先下降，在几乎达到与钢坯接触时停止，其后下剪刃上升进行剪切；切断钢坯后，下剪刃首先下降回到原来位置，接着上剪刃上升恢复原位，一次剪切过程完成。这种剪切方法具有下述优点：在剪切时，被剪轧件高于辊道水平面(见图 4-3)，因此不用设摆动辊道，剪切长轧件时，钢材不会弯曲，活动压板保证剪切断面比较垂直，机架不承受剪切力，由于能缩短剪切周期的间隙时间，从而提高了剪切生产率。因此，钢坯剪切机多采用下切式。下切剪切机在结构上比上切剪切机复杂。一般大型钢坯剪切机采用下切式，小型钢坯剪切机采用上切式。

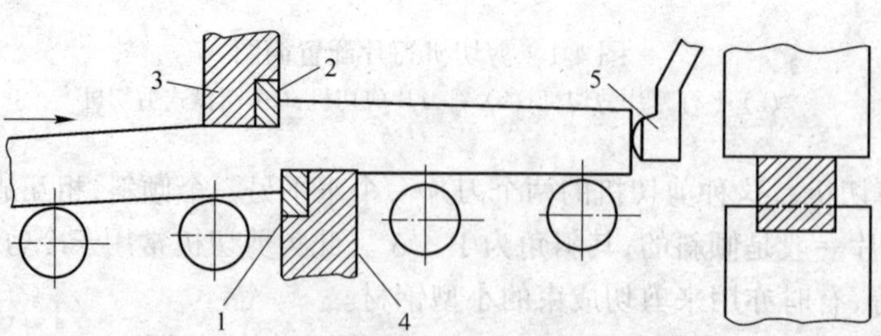

图 4-3　下切式剪切机简图

1—下刀刃；2—上刀刃；3—上刀架；4—下刀架；5—挡板

下面介绍两种平行刀片剪切机的形式。

4.1.2.1　曲柄式剪切机

曲柄式剪切机主要由以下三部分组成：

(1) 使刀片完成剪切动作的工作机构——曲柄连杆滑块机构；

(2) 传动系统——飞轮、减速机和平衡弹簧组成的控制机构;

(3) 机架。

下面简单介绍一下一种典型的曲柄式剪切机——1.6MN 上切式钢坯剪切机:

1.6MN 剪切机的主要参数如下:最大剪切力 1.6MN,刀片行程 140 mm,刀片开口度 130 mm,刀片有效长度 450 mm,刀片行程次数 18 次/min,电动机 IQ93-8 型,功率 40 kW,转数 675 r/min。

1.6MN 上切式钢坯剪切机如图 4-4、图 4-5 所示。电动机 1 通过齿式联轴节 2 直接与一台一级正齿轮减速机 3 的高速轴连接。减速机的高速轴上装有飞轮 4。减速机的低速轴通过装有保险销的法兰接手 5 带动开式小齿轮 6。该小齿轮带动的开式大齿轮 7 空套在曲轴 8 的尾部上,通过离合器 9 来控制曲轴的转动。曲轴每转动一周,曲柄带动连杆 10,使与它相连接的上刀架 11 在机架 15 的导轨 12 内上下往复移动一次,完成一次剪切动作。上刀架通过螺栓 13 和平衡弹簧 14 吊在机架 15 上,当上刀架上下往复移动时,平衡弹簧起缓冲作用,并使上刀架停止在最高位置上。

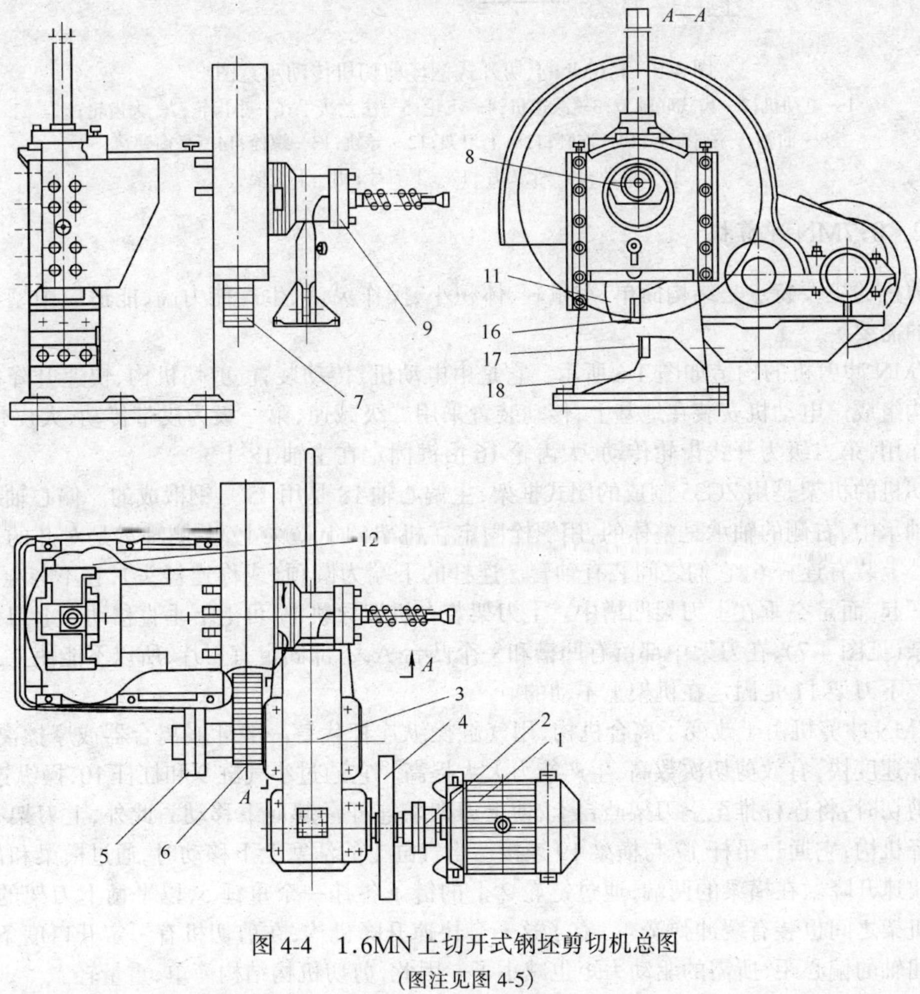

图 4-4 1.6MN 上切开式钢坯剪切机总图
(图注见图 4-5)

在上刀架上固定有上刀片 16,曲柄转动时,上刀片随上刀架在导轨 12 中向下移动,并与安装在上刀架 18 上的下刀片 17 接近,进行剪切。下刀架固定在机架上,所以下刀片是不动的。

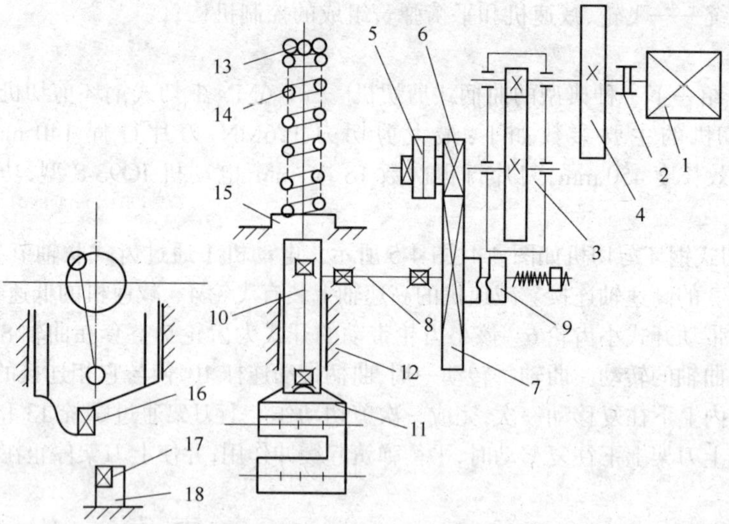

图 4-5 1.6MN 上切开式钢坯剪切机传动示意图

1—电动机;2—齿式联轴节;3—减速机;4—飞轮;5—法兰接手;6—小齿轮;7—大齿轮;8—曲轴;9—离合器;10—连轩;11—上刀架;12—导轨;13—螺栓;14—平衡弹簧;15—机架;16—上刀片;17—下刀片;18—下刀架

4.1.2.2 0.7MN 冲剪机

冲剪机的主要特点是结构简单、重量轻、体积小、操作灵活、生产能力高,能适应中型开坯车间生产的需要。

0.7MN 冲剪机的构造如图 4-6 所示。它是由电动机、传动装置、剪切机构、快速升降机构和操纵机构组成。电动机安装在地基上,传动装置采用二级减速,第一级为皮带传动,大皮带轮 14 起飞轮作用,第二级为开式齿轮传动,大齿轮 16 由键固定在主轴 18 上。

剪切机的机架是用 ZG35 制成的闭式框架,主偏心轴 18 是用 45 号钢锻成的。偏心轴装在两个滑动轴承中,右侧的轴承是整体的,用螺栓固定在机架的上横梁上,左侧轴承是对开的。在主轴的偏心上装有连杆 6,它们之间装有轴套。连杆的下端为圆顶(或称连杆头),它不与上刀架 7 连接在一起,而是空垂在上刀架凹槽中。上刀架装在机架导轨中,可上下垂直移动。上刀架的形状较复杂(见图 4-7),在刀架中部留有凹槽和一个凸台 A,下部固定有刀片,所以不能使上刀架向下移动。下刀架 11 是固定在机架上不动的。

0.7MN 冲剪机由于改变了离合机构,用气缸操纵连杆代替一般牙嵌离合器或摩擦离合器,因此操作速度快,有效剪切次数高,生产能力大大提高。它通过小气缸 9 和杠杆 10,操纵连杆 6,当需要剪切时,将连杆推至上刀架凸台上,使上刀架随连杆一起向下移动。此外,上刀架有一套快速升降机构,它通过吊杆 17 与横梁 19 连接。当气缸 1 的活塞上下移动时,通过横梁和吊杆使上刀架快速升降。在横梁的两端,通过链轮 2 上的链条各挂一个重锤 5,以平衡上刀架的重量。横梁与机架之间也装有缓冲弹簧 4。有了这一套快速升降机构,在剪切机有一定开口度条件下,可减小曲轴的偏心距,所需的驱动力矩也减小了。因此,剪切机构结构简单,重量轻。

0.7MN 冲剪机的剪切过程如图 4-8 所示。剪切前,操纵气缸使上刀架快速升到原始位置,此时,电动机处于长期运转状态,连杆在上刀架凹槽中摆动[见图 4-8(a)]。当钢坯进入上、下刀片之间时,操纵中央气缸使上刀架快速下降压住钢坯[见图 4-8(b)],然后操纵小气缸把连杆头推到上刀架凸台上。上刀架在曲轴连杆的作用下向下运动,剪切钢坯[见图 4-8(c)]。剪切完毕后,操纵小气缸 9 把连杆拉至上刀架凹槽中，并操纵中央气缸使上刀架快速升至原始位置[见图 4-8 (a)]，准备下一次剪切。

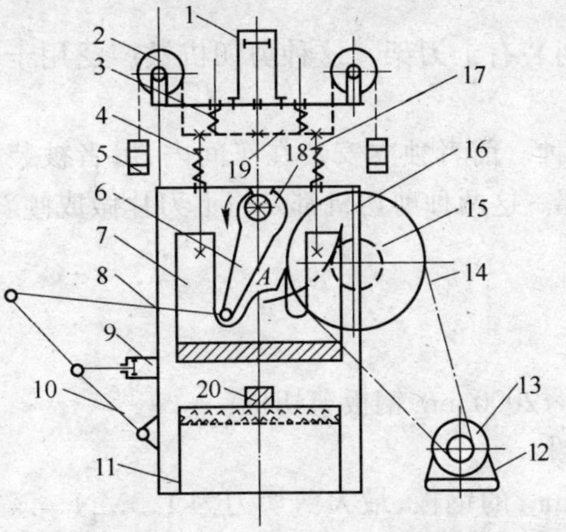

图 4-6 0.7MN 冲剪机简图

1—气缸；2—链轮；3、4—缓冲弹簧；5—平衡重锤；6—连杆；7—上刀架；8—机架；9—小气缸；10—杠杆；11—下刀架；12—电动机；13—小皮带轮；14—大皮带轮；15—小齿轮；16—大齿轮；17—吊杆；18—偏心主轴；19—横梁；20—轧件

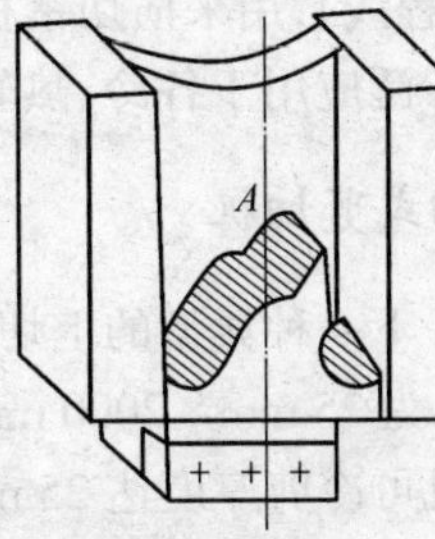

图 4-7 0.7MN 冲剪机上刀架示意图

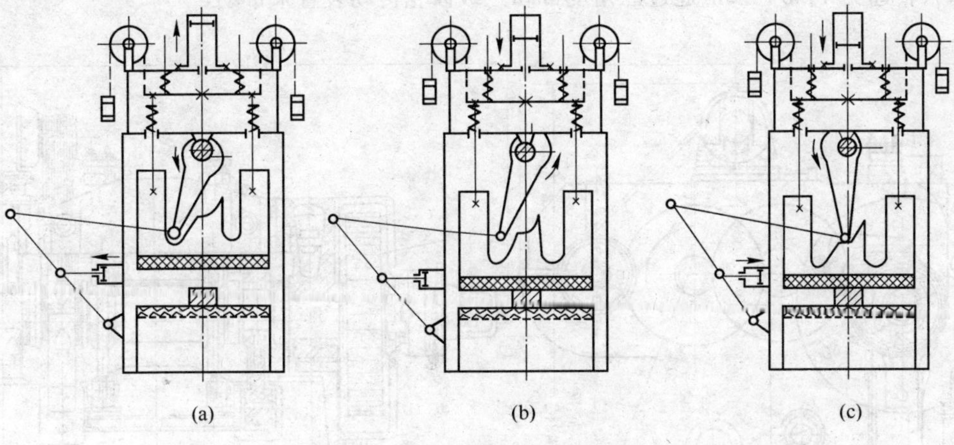

图 4-8 0.7MN 冲剪机工作过程示意图

(a) 上刀架上升；(b) 上刀架下降压住钢坯；(c) 小气缸将连杆头推到凸台上后进行剪切

0.7MN 冲剪机与其他上切式剪切机一样，在剪切机的后面设有摆动台。同时，由于没有压板装置，剪切断面的平直性较差。这种冲剪机由于存在着冲击力，以及与上刀架凸台接触的偏心活动连杆相对摩擦频繁，因此零件磨损较快，寿命较低。

4.1.3 斜刀片剪切机

4.1.3.1 斜刀片剪切机的结构

斜刀片剪切机主要用于纵向、横向剪切钢板。为了减少剪切时的负荷，通常将上刀片做成一定的倾斜角度。

斜刀片剪切机按结构可分为开式和闭式两种。

开式斜刀片剪切机有一侧部开口机架，被剪轧件从开口处横向进入。这种剪切机用于冷剪薄板坯和小型钢材。

闭式斜刀片剪切机有两个机架，在两个机架之间装有上刀架。这种剪切机被广泛用于轧钢车间，用来剪切钢板和带钢等。

闭式斜刀片剪切机又可分为上切式和下切式两种。前者独立安装在车间内，后者被装在辊道线上（钢材流程线），用来横切钢板或长带钢的端部。这两种剪切机都是将上刀片做成倾斜的。上切式斜刀片广泛应用于各冷、热轧钢板车间。

4.1.3.2　上切式剪切机

简单介绍一下一种典型的上切式剪切机 25 mm×2000 mm 钢板剪切机：

图 4-9 所示为 25 mm×2000 mm 钢板剪切机总图。

这种剪切机可冷剪厚度达 25 mm，宽度达 2000 mm 的钢板，最大剪切力为 1.3MN。该机为上刀片倾斜的上切闭式剪切机。

剪切机的主要部件有：机架 1，剪切机构 2，传动装置 3，压板装置 4，挡板 5。剪切机有两个立柱，上面与横臂相连，下面与下刀片的横梁相连。两个立柱、横臂和横梁都是铸钢的。传动上刀片的曲轴装设在机架立柱的两个轴承内，上刀架悬置在两个连杆的曲轴上，这两个连杆可使上刀架做往复运动，刀架可在机架立柱的导板内上下移动，剪切机由一个电动机［功率 115 马力（85 kW），转速为 1440 r/min］通过三角皮带和三级齿轮传动装置来带动。

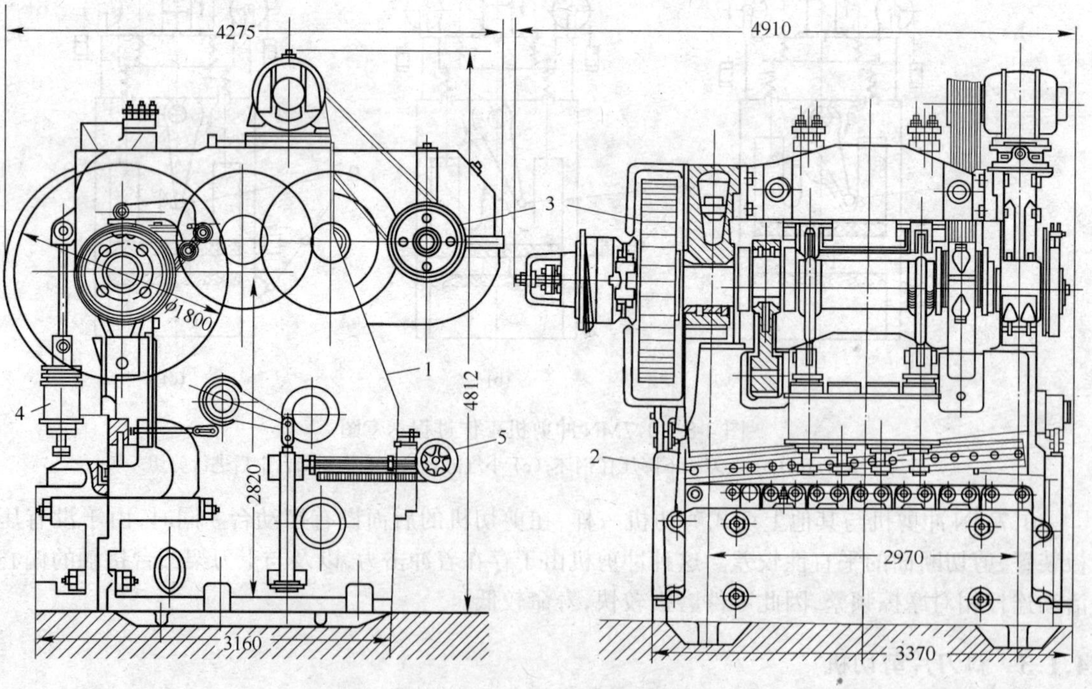

图 4-9　25 mm×2000 mm 钢板剪切机总图

1—机架；2—剪切机构；3—传动装置；4—压板装置；5—挡板

传动装置最后一个齿轮自由地安装在曲轴的一端。在剪切轧件时，这个齿轮借摩擦离合器与曲轴连接。摩擦离合器由按钮控制的电磁铁推动与曲轴连接。

剪切时,钢板被剪切机的压板压住,压板由弹簧缓冲器和安装在上刀架上的四个压头组成,上刀架由曲柄传动。为了得到一定长度的钢板,在剪切机后面设置有挡板,被剪切钢板的前端顶在此挡板上,挡板可以由手轮转动螺旋传动装置来调整,挡板的位置有指针和刻度。

4.1.3.3 下切式液压剪切机

液压斜刀片剪切机具有结构简单,剪切平稳,设备重量轻等优点,其主要技术性能如表 4-1 所示。

表 4-1 斜刀片液压剪切机主要性能

名称	剪切钢板			剪刃斜度	最大剪切力/MN	下刀架			上刀架最大开口度/mm	压板压力/kN	液体单位压力/MPa
	最大厚度/mm	宽度/mm	长度/mm			最大行程/mm	工作行程/mm	上升速度/m·s^{-1}			
数量	34(900℃) 40(1000℃)	750~1550	1200	2°30′	2	270	180	50	700	9	1.2

图 4-10 是用于 1700 热轧带钢连轧机的斜刀片液压剪切机。它设置在粗轧机和精轧机组间的辊道上。为了防止精轧机组或卷取机发生事故,在轧制线上设置了一台下切式液压剪切机,将

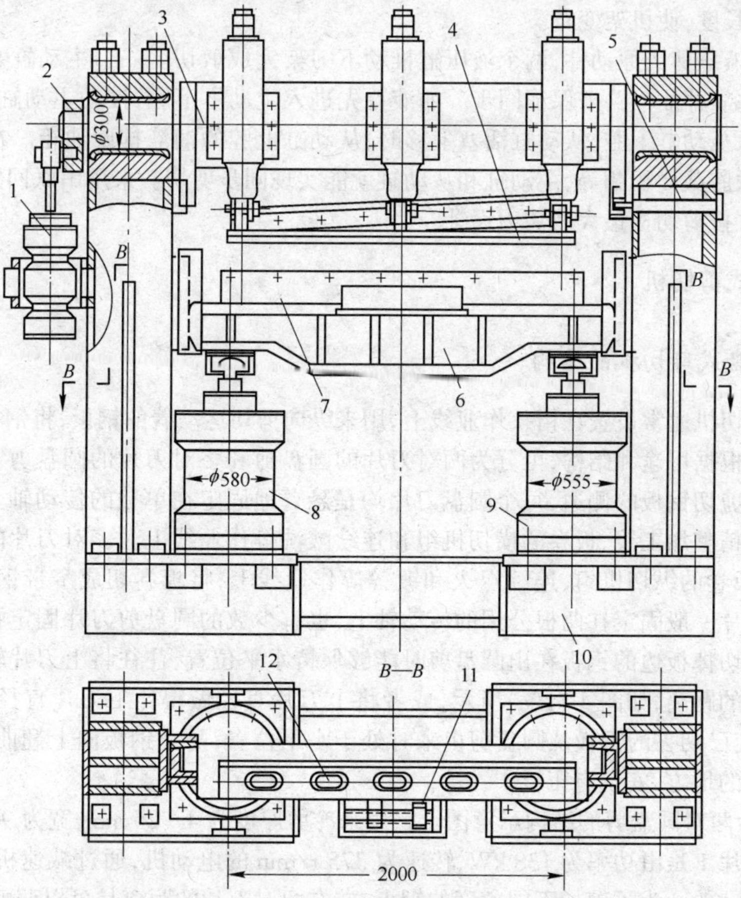

图 4-10 下切式液压剪切机

1—摆动缸;2—曲柄;3—上刀架;4—压板;5—固定液压缸;6—下刀架;
7—下刀座;8—主动缸;9—从动缸;10—机架;11、12—螺栓

不能继续轧制的钢板切成定尺,并收集到轧制线侧面的台架上。这种剪切机的特点是轧机停轧时才工作。因此在正常轧制时,要求它不影响轧件通过。设备中采用了上刀架摆起机构。上刀架摆起后,剪刃与辊道上表面间有 70 mm 的开口度,为避免剪切过程中轧件压辊道,因而采用了下切式,并使下剪刃在剪切前低于辊道面 100 mm,这样就保证了轧制时正常过钢。

由图 4-10 可知,下切式液压剪切机由下刀架、上刀架、液压缸和机架四部分组成。工作时由固定液压缸 5 使斜销插紧,固定上刀架,保持剪切时的正确位置,剪切完了,固定液压缸将斜销抽回。上刀架 3 在摆动缸 1 推动下,通过曲柄 2 摆起 90°,达到最大开口度,从而保证正常过钢,同时减少了辐射热对压板弹簧的影响。上刀架上装有弹簧压板 4。剪切时下刀架 6 托起轧件上移,先与压板接触,下刀架继续上升,弹簧被压缩后,产生压板力,这样,既防止剪切时钢板旋转,也避免剪切完了轧件砸辊道。

下刀架 6 是靠液压缸活塞的推力,在机架 10 的导向槽中向上滑动来完成剪切。一般来说,液压缸的行程就是剪切机的工作行程。但由于剪刃停在辊道下 100 mm 处,因此下刀架的全部行程中有 100 mm 的空行程。在下刀架滑道上,有固定刀片的刀座 7,刀座和下刀架间用螺栓紧固,当需要更换剪刃或调整剪刃间隙时,松开螺栓 12,转动螺栓 11,使刀座沿下刀架的滑道滑动。由于滑道间有 1:100 的斜度,所以刀座移动时,下剪刃相对上剪刃的横向位置发生变化,从而可调整剪刃间隙。剪刃间隙最大变化量是 1 mm。这种剪刃间隙的调整机构,结构简单,调整方便,但加长了剪刃长度,使机架变宽。

液压缸是液压剪的原动件,两个液压缸推动下刀架完成剪切。一个主动缸 8 和另一个从动缸 9 相串联,并靠补油回路来保证同步。油液首先进入主动缸下腔,推动主动缸活塞上移,上腔油排出后,进入从动缸下腔,从动缸活塞上移时,从动缸上腔的油液排回油箱。在不漏油的情况下,只要两串联腔截面积相等,主动缸和从动缸就能实现同步剪切。采用串联回路的两个缸作用力相等,主动缸按剪切机最大剪切力设计。

4.1.4 圆盘式剪切机

4.1.4.1 圆盘式剪切机的结构

圆盘式剪切机通常设置在精整作业线上,用来纵向剪切运动着的钢板,将钢板边缘切齐或切成窄的带钢。根据用途和结构,可分为两对刀片的圆盘剪和多对刀片的圆盘剪。两对刀片的圆盘剪一般用于剪切钢板的侧边,每个圆盘刀片均是悬臂地固定在单独的传动轴上。这种圆盘剪用于中厚板的精整加工线、板卷的横切机组和连续酸洗等作业线上。多对刀片的圆盘剪是剪切带钢的,用于板卷的纵切机组、连续退火和镀锌等作业线上,将板卷切成窄带钢,作为焊管坯料等。其多对刀片一般固定在两根公用的传动轴上,也有少数的圆盘剪刀片固定在单独的传动轴上。为了使已切掉板边的钢板在出圆盘剪时能够保持水平位置,往往将上刀片轴相对下刀片轴错开一个不大的距离,如图 4-11(a)所示,或者将上刀片直径做得比下刀片直径小些,如图 4-11(b)所示。为使已切去的钢板从圆盘剪出来时处于水平位置,防止钢板向上翘曲;通常在圆盘剪前面靠近刀片的地方,安装有压辊。

图 4-12 为两对圆盘剪的结构示意图。它用来冷剪厚度为 4～25 mm,宽为 900～2300 mm 钢板的侧边。刀片 1 是由功率为 138 kW、转速为 375 r/min 的电动机,通过减速机、齿轮座和万向连接轴 2 来传动的。为了剪切不同宽度的钢板,左右两对刀片的距离是可以调整的。

它是由一台功率 5 kW、转速为 905 r/min 的电动机,通过蜗轮减速机和丝杠使其中一对刀片的机架移动进行调整的。上下刀片径向间隙的调整,是由功率 0.7 kW,转速为 905 r/min 的电动机经蜗杆蜗轮传动4,使偏心套筒3(其中安装着刀片轴)转动实现的。刀片的侧向间隙由手轮通过蜗杆蜗轮传动5,使刀片轴轴向移动来调整。上刀片轴相对下刀片轴移动一个不大的距离,是由手轮通过蜗轮传动机构6,使装有刀片轴的机架绕下刀片轴作摆动来实现的。为了减少钢板与圆盘刀刃间的摩擦,每对刀片与钢板中心成一个不大的角度 $\beta=0°22'$ 如图4-13所示。

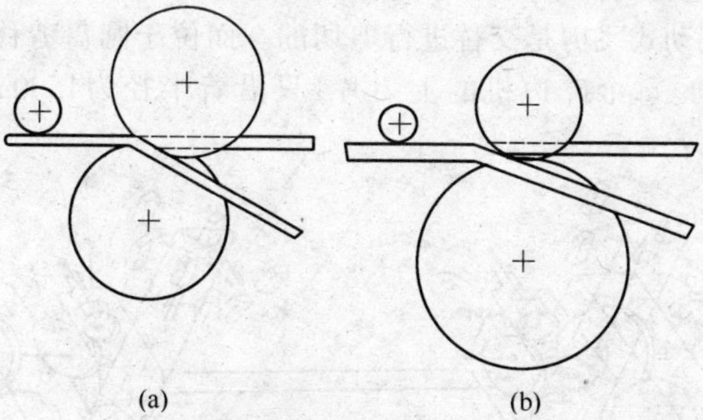

图4-11 使钢板保持水平位置的方法

(a) 上刀片错开一个不大距离;(b) 上、下刀片直径不同

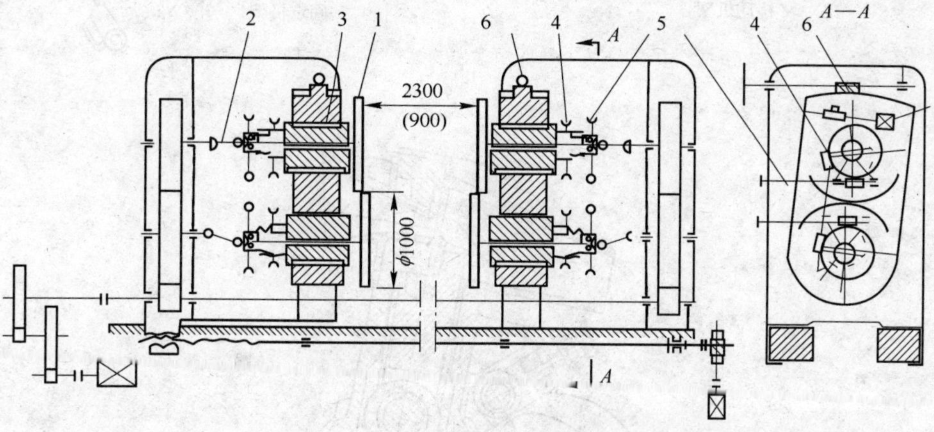

图4-12 圆盘剪的结构示意图

1—刀片;2—万向接轴;3—偏心套筒;4—改变刀片间距离的机构;

5—刀片径向间隙机构;6—上刀片轴的移动机构

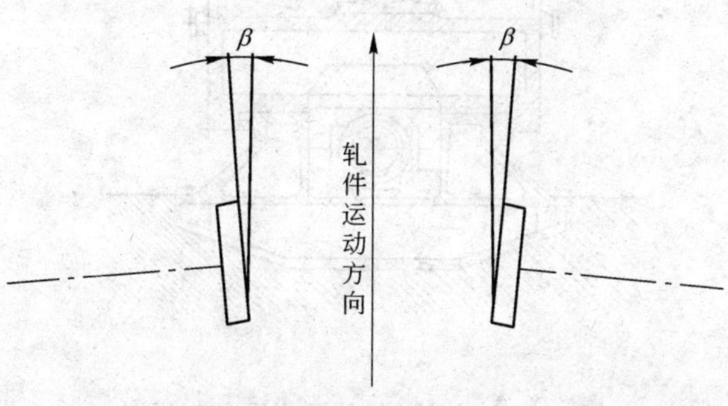

图4-13 圆盘剪刀片倾斜示意图

圆盘剪在连续剪切钢板的同时，对其切下的板边要进行处理。在圆盘剪后面设置有碎边机，将板边剪成碎段，然后滑到专用的收集槽中。此外，对于薄板板边，也有用废品卷取机处理的，其缺点是需要一定的手工操作，卸卷时要停止剪切等。

利用碎边机处理切边，可以保证圆盘剪的连续操作。图 4-14 为圆盘剪切机后面的碎边剪结构示意图和剖视图。碎边剪由两个摆动式飞剪组成，它在板边运动过程中进行剪切，为了不使传动负荷过大，左右两个摆动式飞剪是交替进行剪切的。而位于圆盘剪移动机架一侧的碎边剪可以用5 kW的电机来移动。每个碎边机的上刀片1只沿着半径为1500 mm的圆弧作摆动，其运

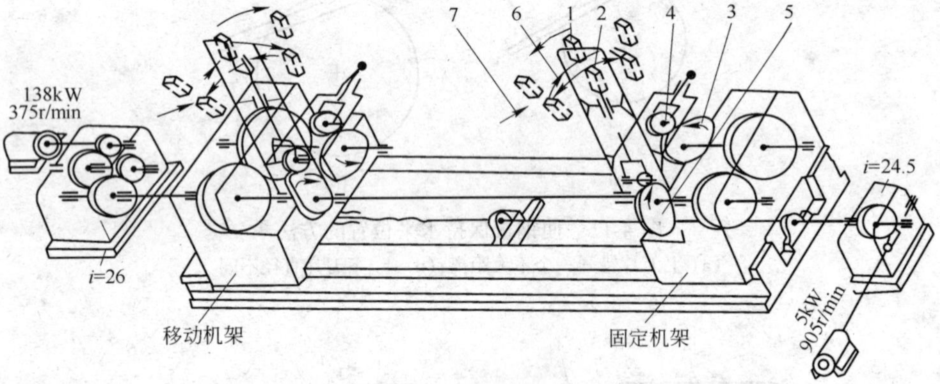

(a)

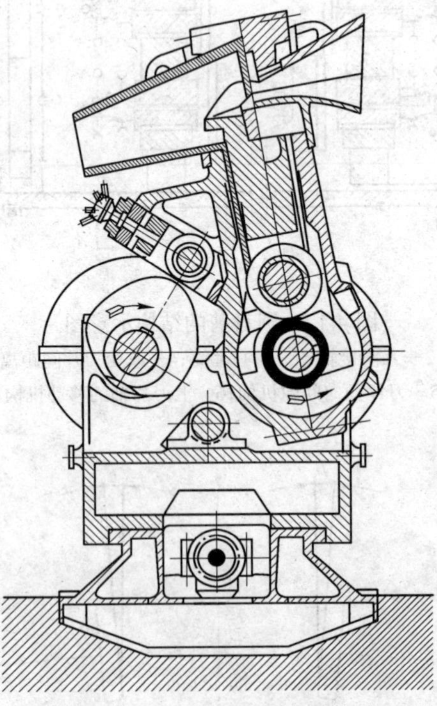

(b)

图 4-14　碎边剪结构示意图和剖视图

(a) 碎边剪结构示意图；(b) 碎边剪剖视图

1—上刀片；2—下刀片；3—碎边剪机架摆动凸轮；4—摆动速度调整辊；5—下刀片移动凸轮；6—下刀片剪刃运动轨迹；7—切边运动轨迹

动速度与板边的运动速度相同。下刀片(斜刀片)2除了作摆动外,还作剪切必需的直线往返运动。碎边剪的摆动和剪切运动是由凸轮3和凸轮5来实现的。碎边剪机架是靠自重通过辊子4压在凸轮3上,改变辊子4的位置,可以调整其摆动速度。两个凸轮机构由一个功率为138 kW,转速375 r/min的电动机传动。圆盘剪的剪切速度为0.25 m/s,每个碎边剪刀片每分钟的行程次数为15次。

应当指出,此种大型圆盘剪的剪切速度的提高(目前达0.4 m/s)受到重量较大的碎边剪摆动速度的限制。目前,有的碎边剪采用滚筒回转式,且刀片与滚筒母线成倾斜布置。

4.1.4.2 圆盘剪和碎边剪的装配质量

(1) 圆盘剪和碎边剪的安装要求:

1) 设备拆卸前,必须熟悉图纸,了解设备的构造、拆卸程序及应采用的工具。

2) 对于啮合的齿轮、轴承端盖及联轴器等,要打印做出标记,但不得损伤其精度。

3) 所有润滑管路、阀体、箱体密封压盖组装后,应密封良好,不得有泄漏现象。

4) 热装的零件,要事先进行测量,若发现配合公差不符合图纸要求,应对零件进行返修,符合图纸要求后方可进行装配。

5) 装配时,不得用铁锤直接在零件的加工表面敲打,应垫以软金属。

6) 所有润滑管路、阀门、油压力表等附属部件,要统一保管,由专人负责进行清洗与临时性的包扎密封。

(2) 圆盘剪和碎边剪的安装质量标准:

1) 圆柱形齿轮减速机的齿轮副啮合间隙:侧间隙0.04~0.08 mm,顶间隙0.25 mm。蜗轮蜗杆副间隙:侧间隙0.95~1.00 mm,顶间隙0.20~0.30 mm。

2) 圆柱形齿轮副啮合接触斑点,沿齿高不少于60%,沿齿宽不少于90%。蜗轮蜗杆副啮合接触斑点,沿齿高不少于60%,沿齿宽不少于75%。

3) 减速器的传动中心线与机座中心线平行,其中心偏差不应大于0.50 mm。

4) 机座纵、横向水平度偏差不应大于0.10/1000。

5) 移动丝杠不得弯曲。移动螺母应在滑座中心,其偏差不应大于0.20 mm,移动机构不得有卡滞现象。

6) 机座与滑板接触应良好,侧间隙为0.10~0.30 mm。

7) 设备上的固定螺丝、螺母和定位销,严禁用电焊焊接。

4.1.5 飞剪

4.1.5.1 飞剪的用途和分类

用于横向剪切运动着的轧件的剪切机称为飞剪。随着连续式钢板轧机、型钢轧机和钢坯轧机的发展和飞剪生产率的提高,飞剪的应用也越来越广泛。

飞剪的类型较多,应用较广泛的有:圆盘式飞剪、双滚筒式飞剪、曲柄回转式和摆式飞剪等。

4.1.5.2 圆盘式飞剪

圆盘式飞剪一般应用在小型轧钢车间内。它安装在冷床前,对轧件进行粗剪,使进入冷床的轧件不至于太长;或者安装在精轧机组前,对轧件进行切头,以保证精轧机组的轧制过程顺利进行。飞剪由两对或多对圆盘形刀片组成,圆盘的轴线与钢材运动方向约成60°,如图4-15所示。

飞剪圆周速度的选取，应使圆盘刀片圆周速度在钢材运动方向的分速度与钢材运动速度相等。飞剪在原始位置时，钢材沿入口导管在飞剪左方前进，当钢材作用到热金属探测器或光电管上时，入口导管与钢材向右偏斜，钢材进入两圆盘中间进行剪切。当下刀片下降后，导管使钢材回到原始的左面位置，此后下刀片重新又上升。此类飞剪的缺点为切口是斜的，但对于切头或者冷床前粗剪轧件影响不大。由于这种剪切机工作可靠，结构简单，剪切速度可达 10 m/s 以上，因而在小型轧钢车间得到了广泛的应用。

4.1.5.3　双滚筒式飞剪

双滚筒式飞剪广泛地应用于剪切在运动中的型钢和钢板，其工作原理如图 4-16 所示。

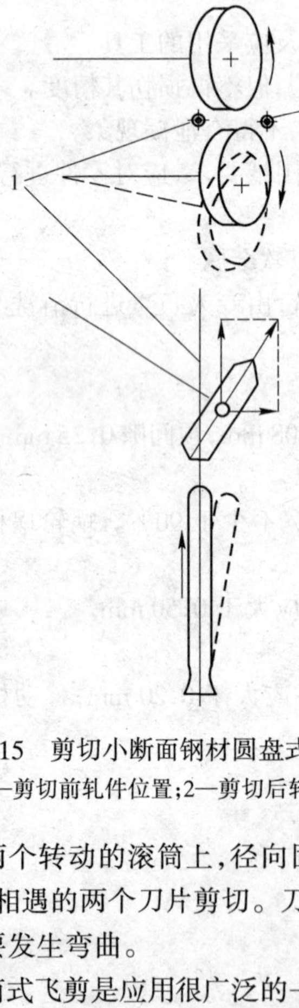

图 4-15　剪切小断面钢材圆盘式飞剪简图

1—剪切前轧件位置；2—剪切后轧件位置

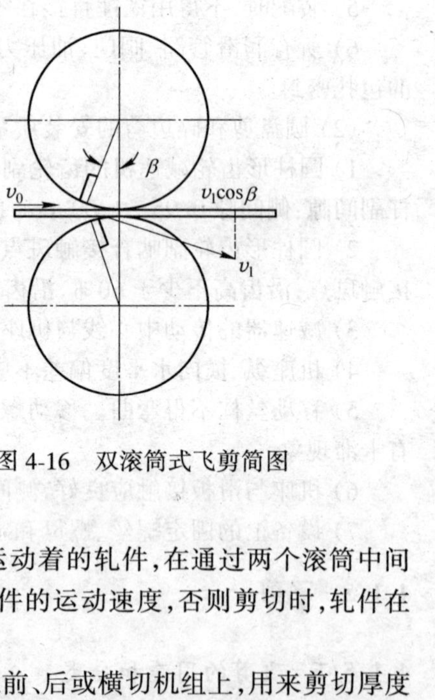

图 4-16　双滚筒式飞剪简图

在两个转动的滚筒上，径向固定着两个刀片。沿辊道运动着的轧件，在通过两个滚筒中间时，即被相遇的两个刀片剪切。刀片的圆周速度应稍大于轧件的运动速度，否则剪切时，轧件在进口处要发生弯曲。

滚筒式飞剪是应用很广泛的一种飞剪。它装设在连轧机前、后或横切机组上，用来剪切厚度小于 12 mm 的钢板或小型型钢。当作为切头飞剪使用时，其剪切厚度目前已达 45 mm。由于这种飞剪的刀片作简单的圆周运动，它可以剪切运动速度高达 15 m/s 以上的轧件。图 4-17 是某厂小型车间设计制造的简易滚筒式飞剪结构示意图，它安装于 320 机列与 250 机列之间的输送辊道上，用来对运动着的轧件进行切头或切除有缺陷的部分。刀片 1 装在滚筒 2 上，滚筒 2 由电动机 12 经皮带轮 11 和齿轮 9 传动。为了减少电动机容量，在减速齿轮的高速轴上装有飞轮 10。刀片 1 的线速度等于或略大于轧件 4 的运动速度。轧件进入滚筒之间是通过回转喇叭口 5 实现的。轧件不剪切时，它由输送辊道经回转喇叭口送向轧机。当轧件需要切头或剪切有缺陷部分时，可扳动手柄 3，通过拉杆 6，回转喇叭口 5 以立轴 13 为中心，向飞剪的滚筒方向回转，使轧件进入滚筒剪切。

松开手柄,在弹簧7的作用下,回转喇叭口恢复原位。此类飞剪由于剪切区刀片不是做手动移动,因而在剪切厚轧件时,剪后轧件端面不平,若作为成品定尺飞剪,以剪切小型型钢和薄板为宜。

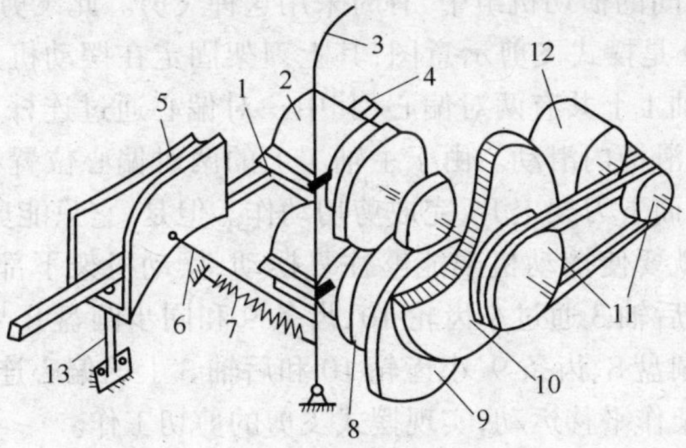

图4-17 简易滚筒式飞剪

1—刀片;2—滚筒;3—手柄;4—轧件;5—回转喇叭口;6—拉杆;7—弹簧;8—齿轮箱齿轮;9—减速器齿轮;10—飞轮;11—皮带轮;12—电动机;13—立轴

4.1.5.4 曲柄回转式飞剪

它的剪切机构由四连杆机构组成,剪刃在剪切区域内作近似的平面运动,并与轧件表面垂直,所以轧件被剪切的断面比较平直。图4-18是曲柄回转式飞剪的结构示意图。飞剪的剪切机构由刀架、偏心套筒和摆杆等组成,刀架1作成杠杆形状,其一端固定在偏心套筒上,另一端则与摆杆2相连,摆杆2的摆动支点是铰链连接在立柱3上。当偏心套筒(曲柄)转动时,刀架作平移运动,固定在刀架1上的刀片能垂直或近似垂直于轧件。在剪切钢板时,可以采用斜刀刃,以便减小剪切力。这种飞剪的缺点是结构复杂,剪切机构的动载特性不良,刀片的移动速度不能太快,一般用于剪切厚度较大的钢板或钢坯。

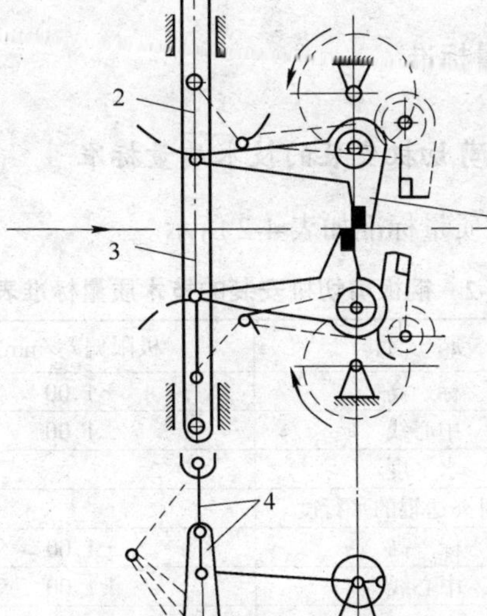

图4-18 曲柄回转式飞剪结构示意图

1—刀架;2—摆杆;3—能升降的立柱;4—空切机构的曲折杆

4.1.5.5　摆式飞剪

在连续式钢板轧钢车间的横切机组中，有时采用这种飞剪。此飞剪的刀片亦作平移运动，剪切板材质量较好。图 4-19 是摆式飞剪示意图，其上刀架固定在摆动机架 4 上，摆动机架 4 支撑在主轴 1 的偏心上，在主轴 1 上共有两对偏心，其中一对偏心通过连杆 7 与下刀架 6 相连，下刀架 6 可以在摆动机架 4 的滑槽内滑动。由于主轴 1 上的两对偏心位置相差 180°，当主轴 1 转动时，上刀架随机架 4 下降，而下刀架上升，完成剪切动作。但是，它只能剪切静止不动的轧件。为了能够剪切运动的轧件，就要使摆动机架能够往复摆动，摆动机架下部与一个偏心连杆铰链连接，偏心轮装在后轴 3 上，后轴 3 通过小齿轮 10、齿条 9 和同步圆盘 8 与主轴 1 相连。当主轴 1 转动时，就可以通过同步圆盘 8、齿条 9、小齿轮 10 和后轴 3 上的偏心连杆，使机架 4 以主轴 1 为中心往复摆动。此时，刀架作平移运动，实现摆式飞剪的剪切工作。

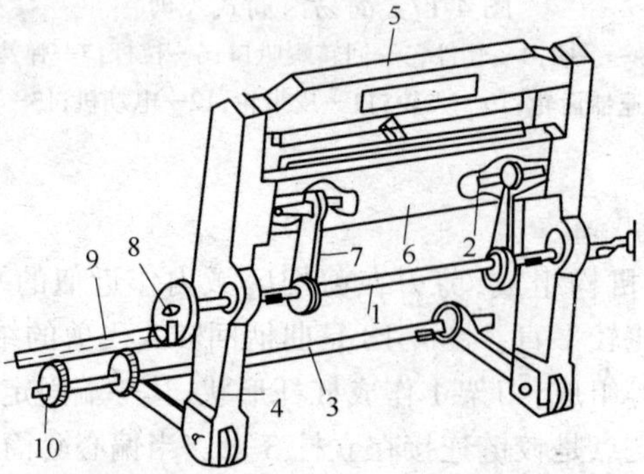

图 4-19　摆式飞剪示意图

1—主轴；2—连杆连接轴；3—后轴；4—机架；5—上刀架；6—下刀架；7—连杆；
8—圆盘；9—齿条；10—小齿轮

4.1.6　剪切机安装的技术质量标准

4.1.6.1　YB9249—93 对钢板剪切机安装的技术质量标准

(1) 钢板剪切机的安装技术质量标准如表 4-2 所示。

表 4-2　钢板剪切机安装的技术质量标准表

名　称	项　目	极限偏差/mm	公　差
斜刃剪	标　高	±1.00	
	中心线	±1.00	
	水平度		0.10/1000
	剪刀对夹送辊的平行度		0.10/1000
圆盘剪	标　高	±1.00	
	中心线	±1.00	
	水平度		0.10/1000
	刀片轴对中心线的垂直度		0.10/1000

(2) 斜刃剪的水平度应在水平剪刀刃上测量。圆盘剪的水平度应在底座上测量。

(3) 圆盘剪刃的端面跳动的允许值如表 4-3 所示。

表 4-3 剪刃端面跳动允许值

带材厚度/mm	端面跳动/mm
≤0.40	0.01
0.60~2.00	0.02~0.03
>2	0.05~0.08

(4) 剪刃轴上若采用轴向间隙可调整的滚动轴承时,则应将其轴向间隙值调整为零,即消除轴向间隙后,轴能自由转动。

4.1.6.2 飞剪机安装的技术质量标准

YB9249—93 对飞剪机的安装技术质量标准作了如下规定:

(1) 飞剪机安装技术质量标准如表 4-4 所示。

表 4-4 飞剪机安装质量标准

名 称	项 目	极限偏差/mm		公 差	
		Ⅰ级	Ⅱ级	Ⅰ级	Ⅱ级
底 座	标高	±0.50	±1.00		
	中心线	±0.50	±1.00		
	与轧制线垂直方向的平行度 出侧底座侧面至机架中心线 两底座间			0.05/1000	0.10/1000
	水平度(单独,连跨)			0.05/1000	0.10/1000
机 架	镗孔剖分面上水平度			0.05/1000	0.10/1000
	镗孔同心度			0.05/1000	0.10/1000
	窗口垂直度			0.05/1000	0.10/1000
	剪刃对夹送辊平行度			0.05/1000	0.10/1000
	机架中心线	±0.35	±1.00		
	机架与底座间接触间隙	用 0.05 mm 塞尺检测,75%接触面不得塞入			
减速机	标高	±0.50			
	减速机与轧制中心线间距	±1.00			
	减速机下底座的水平度			0.10/1000	
	减速机与传动轴中心偏差	±0.50			
夹送辊底座横梁	标高	±1.00			
	中心线(沿轧制方向)	±1.00			
	中心线(夹送辊轴心)	±1.00			
	水平度			0.10/1000	

(2) 圆盘剪刃的端面跳动的允许值如表 4-3 所示。

(3) 斜刃剪的水平度在水平剪刃上测量。圆盘剪的水平度在底座上测量。

YB9249—93 对滚筒式、曲柄回转式、往复摆式飞剪机等的安装规定:

(1) 飞剪机安装精度根据剪切产品的精度可分为两类,例如:Ⅰ级精度:热连轧薄板轧机及冷连轧薄板轧机用的飞剪机；Ⅱ级精度：粗轧机所用飞剪机、中小型带钢及型材飞剪机。

（2）飞剪机的中心线及水平度应以机架窗口为基准，标高应以机架剖分面或窗口下平面为基准。

（3）剪刃间隙、刀片重叠量应符合设备技术文件的规定。

（4）飞剪机的安装应符合表4-4所示的规定。

4.2 锯机

4.2.1 钢材的切断

4.2.1.1 切断方式的选择

轧制后的钢坯或成品，必须切除头、尾、缺陷或切成定尺长度。成品轧件主要的切断方式为剪断或锯切。中型轧机主要采用热锯或热剪。但在下列情况下也采用冷锯或冷剪。如钢材切定尺和取样，某些产品（如鱼尾板，军用扁钢等）交货定尺很短，在轧机后作业线上按倍尺进行热切。在倍尺的基础上用冷剪剪成定尺。

一般说来，钢坯和简单断面型钢采用热剪；切断复杂断面型钢（如工字钢、槽钢、轻轨等）时，要求两端平直整齐，端部不允许变形，应采用热锯锯切。

生产薄板坯时，有的厂用热剪，有的厂用热锯，有的厂则剪、锯联合使用。用剪切机则金属收得率高，不产生锯屑火花，操作环境比较好。但需要单独设置剪切线或飞剪机，设备较复杂。用锯则金属损耗较大，锯屑难处理，增加锯片修磨工作量。但在同时生产型钢的情况下生产薄板坯，用锯并不增加设备，也能满足生产需要，还是可取的。凡是专业生产薄板坯或薄板坯生产量较大的中型轧钢车间，宜设置单独的薄板坯剪切线或飞剪；凡是薄板坯产量不太大的车间，一般采用热锯较好，这样不需增加设备。锯切时为保证质量和安全应注意以下几方面：

（1）保证锯片有足够的冷却水，钢材切头切尾应及时清除掉，以保护锯片。

（2）锯切定倍尺长度时，挡板距离应考虑热钢允许偏差和收缩量1.1%左右。第一条钢锯切后应测量实长并重新调整挡板距离。生产中应经常检查定尺挡板是否松动。

（3）当轧件温度较低时，进锯速度要减慢，防止打坏锯片。

（4）不得使用缺齿、卷口或有裂纹的锯片。

（5）锯片安装不得偏心，以免运转时发生振动。

（6）锯切某些容易淬裂的钢种，锯片不应浇水。

4.2.1.2 轧件的切断温度

轧件热锯切温度应根据轧件终轧温度及运输距离远近来确定，一般锯切温度不应低于700℃。

钢坯在热剪时的温度不应低于800℃，严禁剪切低温钢，以确保剪机不在超负荷状态下工作。

4.2.2 热锯切机的用途及分类

热锯切机（简称热锯机）被广泛地用来锯断非矩形断面的各种型钢、管坯、薄板坯等，主要用于成品的切断（包括切头、切尾）及锯切取试样。

中型型钢车间所用的热锯机主要有 ϕ1500 热锯机及 ϕ1800 热锯机，但大量采用的还是

ϕ1500热锯机。热锯机是按照所用锯片的最大直径命名的。

根据锯片的送进方式，热锯机可分为：摆式热锯机，杠杆式热锯机，滑座式热锯机，四连杆式热锯机

4.2.2.1 摆式热锯机

摆式热锯机(见图4-20)，这种锯占地面积小。但因为是摆动进锯，故锯切行程有限，且刚度差、振动大，现在已不再制造。

4.2.2.2 杠杆式热锯机

杠杆式热锯机(见图4-21)，这种锯结构简单。其缺点是从切口中出屑困难，又不易用水从锯齿中冲掉切屑。故仅适用于生产率低的小型车间，或专用于小端面轧件的取样。

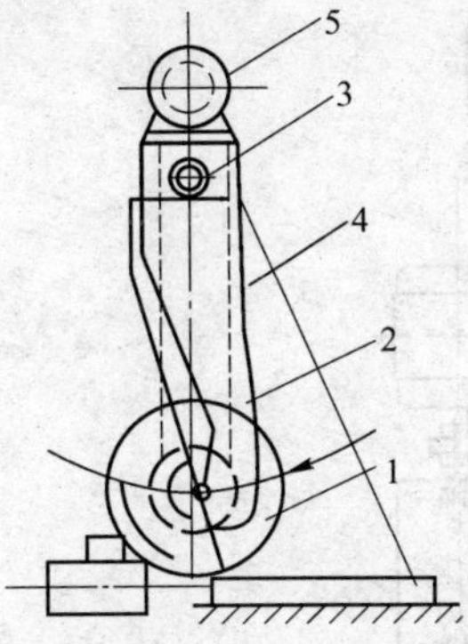

图4-20　摆式锯

1—锯片；2—摆动架；3—摆动轴；4—机架；5—电动机

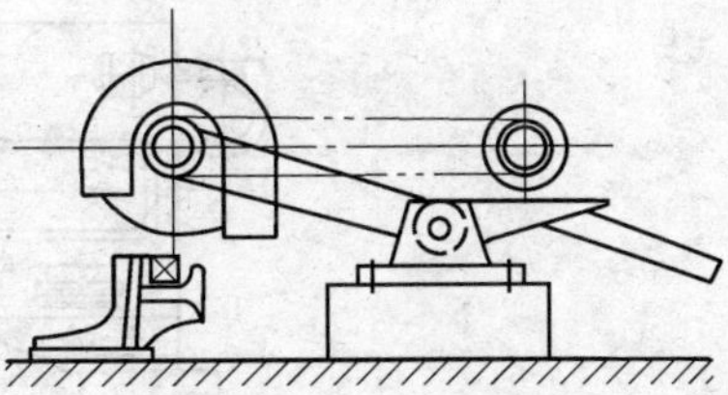

图4-21　杠杆式锯

4.2.2.3 滑座式热锯机

滑座式热锯机的主要特点是(见图4-22)：装有锯片7的上滑台4，可沿装于下滑座3上的滑动—导轨或滚轮向辊道方向移动。与摆式锯、杠杆式锯比较，滑座式锯锯片横向振动小、高效率、行程大而工艺性能好，并且结构比较完善，得到广泛地应用。

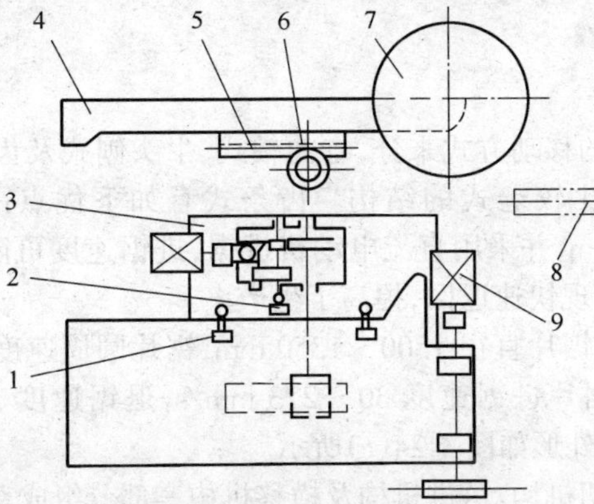

图4-22　滑座式热锯机示意图

1—行程开关；2—行程控制器；3—下滑座；4—上滑台；5—齿条；6—送进齿轮；7—锯片；8—辊道；9—锯片电动机

在滑座式热锯机中又分为具有横移机构的移动式热锯机和没有横移机构的固定式热锯机。

4.2.2.4　四连杆式热锯机

四连杆式热锯机(见图 4-23),这是一种比较新式的锯切机。它的锯片送进方式是采用四连杆式送进机构进行的,由于送进机构的特点,可以保证锯片基本水平送进,因而具有行程大、摩擦小、平稳可靠的优点,它是一个值得推荐的锯切机类型。

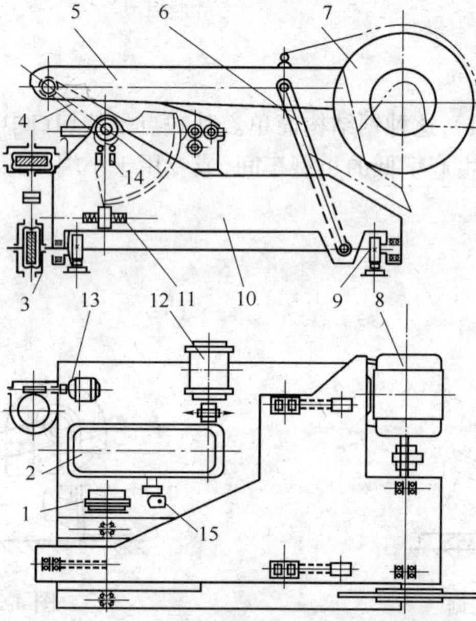

图 4-23　四连杆式热锯机示意图

1—安全联轴器;2—送进减速机;3—蜗轮减速机;4—曲柄;5—锯架;6—摇杆;7—锯片;8—锯片电动机;9—行走轮;10—锯座;11—缓冲器;12—送进电动机;13—横移电动机;14—行程开关;15—行程控制器

4.2.3　热锯机结构及工作原理

中型轧钢车间使用的热锯机主要有四种类型,本节着重介绍滑座式热锯机,并对四连杆式热锯机作简单介绍。

4.2.3.1　滑座式热锯机

滑座式热锯机就上滑台的移动方式来分,有曲轴式、牛头刨式及齿条式。比较起来,前两种行程小、振动大、效率低,是比较老式的结构。齿条式有如下优点:锯片行程由前两种行程 700 mm增加到 1000～1100 mm,并采用直流电动机进锯,进锯速度可随电动机负荷变化而自动调节,达到合理的切削量和实现快速退回,提高了生产率。

齿条式热锯机技术性能:锯片直径 1500～1350 mm,锯片圆周速度 116.2～104.5 m/s,上滑台最大工作行程 1100 mm,锯片进锯速度 30～273 mm/s,退锯速度 300 mm/s,锯机横移速度 54 mm/s,总重为 32.36 t。其外形如图 4-24(a)所示。

滑座式热锯机主要由锯切机构、送进机构及横移机构三部分组成。

A　锯切机构

整个锯盘的传动机构位于上滑台 1 的前部。是由 JS116-4 型,$N = 155$ kW,$n = 1480$ r/min 的交流电动机 12,直接带动锯片 10 旋转。当锯片直径 $D=1500$ mm 时,其圆周速度可达116.2 m/s。

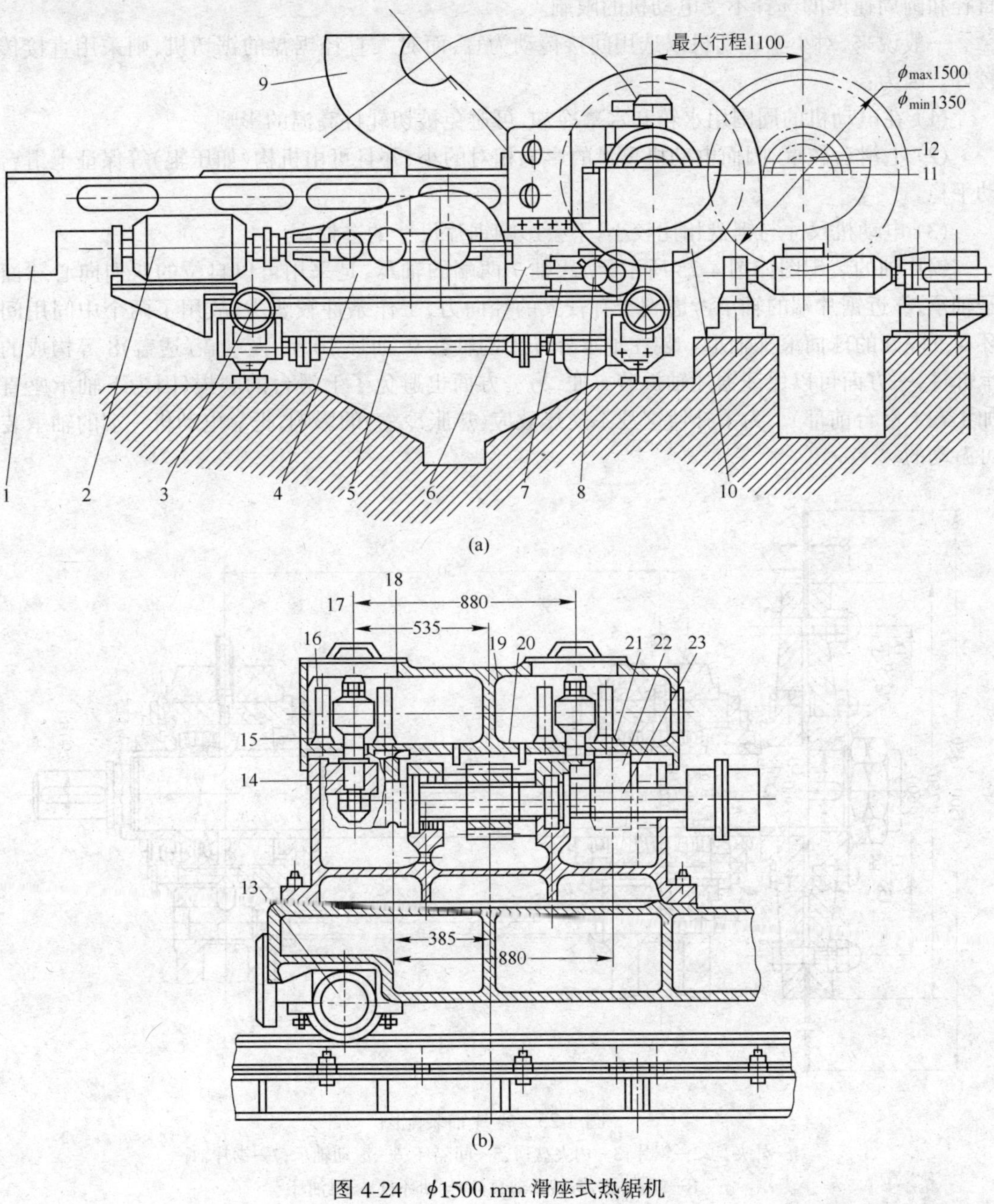

图 4-24 ϕ1500 mm 滑座式热锯机

(a) 外形图;(b) 送进机构剖视图

1—上滑台;2—送进电动机;3—夹轨器;4—送进减速机;5—行走轮轴;6—下滑座;7—横移减速机;8—横移电动机;9—锯片罩;10—锯片;11—水箱;12—锯片电动机;13—被动行走轮;14—压辊轴;15—上滑板;16—上压辊;17—V 形支撑辊;18—V 形滑板;19—送进齿轮;20—送进齿条;21—平滑板;22—平支撑辊;23—支撑辊辊轴

和间接传动(电动机经三角皮带传动锯盘)比较,直接传动的优点是结构简单、工作可靠、传动损耗低、效率高。用间接传动时,皮带本身要损耗,工作不够可靠,还要有张紧装置。但间接传动也有它的优点,如锯盘放在前部,电动机放在上滑台后部,因此上滑台受载均匀,并且可以做得窄些，电动机也不受被切轧件高温的影响。另外由于所需的传速比可通过传动机构来实现，锯片直径和圆周速度的选择不受电动机的限制。

一般说来，对小型锯切机以选用间接传动为宜，而对大直径锯盘的锯切机，则采用直接传动较好。因为：

(1) 在电动机的周围用水箱和水幕冷却，可避免被切轧件高温的影响。

(2) 上滑台较重，因而电动机重量的影响相对的小，并且可由机构(如压辊)等保证上滑台移动平稳。

(3) 电动机尺寸与锯盘相比较小，不会影响锯片尺寸的选择。

锯片轴的装配图如图 4-25 所示，锯片轴 7 两端的轴承，是采用可以自位的双列向心球面滚子轴承，靠近锯片端的轴承考虑到受有较大的径向力，工作条件较恶劣，故用了两个中间用间隔环 4、5 隔开的球面滚子轴承。装在轴承外环上的轴套 9、油环 10、11 及端盖(透盖)8 等构成的轴承部件，一方面可以保证锯片轴拆装方便，另一方面也避免了上滑台的磨损(因为下轴承座直接加工在上滑台前部)。为了补偿锯片不受热效应(热胀冷缩)的影响，把靠电动机一端的轴承装成可游动的。

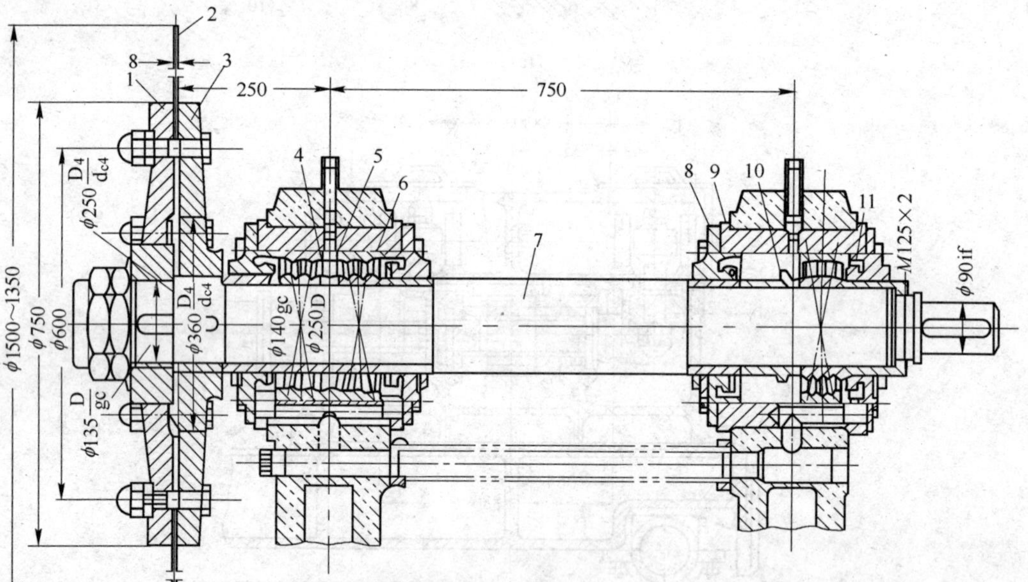

图 4-25 锯片轴装配图

1—外夹盘；2—锯片；3—内夹盘；4、5—间隔环；6—滚动轴承；7—锯片轴；8—端盖(透盖)；9—轴套；10—油环；11—甩油环

锯片轴承采用稀油循环润滑。为了防止稀油溢出和冷却水的进入，使高速旋转的甩油环 11 与不动的轴承端盖 8 构成了"油沟式密封"，如果有油少许溢出，也可由开在端盖下方的孔径管路回收。

为了便于更换锯片，锯片 2 用内夹盘 3，外夹盘 1 装于轴的悬臂端。夹盘的作用是使锯片对准中心，保证锯片平面的平直，消除锯片的轴向振摆，并使锯片与锯片轴牢固连接。

由于锯片轴的转速很高(1480 r/min)，要求转动尽量平稳。因此，当将夹盘和锯片在轴上装好之后，一定要做静平衡实验以保证严格的平衡。其不平衡力矩不得大于 0.3 N·m。静平衡是通过在外夹盘面上的600 mm圆周上钻孔或焊补金属进行。然后,要对内夹盘与相应螺钉做记号,以便以后“对号入座”。

锯片通常是用具有高强度和良好韧性的高锰钢65Mn制成,锯片热处理后的表面硬度为HRC31~35,齿面淬火硬度大于HRC45,对锯片平面要求不平度不大于0.7/1000,径向跳动不大于0.2 mm,锯片偏摆不大于1.9 mm。

为了减小锯齿磨损提高使用寿命,在锯切机工作时,要用低压水冷却锯片和冲去粘在锯齿上的锯屑。为使锯屑和水不四处飞散,并防止锯片可能发生破裂而飞起伤人的事故,锯片都用罩罩起来。

由于锯片轴总挨近红钢,所以锯片轴的轴承座用水冷却,而电动机外面由水幕及水箱降温。

B 送进机构

送进机构是指将上滑台与它上面的锯盘,以一定的送进速度通过轧件并将轧件锯断,滑座式热锯机的送进机构通常是由单独的电动机2、经减速机4,通过固定在下滑座6上的小齿轮19,传动安装在上滑台底面的齿条20,而使上滑台前后移动。[见图4-24(b)]。

为了使上滑台1在下滑座6上滚动,在下滑座上面装有三对支撑辊17、22,每个支撑辊实际上为一内部装有轴承的滚轮。支撑辊辊轴23的两端方头与下滑座上的方槽相配。在上滑台底面两边装有滑板18、21与支撑辊相配。这样整个上滑台即由装于下滑座上的六个滚轮支撑。

上滑台靠近锯片一侧的滑板18做成“V”形的,而与其相配的下滑座的三个支撑辊17则做成带有“V”形槽的。另一侧用平滑板21与支撑辊22相配。由于“V”形槽的导向作用就可以防止上滑台在运动时产生侧向窜动。

为使进锯平稳,并适当减轻上滑台的重量,在上滑台里面装有四对上压辊(滚轮)16,它们分装在4个压辊架上,每对压辊的压辊轴14下端,用螺母分别固定在下滑座上相应孔中。上压辊通过上滑板15,压在上滑台内侧。

C 横移机构

横移机构是使锯切机能够按轧件所需要的不同定尺长度,改变锯与锯之间锯切距离的调整机构。

调节方式是:由设在锯切机下滑座上的电动机,经减速机及前、后蜗轮减速机,传动前、后两个齿轮。由于齿轮和装在轨道内侧的齿条相啮合,使整个锯切机沿导轨横移。为防止锯切机前后窜动,下滑座与导轨接触的滑板制成带有“止口”形式的。由于锯屑的四处飞溅,加上油、水的存在,齿条往往被油泥、铁屑塞满,清除颇难,横移费劲,并易造成齿面磨损。

为了克服以上缺点,近年来,锯切机已采用了车轮式转动的横移机构,由JO-32-6型、N=2.2 kW、n=940 r/min的电动机固定于一级齿轮蜗轮减速机7的箱体上,减速后,通过圆锥齿轮传动至锯切机一侧的轮轴5,则装于该轴两端的两个车轮,就成了可在钢轨上行走的主动轮(而装于对侧两端的行走轮14为被动轮)。为使行走平稳、不前后窜动,锯机前面的两个车轮具有凸缘(主动、被动各一),后两轮为平轮且行走速度较低(54 mm/s)。

该锯切机还设有工作时防止行走轮滚动的夹紧机构——夹轨器。在滑座式热锯机中应用的夹轨器有两种类型。

一种是如图4-26所示的弹簧液压式夹轨器。它在正常工作时,由弹簧1的作用,使夹轨器的两个夹爪2、4紧压在钢轨5头部的两侧。当改变定尺需移动锯切机时,将与夹爪相连的液压缸3通入高压油,使夹紧弹簧压缩,夹轨器的夹爪张开,便可移动锯切机。

另一种是如图4-27所示的手动式夹轨器,结构简单,锯切机的四个夹轨器,分别装在下滑座靠近车轮的外侧座体上。需要夹紧时,只要顺时针转动手轮5,使蜗轮2旋转,则上升的螺杆3将带动左右拉板1张开,使两个夹爪4绕固定在支架7上的销轴8转动,迫使夹爪头部的两个垫块9压紧在钢轨头部的下缘。为了防止回松,装有防松装置。即由装在蜗杆轴(手轮轴)13内的螺杆11,使锁紧销14顶在蜗轮减速机15的箱体上,然后再用手柄12旋紧防松螺母10。为在任何情况下都能保证夹爪夹紧钢轨,把蜗轮减速机的箱体做成可以绕销轴6为中心,在支架中自由转动的自位箱体。

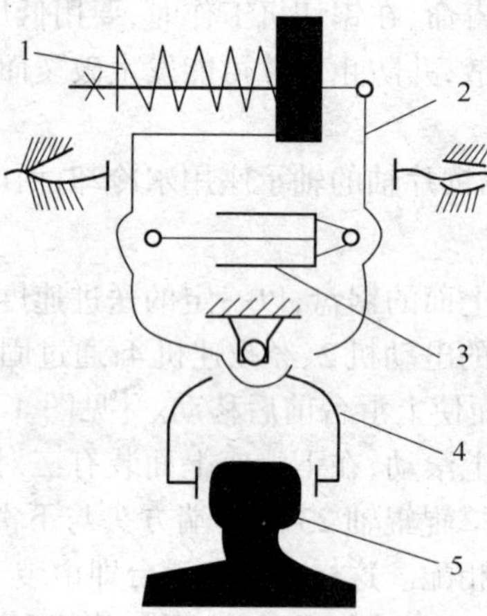

图 4-26　弹簧液压式夹轨器示意图

1—弹簧;2、4—夹爪;3—液压缸;5—钢轨

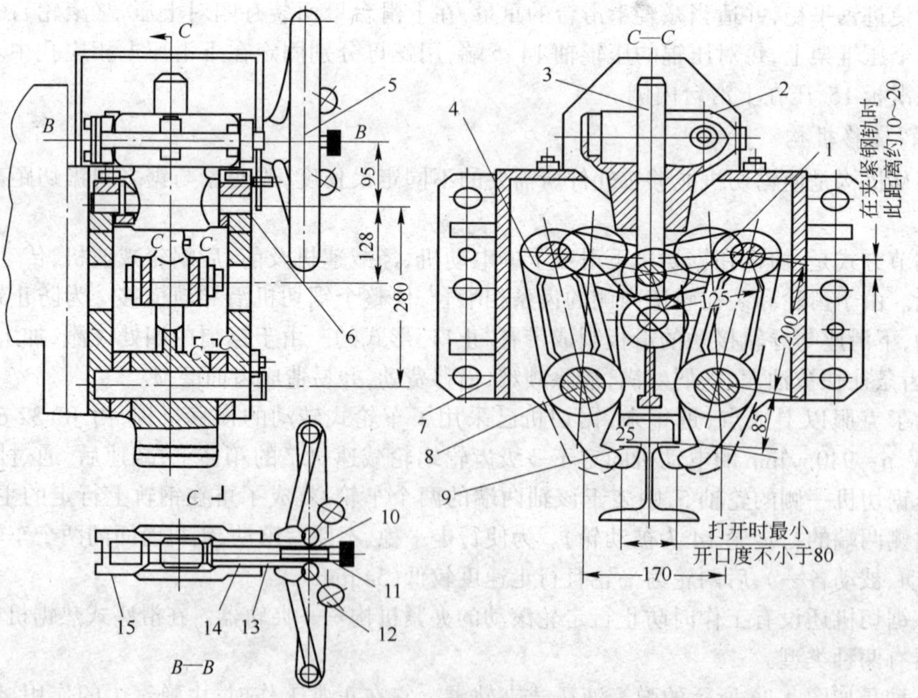

图 4-27　手动式夹轨器

1—拉板;2—蜗轮;3—螺杆;4—夹爪;5—手轮;6、8—销轴;7—支架;9—垫块;10—防松螺母;11—防松螺杆;12—手柄;13—蜗杆轴(手轮轴);14—锁紧销;15—蜗轮减速机

热锯机在安装到钢轨上时，为使夹轨器通过轨面，夹爪的钳口开度应不小于 80 mm。横移减速机为稀油油池润滑，其他轴承为干油集中润滑。

4.2.3.2　四连杆式热锯机

四连杆式热锯机由于送进机构也为滚动摩擦，锯屑不易飞入，因此，近年来得到了应用。下面简略介绍某 ϕ1800 mm 热锯机（见图 4-28）的工作原理（见图 4-23）。

图 4-23 中锯片 7 由固定在锯架 5 上的锯片电动机（交流电动机）8 直接传动。送进机构是由在锯座 10 上的锯片送进电动机（直流机）12，经减速机 2，带动曲柄 4。曲柄固定在锯座上，与锯架 5 铰接。曲柄下端有和它成一体的扇形平衡重锤，以平衡可动系统的重量，减小电能消耗。为了限制锯架的行程（即锯片行程的极限位置）设有电气连锁装置。并在锯座上装有两面带弹簧的缓冲器 11。当锯架在极限位置时，扇形对称的内侧凸缘将靠在缓冲器的挡板上。

为了减轻重量，锯架用钢板焊成。其前端与两根焊接结构的摇杆 6 铰接，而摇杆下端与铸钢锯座 10 相连。为防止水及锯屑落入传动机构中，在摇杆前面以及锯片外面装有防护罩。

沿轨道的横移机构是由交流电动机，经两级蜗轮减速机 3，带动行走轮 9 在轨道上滚动实现的，另一端为从动轮。为防止在锯切时轮子滚动，在锯座左右靠两个后轮的外侧，装有弹簧液压式夹轨器，结构示意图如图 4-26 所示。

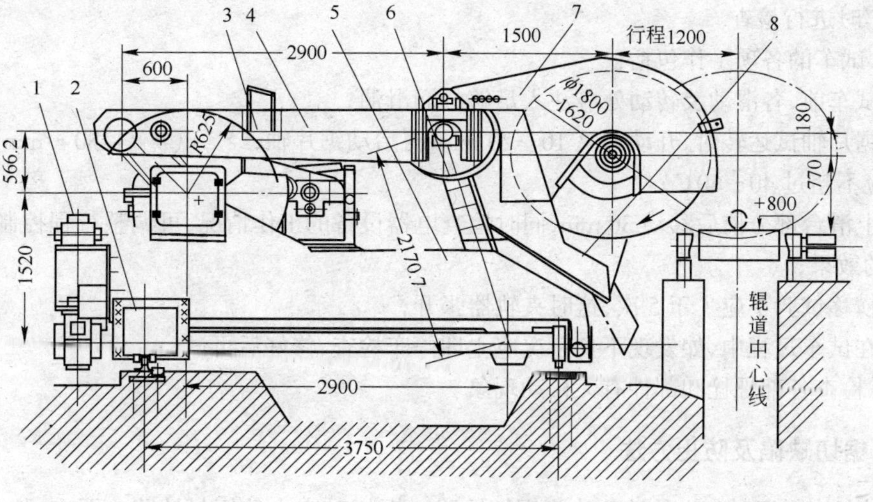

图 4-28　ϕ1800 mm 热锯机

1—横移减速机；2—夹轨器；3—送进减速机；4—锯架；5—锯座；6—摇杆；7—锯片罩；8—防护罩

4.2.4　热锯机的使用、维护及检修

4.2.4.1　热锯机的使用和维护

（1）在起动锯片前 5 min，开动油泵、打开冷却水，检查油流正常后，再起动锯片。在锯片达到稳定转速空转五分钟后，方可进行锯切。

（2）及时更换锯齿磨钝的锯片。如锯片有裂纹时，应立即停车更换。

（3）应经常检查锯片轴的大螺母、夹盘螺栓及接手螺栓是否松动，锯片轴、锯片有无强烈振动和锯身摆动现象，轴向窜动不大于 0.3 mm。

(4) 在工作时,应经常检查锯片轴轴承的温度及轴承润滑油流的情况,锯片轴承的温度不应超过 60℃,而润滑油流的粗细应为 2～3 mm。

(5) 经常检查各减速机的油标,并倾听减速机传动声音是否正常。

(6) 在操作中应时刻注意轧件有无弯头、翘头等现象,避免撞坏锯片。

(7) 在锯片停止转动过程中,不准进锯锯切。在锯片停止转动后,方准停油泵。

4.2.4.2 热锯机的检修

(1) 拆卸时,应在互相配合的机器面上作出明显标志,以免装配时弄错。

(2) 装配前,必须对拆下的工件加以清洗。对油孔、管路等清洗后,用布或木塞堵住,防止尘土进入。

(3) 装配时,一切防油密封装置必须良好。

(4) 装锯片时,不得用大锤敲打锯片。装好之后,应用平衡螺栓进行平衡调整。

(5) 试车前,应仔细检查各个部分和紧固件,特别对锯片安装及夹紧应严格的检查。试车时,非安装调整人员不许靠近运转部分,以免发生事故。

(6) 试车前应盘车一周,检查转动是否灵活和有无被物件卡住现象。

(7) 在全部装配完成后,再安上滑台移动的两个限位位置,调整其行程开关及撞块的位置,并在试车时进行检查。

(8) 试车的各项工作包括:

1) 试车前,各滑动及转动处应注入足够的润滑油;

2) 锯片轴试运转时,开动油泵 10～20 min,再启动锯片轴,经 2 h(n = 1480 r/min)空转,其轴承温升应不超过 40～60℃;

3) 上滑台部分前后移动 30 min,同时检查电器设备的工作情况,可调整行程控制器,检验控制行程的效果;

4) 横移试验不应少于 5 次,这时夹轨器张开;

5) 在试车过程中,如发现不良情况应立即停车检查,修好后再试。

(9) 检查各部螺栓和部件有无松动现象。

4.2.5 锯切缺陷及防止方法

钢材在热锯切时产生的缺陷称为锯切缺陷。锯切时产生的钢材缺陷主要有:斜头、弯头、尖头、扁角以及乱尺等。

4.2.5.1 斜头

斜头就是钢材端部断面与钢材中心线不垂直。在固定式热锯机上,这主要是在锯切时,由于喂料小车的推进,改变了钢材中心线与锯片平面间的交角造成的。这种情况可以借锯台的安装得到调整。锯机安装后,在较长时间内是不动的,而被锯钢材的断面却经常变化着。钢材的断面不同,它们在被送进时所改变的角度也不一样。所以一些产品的斜头就难以避免(但不能超出允许范围)。另外多根钢材一次锯切,使钢材成堆,锯切时锯片的颤动,钢材从成品轧机出来时的弯曲,都是产生斜头的重要原因。

要避免上述情况,就必须掌握好轧制速度与锯切速度的相互配合,以保证锯切的均匀性和条理性,发现锯片颤动要及时更换。

4.2.5.2 弯头

弯头就是钢材端头部分弯曲。一是钢材出轧机后由于轧机本身的原因,形成的头部弯曲,二是出轧机后的钢材在高速运行中,突然撞在定尺机挡板或冷床辊道挡板上所造成的。

要避免这种情况,就要求锯断工及冷床移钢工在操纵地辊时,注意按三角形速度图或梯形速度图进行操作,使钢材在挡板前很快减速,避免撞弯。

4.2.5.3 尖头

尖头就是钢材轧制后自然状态的端部没有被锯掉。造成这种现象的主要原因是:在固定式热锯机上实行多根交错锯切,在轧制速度较高的情况下,有时来不及将每根钢材的端头部分都锯掉。要清除此缺陷,就要求锯断和轧制的配合,锯断工熟练操作,避免多根锯切。

4.2.5.4 扁角

扁角是由于固定式热锯机气动送料装置高速推进,将轧件撞到锯片上而使小规格轧件撞扁了角,这种现象以薄壁角钢最为普遍,特别是锯齿较钝时更严重,在锯切过程中,如发现锯齿磨钝要及时更换,对锯片的厚度也应根据产品断面来选择。

4.2.5.5 乱尺

乱尺就是钢材没有按相等定尺锯断。这主要是由于坯料长度不等,使成品轧件也不相等,造成锯切时无法保证钢材按定尺锯切;另一方面是由于轧机生产能力大于锯机能力时,钢材成堆造成锯切忙乱而产生的。要避免乱尺现象,就要求坯料长度整齐,符合定尺标准要求。调整轧制节奏,适应锯切能力。

在钢材缺陷产生的原因中,轧机生产能力、锯切设备型式、操作好坏等是影响锯切产量和质量的重要因素。在现有设备的情况下,搞好轧制和锯切的配合,热锯切各岗位工的紧密配合、提高锯切操作技术水平,缩短锯切周期、提高设备的维护和检修质量,定能提高锯机的锯切产量和质量,以适应轧机的生产能力。

4.3 矫直机

4.3.1 矫直机的用途及类型

轧件在轧制、剪切、运输等生产过程中,往往会发生弯曲。在某些情况下,冷却过程中还会产生弯曲。为了获得最后光滑平整的板材和具有正确几何形状的型材,在轧钢车间精整工段里一般都设有矫直各种轧件的机器,这种机器称作矫直机。

矫直机的类型很多,用于型钢和钢板生产的矫直机可以分为压力矫直机、辊式矫直机和张力矫直机三种,对于钢管和矫直质量要求较高的圆管坯,一般都采用斜辊式矫直机。

4.3.1.1 压力矫直机

压力矫直机有立式[见图 4-29(a)]和卧式[见图 4-29(b)]两种。

立式压力矫直机实际上是一个曲柄滑块机构,将轧件的弯曲部分放在两个固定支点上,当上压头向下运动时,轧件弯曲部分就会产生适量的弹塑性弯曲变形而得到矫直。这种矫直机是在轧件弯曲部分的凸面向上放置时进行矫直的。如无翻钢装置,则操作工人的劳动强度较大。

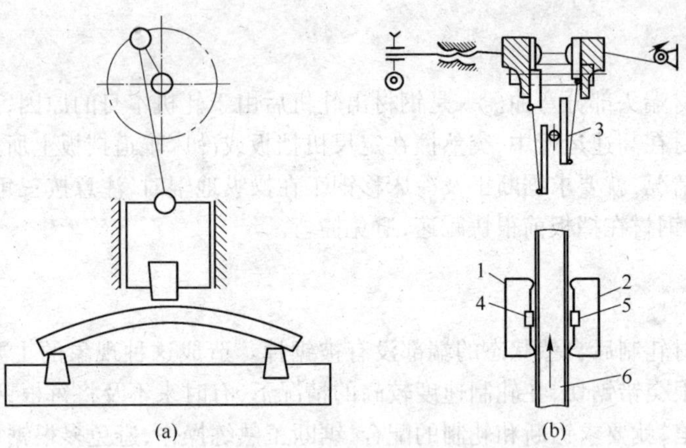

图 4-29　压力矫直机结构示意图

(a) 立式压力矫直机；(b) 卧式压力矫直机

1、2—压板；3—齿轮齿条机构；4、5—压块；6—轧件

卧式压力矫直机是一个水平放置的曲柄滑块机构，它不需要翻钢，故改善了劳动条件。在矫直时，压板 1 是固定不动的，压板 2 则通过曲柄机构进行连续的往复运动。在压板 1 和 2 的槽中，分别装有压块 4 和 5，齿轮齿条机构 3 可以使压块 4 下降，以压板 1 两端的凸起部分为固定支点，在压块 5 的作用下矫直轧件；如果压块 4 升起，则压块 5 下降，以压板 2 两端的凸起部分为固定支点，在压块 4 的作用下矫直轧件。压板 1 的原始位置，可以根据轧件的大小，通过蜗杆蜗轮和螺丝螺母机构进行调整。

压力矫直机的主要缺点是生产效率低，一般用在型钢和钢管车间，作为辅助的矫直装置。当轧件通过辊式矫直机后，还存在局部弯曲时，就在压力矫直机上进行补充矫直。压力矫直机可以矫直大型钢梁、钢轨以及直径 200～300 mm 的钢管。

4.3.1.2 辊式矫直机

辊式矫直机有两排交叉布置的工作辊（见图 4-30），弯曲的轧件在旋转着的工作辊之间作直线运动，经过工作辊的多次弯曲而得到矫直。由于轧件能以较高的速度在运动过程中进行矫直，生产率较高，且易实现机械化，故辊式矫直机在型钢和钢板车间得到了广泛的应用。

为了使轧件得到适量的弹塑性变形，辊式矫直机的上排（或下排）工作辊是可以调整的。工作辊的调整可分为以下几种类型：

(1) 每个上辊可以单独调整的矫直机[见图 4-30(a)]。这种调整方式能使工作辊根据需要进行较灵活的调整，但其结构复杂。它主要用于工作辊数目不多而辊距较大的矫直机上，如型钢矫直机等。

(2) 沿高度可以总的调整上辊的矫直机。它的上排辊子固定在一个总的可平行升降的横梁上[见图 4-30(b)]，其结构比较简单。其主要缺点是，在出口端辊子有压下量，使钢板出矫直机时又产生弯曲。这对于矫直厚板很不利，所以一般用于粗矫薄板。

(3) 前后导向辊可以单独调整的矫直机[见图 4-30(c)]。这种矫直机的前后导向辊可以调整得比其他辊子高一些，使钢板端部引到水平面上，清除了上述缺点，它广泛用于矫直中板和厚板。因为这种机构第一个辊子与其他辊子间的辊距较大，所以不适用于矫直薄板。

(4) 具有成对导向辊的矫直机。它在入口处或在入口及出口处装有一对主动的导向送料辊,其上辊靠弹簧力把钢板紧紧地压向下辊[见图 4-30(d)]。为了防止钢板在矫直时折叠,入口导向辊的圆周速度比矫直辊速度小些,而出口导向辊的圆周速度则稍微大些,或者等于矫直辊的速度。这种矫直机用于矫直厚度小于 3 mm 的薄板。

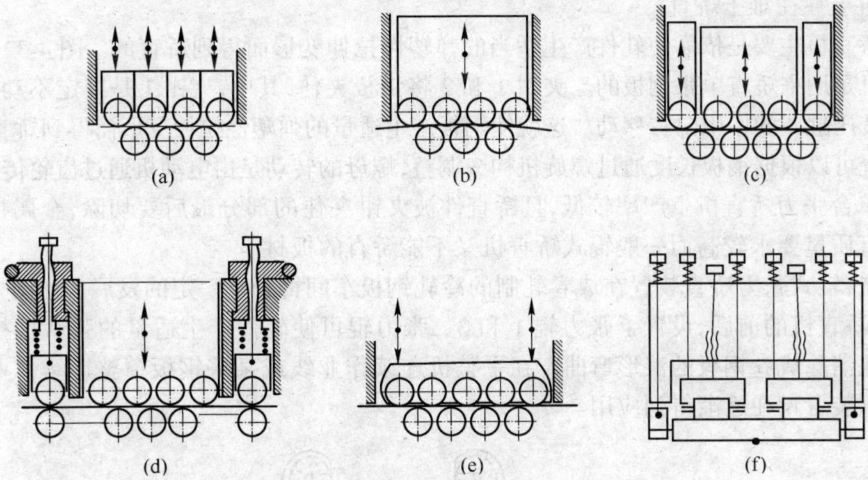

图 4-30 各种钢板矫直机简图

(a) 每个上辊可以单独调整的;(b) 沿高度可以总的调整上辊的;(c) 前后导向辊可以单独调整的;(d) 带成对导向辊的;(e) 上排辊子相对矫直方向能够调整倾斜度的;(f) 可调工作辊挠度的

(5) 上排辊子相对矫直方向能够调整倾斜度的矫直机[见图 4-30(e)]。上工作辊整排地固定在一个可以倾斜的横梁上,主要优点是使轧件的弯曲变形能够随着轧件的移动而逐渐减小,即在最初一组辊子中轧件的弯曲变形大,以后逐渐减小。倾斜调整符合轧件矫直时的变形特点。它广泛用于矫直 4 mm 以下的薄板。近年来,在中厚板辊式矫直机上也逐渐利用这种调整方式。

(6) 可调整工作辊挠度的矫直机[见图 4-30(f)]。它的每个工作辊都有一个或几个较短的支承辊及其相对工作辊上升和下降的调整机构。因为它能够消除钢板上的局部波纹和凸起,所以被广泛地用来矫直薄板。

4.3.1.3 斜辊式矫直机

对于钢管和矫直质量要求较高的管坯,一般都采用斜辊式矫直机。这种矫直机与辊式矫直机相似,其不同点是,两排工作辊的轴线在空间交叉,即辊子是斜着排列的,并且工作辊具有双曲线或某种空间曲线的形状。当工作辊旋转时,轧件除了有前进的运动外,还有旋转运动,因此被矫轧件在辊子之间进行多次弯曲,不断地改变自己的方向,这样就完成了普通矫直机所不能做到的轴线对称的矫直,如图 4-31 所示。

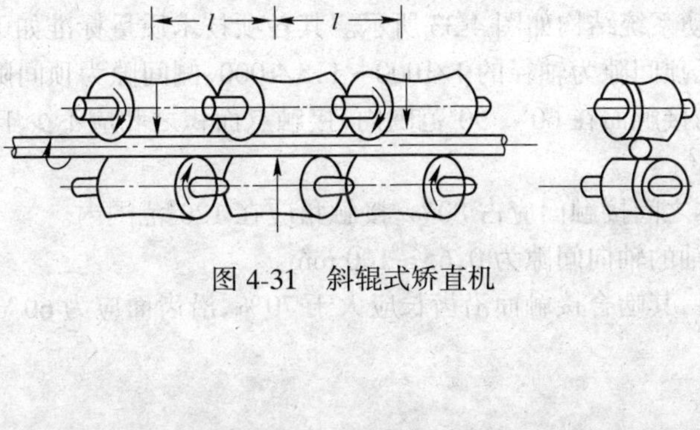

图 4-31 斜辊式矫直机

4.3.1.4　张力矫直机

张力矫直机主要用来矫直厚度小于 0.3～0.6 mm 的薄板和某些有色金属板材，这些轧件在辊式矫直机上往往难于矫直。

张力矫直机主要是依靠使轧件产生适当的弹塑性拉伸变形而得到矫直的。图 4-32(a)所示的张力矫直机是用来矫直单张钢板的。夹钳 1 和 2 将钢板夹住，其中，夹钳 1 是固定不动的，夹钳 2 则可通过液压缸 4 的作用向右移动。这就使钢板产生适量的弹塑性拉伸变形而得到矫直。夹钳 1 的原始位置可以根据钢板长度通过螺旋机构 3 调整，螺母的转动是由电动机通过齿轮传动的。

由于单台张力矫直机生产率较低，且矫直件被夹钳夹住的部分最后要切除，金属损耗大，故只用于矫直质量要求较高而一般辊式矫直机又不能矫直的板材。

近年来，辊式张力矫直装置在成卷轧制的冷轧钢板车间得到了一定的发展。如图 4-32(b)所示，在辊式矫直机的前后，设置了张力辊 1 和 3。张力辊可使轧件产生适量的弹塑性拉伸变形，以便更好地消除成卷钢板的浪形弯曲。在平整机连续作业线或某些钢板精整连续作业线中，这种张力矫直装置正在逐渐得到应用。

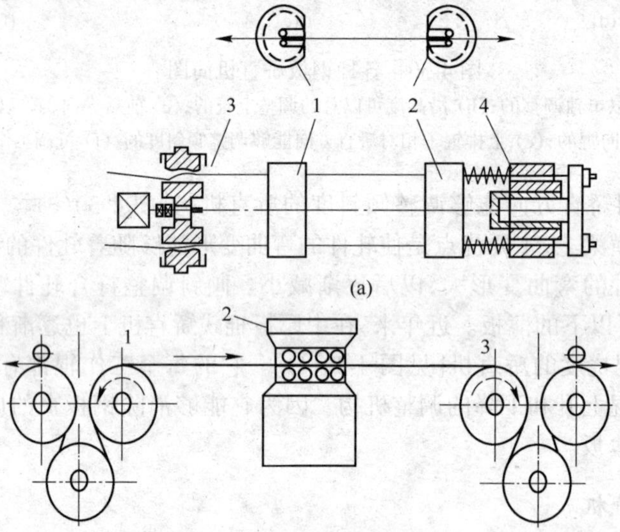

图 4-32　张力矫直机机构简图

(a) 矫直单张钢板的张力矫直机：1、2—夹钳；3—螺旋机构；4—液压缸

(b) 辊式张力矫直机：1、3—张力辊；2—辊式矫直机

4.3.2　矫直机装配、安装技术质量标准

3250 矫直机主传动系统结构如图 4-33 所示。其各项技术质量标准如下：

(1) 主减速机轴瓦顶间隙为轴径的 1/1000～1.5/1000，侧间隙为顶间隙的 1/2。

(2) 轴颈与轴瓦的接触面在 60°～90°范围内，接触点面积之和应不少于接触面的 80%，且接触点应为(3～5)点/cm^2。

(3) 轴瓦背与瓦体之间接触面应占 80%，接触角应在 120°范围内。

(4) 三、四级齿轮轴的轴向间隙为 0.65～1.0 mm。

(5) 齿啮合结合后，其啮合接触面沿齿长应大于 70%，沿齿面应为 60%。

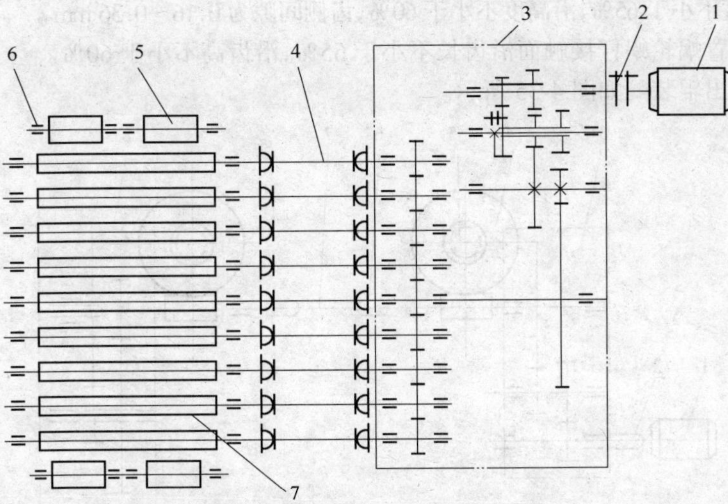

图 4-33 3250 矫直机主传动系统结构示意图

1—电动机;2—联轴器;3—减速齿轮箱;4—万向接轴;5—支撑辊;6—输入输出辊;7—工作辊

(6) 齿轮的水平度误差不得大于 0.06 mm/m,低速轴和与其啮合的齿轮轴两条中心线的平行度误差不大于 0.06 mm。

(7) 高速轴定心的同轴度误差,径向和轴向均不大于 0.05 mm。

(8) 输入轴齿轮和与其啮合的齿轮侧间隙为 0.12 mm,其余各级的侧间隙为 0.12~0.16 mm。

(9) 矫直机工作辊及支撑辊的轴瓦技术质量要求同上述(2)、(3)条。

(10) 矫直机工作辊的水平度误差不大于 0.06 mm/m。矫直辊中心偏斜不大于 0.02 mm/m。

(11) 上、下工作辊由于动不平衡质量引起的振幅值不大于 15 μm。

(12) 升降装置的蜗杆轴轴向窜动量不大于 1.20 mm。

(13) 齿轮箱盖与齿轮机壳接合面及其地脚与台板结合面应刮研接触良好。整个箱体封闭后不得有漏油现象。

(14) 3250 矫直机压下装置传动结构如图 4-34 所示。压下减速装置轴承间隙应为 0.10~0.15 mm,

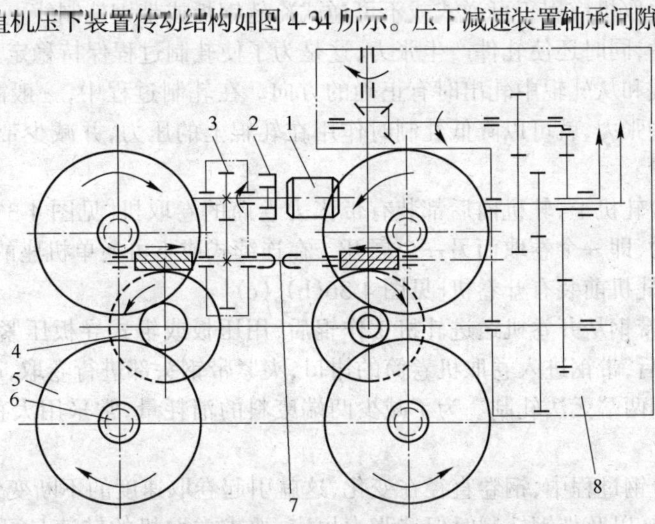

图 4-34 3250 矫直机压下装置传动结构示意图

1—电动机;2—联轴器;3—减速箱;4—蜗轮蜗杆传动;5—减速箱分配齿轮装置;
6—螺纹丝杆;7—滑动接手及传动杆;8—指示系统

齿啮合接触面长度不小于65%，沿高度不小于60%，齿侧间隙为0.16～0.36 mm。

(15) 压下装置蜗轮蜗杆接触面沿齿长不小于65%，沿齿高不小于60%。

(16) 输入输出辊装配如图4-35所示。

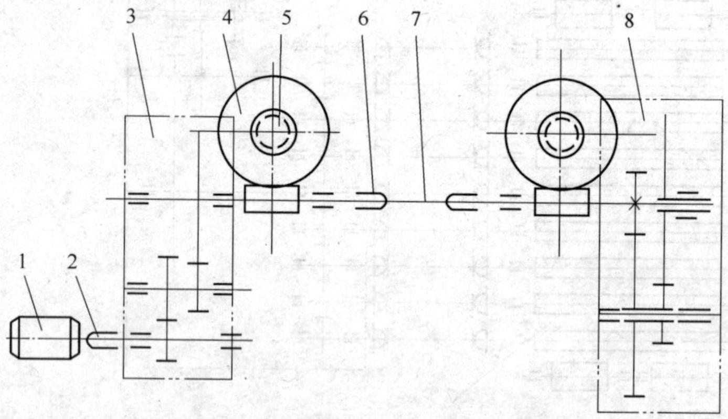

图4-35　3250矫直机输出输入辊调整装置示意图

1—电动机；2—联轴器；3、5—减速箱；4—蜗轮蜗杆装置；6—万向接手；7—连杆；8—指示系统

4.4　卷取机

卷取机主要用来将长轧件卷绕成盘卷或板卷。在现代化的冷轧带钢车间里，卷取机还广泛用于剪切、酸洗、修磨后抛光热处理、镀锡和镀锌等机组中。

卷取机的类型很多，按其用途和构造可分为三种形式：

(1) 带张力卷筒的卷取机，通常是在冷状态有张力的条件下卷取钢板或带钢；

(2) 辊式卷取机，用于热卷、冷卷钢板和带钢；

(3) 线材和小型型钢卷取机。

4.4.1　带张力卷筒的卷取机

带张力卷筒的卷取机应用于可逆式或不可逆式冷轧钢板或带钢轧制线上。这种卷取机不但用于卷取(展开)轧件，同时还使轧件产生张力，这是为了使轧制过程保持稳定，使板卷卷得更紧，并使轧件在喂入轧辊和从轧辊中轧出时有正确的方向。在轧制过程中，一般需要保持有前张力和后张力。依靠这些张力，就可以降低轧制时作用在轧辊上的压力，并减少带钢翘曲现象，有利于提高带钢表面质量。

在单机座可逆冷轧机上，轧机前后都装有带张力卷筒的卷取机[见图4-36(a)]，它们交替地成为主动的或从动的，即一个卷取而另一个展开。在连续式或不可逆单机座的冷轧机上，仅在轧机后部装有卷取机，轧机前装有开卷机[见图4-36(b)、(c)]。

当轧第一道时，带钢从开卷机送进轧机工作辊后，用压板或辊式导板压紧带钢，产生不大的后张力进行轧制；然后，带钢进入卷取机卷筒的钳口，夹紧带钢头部进行卷取，产生前张力。可逆式冷轧的缺点是带钢两端无法轧制。为了减少两端废料的消耗量，常采用大直径的钢卷或在带钢两端焊接引带。

卷取机在卷取带钢过程中，钢卷直径在变化，这就引起卷取速度的不断变化。为了使卷取速度与轧制速度相适应，以及带钢轧制时保持张力恒定，要求卷取机的转速是可调的，调速范围应适应轧制速度变化和钢卷直径变化，为此，一般采用可调速的直流电动机传动。近年来，还出现了液压传动的卷取机。由于油马达具有较快的调速性能，采用液压传动，对于高速轧制有重要意义。在一些小的单机座不可逆冷轧机上的卷取机，也有采用交流电动机的，此时，在传动装置中采用摩擦片或皮带轮等摩擦传动方法实现调速，这是在扭矩基本不变的情况下进行调速，这种调速方法的缺点是不能保持恒张力及摩擦片容易磨损，优点是设备简单，投资少。

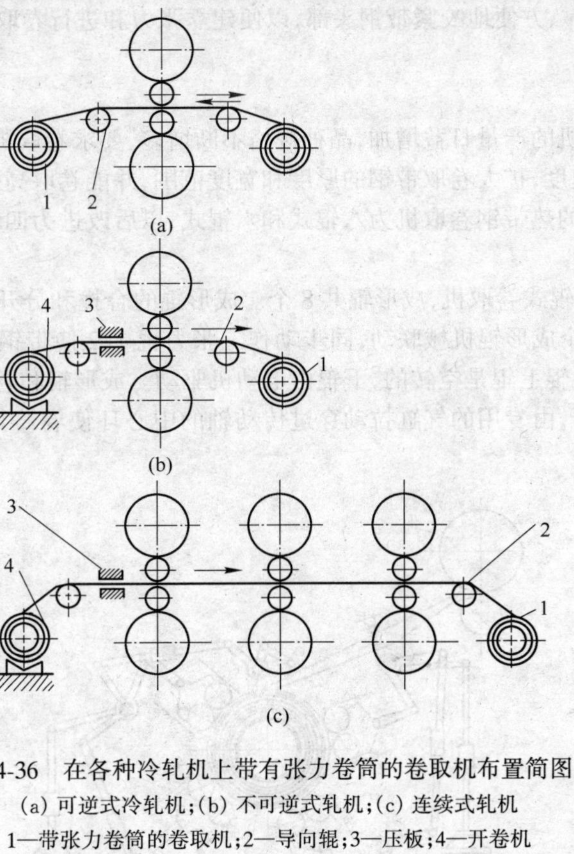

图 4-36 在各种冷轧机上带有张力卷筒的卷取机布置简图

(a) 可逆式冷轧机；(b) 不可逆式轧机；(c) 连续式轧机

1—带张力卷筒的卷取机；2—导向辊；3—压板；4—开卷机

在轧制结束后，钢卷要从卷筒上卸下来，因此，卷取机卷筒必须做成悬臂式的。但是，卷筒是在很大张力下卷取带钢的，这样卷筒轴就要承受很大的负荷(包括卷筒重量，带钢卷重量，弯曲带钢和张力所引起的力矩等)。为了保证卷筒轴的刚度和强度，减少卷筒轴的弯曲，除了增大卷筒轴尺寸外，一般在卷筒的自由端安装可以转动的支架。当卷取带钢时，支架支承着卷筒的自由端；而在卸卷时，则支架转向一旁，不妨碍卸卷。卸卷时，用推卷机或带卸卷小车的推卷机，将钢卷从卷筒推出，然后运走。图 4-37 为推卷机简图，它由液压缸 1 和推板 3 组成。推卷机一般都设在卷筒下方，它的行程由极限开关控制。推板本身是一个小车，可沿着平行于卷筒的轨道往返运行，实现推卷工作。

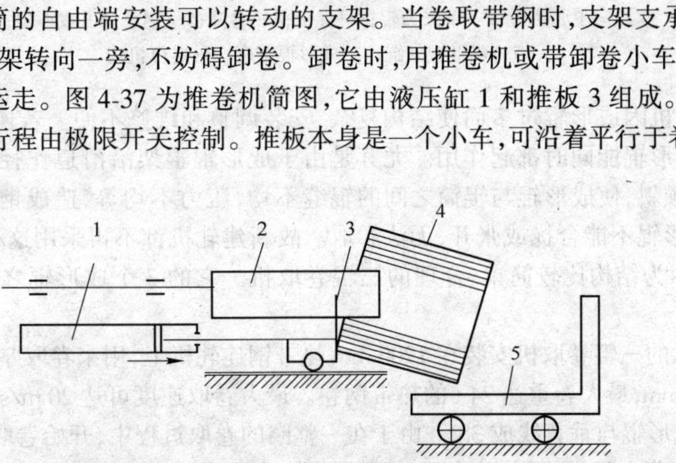

图 4-37 推卷机简图

1—液压缸；2—卷筒；3—推板；4—钢卷；5—运卷车

综上所述，冷轧带钢生产工艺对卷筒式卷取机提出的要求是：

(1) 卷取机要具有一定的调速范围，保证卷取速度和轧制速度相适应。

(2) 卷取机的卷筒要具有一定的强度和刚度，有的还需要有胀缩装置，以便卸卷。

(3) 卷筒要能牢靠、方便地咬紧带钢头部，以便建立张力和进行卷取。

4.4.2 辊式卷取机

由于热带钢连轧机的产量日益增加，品种规格不断增多，要求卷取机能卷取紧密而整齐的钢卷，提高咬入和卷取速度，扩大卷取带钢的厚度和宽度范围，并能卷取高强度合金钢，并在较低温度下卷取。早期设计的热带钢卷取机为八辊式和六辊式，以后改进为四辊式、二辊式及三辊式卷取机。

图4-38所示为八辊式卷取机，成形辊共8个。成形辊的合拢和分开，由两个气缸7驱动，并通过连杆系统9使8个成形辊机械联动，同步动作。张力辊1、2使带钢经导板3进入卷筒4与成形辊6的空间，张力辊上辊是空转的，下辊由电动机驱动。成形辊和卷筒均由电动机驱动。卷取终了时，成形辊张开，由专用的气缸拉动穿过传动轴的中心环使卷筒直径缩小，然后用推卷机将钢卷沿轴向推出。

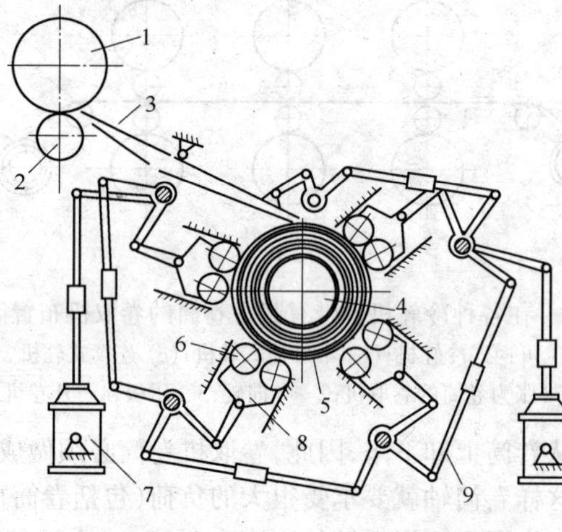

图4-38 八辊式卷取机结构简图

1—上张力辊；2—下张力辊；3—导板；4—卷筒；5—钢卷；6—成形辊；
7—成形辊气缸；8—成形辊支座；9—连杆机构

八辊式卷取机因成形辊过多而使结构复杂，安装调整和维修不便。若连杆系统稍有磨损，就难于保证所有成形辊能同时都起作用。尤其是由于成形辊辊架沿滑道作径向滑动，磨损后滑道间隙变大，辊子倾斜，使成形辊与辊筒之间的辊缝不均，压力不均等，造成钢卷变形，甚至辊架卡在滑道内，使成形辊不能合拢或张开，无法卷取。故新建轧机都不再采用这种形式。

图4-39所示为结构比较简单、合理的三辊卷取机。它的3个成形辊之间的夹角相等，为均匀分布形式。

图4-40所示的三辊卷取机安装在1700 mm热带钢连轧机上，用来卷取厚度为1.2～10 mm，宽度为750～1550 mm，最大卷重达24 t的热带钢卷。最大卷取速度可达20 m/s。成形辊的布置如图4-40所示，1号成形辊与垂直线成38°。由于在一整圈的卷取过程中，开始卷取时较困难，随后逐渐容易卷取，即主要靠1号辊成形，其次是2号成形辊，使带钢弯曲成形。3号成形辊只起导向和克服弹性变形的作用。所以1号和2号成形辊相距较近，其夹角为82°，2号和3号成形辊相距较远，

其夹角为120°。3个成形辊顺着卷取方向，由密到疏分布，较通常的均匀分布形式更为合理。

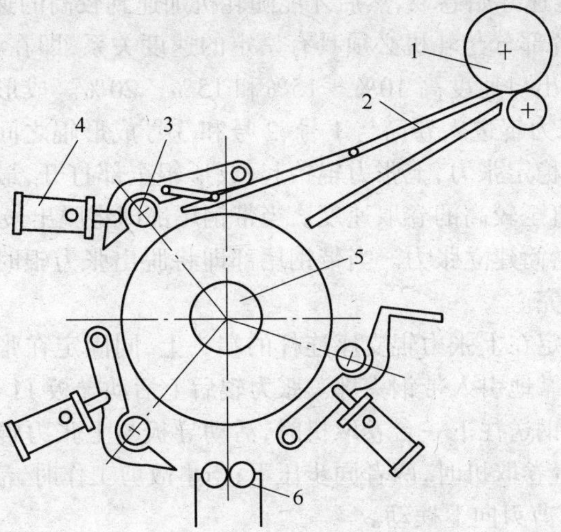

图 4-39 三辊式卷取机结构简图

1—张力辊；2—导板；3—成形辊；4—气缸；5—卷筒；6—卸卷小车

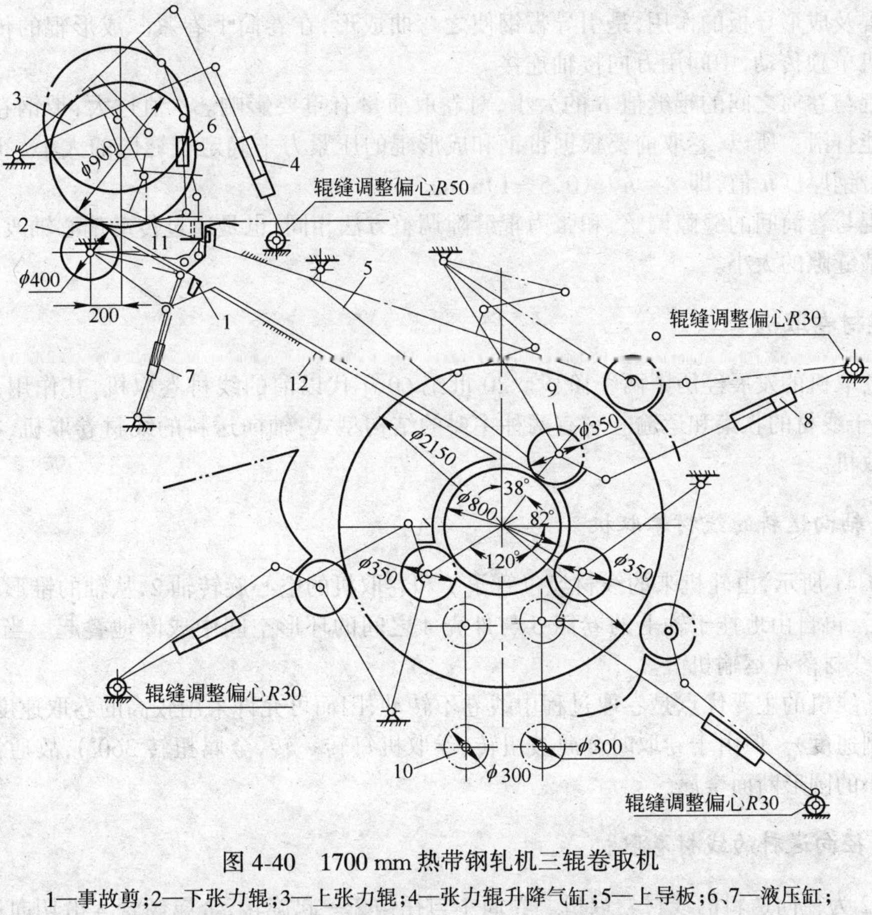

图 4-40 1700 mm 热带钢轧机三辊卷取机

1—事故剪；2—下张力辊；3—上张力辊；4—张力辊升降气缸；5—上导板；6、7—液压缸；8—气缸；9—成形辊；10—卸卷小车；11—活动导板；12—前导板卷取机由张力辊及送料导板、事故剪、成形辊及成形导板、卷筒及其移出机构等组成。卷取时，首先以 8～11 m/s 的低速开始卷取，然后才能随轧机加速到较高的速度。为使带钢顺利咬入和建立张力卷取，卷取机各部分与轧机必须具有一定的速度关系，即在卷取前，张力辊的线速度应分别比最后一架精轧机出口速度高 10%～15% 和 15%～20%。成形辊的线速度应比卷筒的线速度高 50%。带钢经张力辊进入卷筒与 1 号、2 号和 3 号成形辊之间的缝隙，紧绕在卷筒上。待卷 3～5 圈后，卷筒建立稳定张力，上张力辊抬起，成形辊全部打开，最后一架精轧机与卷筒直接建立张力并开始加速，直至较高的卷取速度。当带钢尾部即将脱出最后一架精轧机时，上张力辊重新压下，使张力辊与卷筒建立张力。当带钢尾部即将脱出张力辊时，成形辊又全部合拢，压向钢卷，降速卷取，直至卷完。

张力辊前上导板 5 固定在上张力辊支座连杆的端头上，同固定在张力辊和辊道间的前下导板 12 构成喇叭口，以便可靠地引入带钢头部。张力辊后上活动导板 11 与上张力辊支座连接，与上张力辊机械联动。当带钢送往下一台卷取机时，活动导板与上张力辊在升降气缸 4 的作用下同步抬起；当带钢进入这台卷取机时，两者同步压下；当事故剪工作时，活动导板又在单独液压缸 6 作用下，配合事故剪的下剪刃向上摆动。

事故剪是一台下切式液压剪切机，上刀片固定在机架上。下刀座的一端同滚动轴承铰接在下张力辊的辊颈上，下刀座的下方与液压缸 7 的活塞连接。在液压缸的作用下，下刀座上下摆动实现剪切。在卷取过程中，下刀座作为张力辊后下导板。

成形辊及成形导板的作用，是引导带钢使之弯曲成形，在卷筒上卷紧。成形辊的传动，都是采用电动机单独传动，中间用万向接轴连接。

成形辊与卷筒之间的辊缝值 δ 的大小，对卷取质量有重要影响。δ 值过大，带钢卷得不紧，头几圈可能打滑。所以，卷取前要根据带钢和成形辊的压紧力来确定辊缝值的大小。通常 δ 值应略小于带钢厚度 h 值，即 $\delta = h-(0.5\sim1)$mm。

成形辊与卷筒间的缝隙调整，和张力辊缝隙调整方法相同，也是通过传动偏心轴改变气缸的位置来调整缝隙的大小。

4.4.3 线材卷取机

线材卷取机的发展经历了两个阶段。20 世纪 60 年代以前的线材卷取机，其作用是单纯的打卷，以便于线材的收集和运输。它有两种主要的结构型式：轴向送料的线材卷取机，径向送料的线材卷取机。

4.4.3.1 轴向送料的线材卷取机

如图 4-41 所示，由轧机来的线材经过管子 1 和卷取机的空心旋转轴 2，从轴的锥形端的螺旋管 3 出来后，再自由地挂于轴上的卷筒 5 与外壳 4 之间的环形空间中成圈地叠起。当打开门 6 后，卷好的线材落在运输机上。

这种卷线机的主要优点是卷取过程中线卷不转动，因而可允许采用较高的卷取速度（即允许较高的轧制速度）。但由于卷取时金属被扭转（卷取机每转一转，金属扭转 360°），故通常用于卷取直径较小的圆形断面金属。

4.4.3.2 径向送料的线材卷取机

图 4-42 为径向送料的线材卷取机。卷筒 1 与托钩 2 一起旋转，金属经管 3 沿切向进入卷筒与外壳 4 之间的环形空间。卷取时，外壳支在托钩上一同旋转。卷取终了，卷取机停止，在曲柄

机构 5 的作用下使辊子支架 6 升起，托钩被掀向卷筒内侧，外壳 4 落在圆锥座 7 上，从而使成品卷落在运输机上。在下一次卷取开始前，卷取机加速到稳定速度。

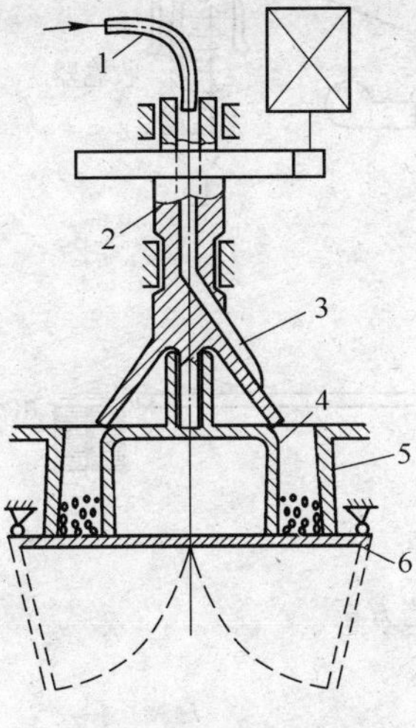

图 4-41 卷筒不旋转的线材卷取机

1—管子；2—旋转轴；3—螺旋管；4—外壳；5—卷筒；6—门

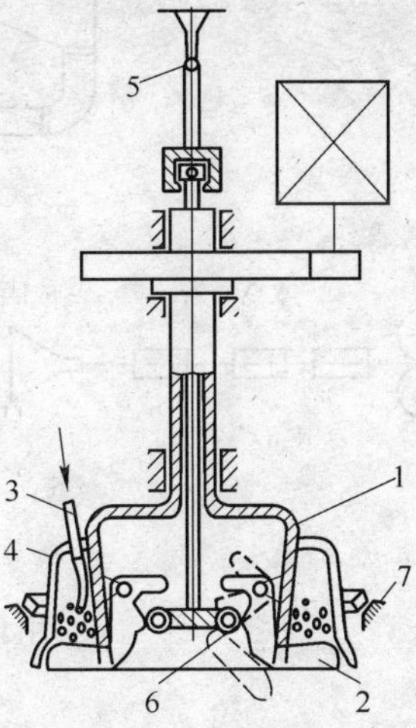

图 4-42 卷筒旋转的小型钢材卷取机简图

1—卷筒；2—托钩；3—管子；4—外壳；5—曲柄机构；6—辊架；7—圆锥座

拉丝生产对其原料——热轧线材的要求是：

(1) 氧化铁皮少，且易于去除，从而缩短拉丝前的酸洗时间和耗酸量；

(2) 强度高；

(3) 线材在全长上具有均匀的机械性能，从而保证线材制品在全长上的机械性能的均匀，拉拔性能良好，不致在拉拔时产生断裂现象；

(4) 高的断面收缩率及延伸率。

随着线材轧机轧速的不断提高，盘重增大，线材的卷取温度高达 1000℃左右，此时若依照旧的卷取工艺，用老式卷取机卷取，将产生下列严重的不良后果：

(1) 由于盘重大，成卷的线材因缓冷而产生大量的氧化铁皮，而且是难于溶解的 Fe_3O_4，给酸洗带来很大的困难。

(2) 由于盘条是堆成团的，在高温下冷却后，内、外圈的冷却速度相差很大，沿长度方向的机械性能有差异，显微组织不均。高碳钢更为严重。

(3) 冷却后铁素体晶粒粗大，机械性能差。高碳钢一般不直接使用，而是经冷拔、冷轧成绳钢丝、弹簧钢丝、焊条钢丝，故冷加工性能特别差。

为了避免上述弊病，20 世纪 60 年代在线材生产中实现了控制冷却的新工艺。它是将精轧机轧出的线材，从终轧温度迅速强制冷却到一定程度而获得全长上性能基本均匀的索氏体线材。这一工艺省去了旧式工艺的中间热处理工艺程序。此外，由于急冷产生的氧化铁皮很少，并且是易溶于酸的 FeO，因此，现代线材卷取机所完成的工序已超出旧式线材卷取机单纯打卷的功能，它与其他一些辅助机械共同完成一整套热轧线材轧后直接索氏体化的工艺。

目前主要的热轧线材轧后直接索氏体化工艺方法有以下几种(见图 4-43)：

(1) 斯太尔摩法。线材终轧后，通过水冷区使线材温度急冷至 750～800℃，进入吐丝成圈器。成圈器吐出的线圈落到移动的链式输送带上，形成散圈状态。在输送带下强行鼓风，冷却到 400℃以下，再由线圈收集装置收集并打包。

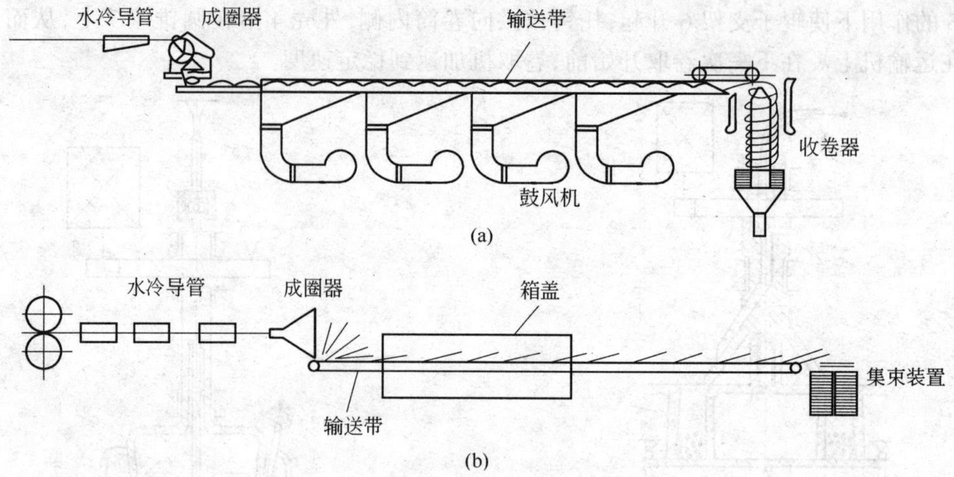

图 4-43　线材直接索氏体化工艺方案

(a) 斯太尔摩法;(b) 施罗曼法

(2) 施罗曼法。其特点是加强了水冷区的冷却效果和采用了水平锥管式成圈器,卷成的散圈可以立着水平移动,冷却更为均匀,对高碳钢线材的冷却十分有利。

(3) 德马克—八幡法(DP 法)。它采用塔式冷却装置。线材成卷后,落入多爪式运输带垂直下降,并由下向上吹入压缩冷风冷却。

除此以外,尚有日本的热水浴处理法和流态层处理法等。

从以上各种冷却工艺可以看出,这里的卷取机——成圈器只起线材成圈作用,线材冷却处理后还需经专门的收集装置将螺旋状线圈收集成堆。虽然成圈器的结构类似于旧工艺的卷取机,但其功能是不同的。

另外,在冷带钢轧机上的开卷机是和卷取机共同配合工作的。卷取机用来卷取带钢,开卷机则用来开卷,并在轧制时形成后张力。在可逆式冷轧机上,开卷机即是卷取机,卷取机也是开卷机。它们交替作为开卷机和卷取机使用结构上也没有什么区别。

4.4.4　卷取机的结构、工作原理

卷取机机架采用 120 mm 厚的钢板焊接成分体机架,由多个横梁把合形成机架,助卷辊架的回转轴轴承座焊在机架内侧。助卷辊的驱动气缸支撑座用高强度螺栓在机架横梁上固定。助卷辊驱动气缸的活塞杆头与辊架及液压缸支座之间的连接采用锥套和锥轴,以免产生间隙,同时可以减少冲击,减少机件的磨损,卷筒支撑座用螺栓把合在机架上,两边有止口,用垫块及斜楔的修配来保证卷筒的理论位置,并承受张力以保证卷筒不被拉斜。机架上设有安全销,以便助卷辊在打开和闭合状态可以与机架销住,保证检修时的人身安全。

助卷辊是实心锻钢辊,辊体表面堆焊 4 mm 厚的硬质合金层,从而提高了辊子表面硬度,增强了耐磨性,防止擦伤带钢表面。助卷辊两端带有迷宫式密封的干油润滑滚动轴承装置。辊子由电机通过十字头万向接轴传动。助卷辊的打开和抱拢将使万向接轴长度发生变化,从而在万向接轴花键处产生摩擦力。该摩擦力作用到过渡接轴上,从而保护了电机,助卷辊采用气缸驱动,同时采用了弹簧缓冲装置,减少了冲击。

辊架采用焊接结构。助卷辊采用了辊缝调整机构,辊缝调整机构是由电机传动蜗轮蜗杆减速机,通过丝杠调整助卷辊与卷筒咬入时设定的间隙值。

活动支撑用于支撑卷筒卸卷端,采用了液压缸驱动连杆来带动的夹钳式结构型式。夹钳支撑臂与卷筒支撑套接触的表面堆焊不锈钢。活动支撑的支撑臂上装有水平垂直调整的偏心轴,通过偏心的旋转来调整支撑臂与卷筒支撑套的接触,既可保证卷筒的水平度,又可保证与轧制线的垂直度。

卷筒采用了四棱锥柱销连杆式的结构。胀缩缸拉动锥心轴,锥心轴上的四棱锥面就可以推动柱销沿空心轴的孔向外顶开扇形板,使卷筒胀开。为了保证扇形板、柱销和锥心轴斜面之间能够贴紧,在柱销中加有压缩弹簧。为了保证柱销的强度和耐磨,在其表面上均堆焊铜合金。柱销承受带材对卷筒的抱紧力。胀缩缸将锥心轴推向卸卷端时,可带动连杆拉着扇形板向里收缩。该卷筒取消了容易疲劳失效的收缩弹簧,卷筒胀缩十分灵活,使用可靠。

扇形板取消了牙嵌式结构,扇形板之间的间隙按带钢前进方向布置,防止带钢头部嵌入缝内。这种结构防止了在牙嵌的尖角部位产生裂纹,既便于加工,又便于装配。扇形板的材料采用耐热不锈钢,增加了使用寿命。锥心轴、连杆、连杆轴均采用不锈钢制造,以防止锈蚀,保证了卷筒的寿命。

主传动装置:卷筒传动主电机通过变速箱传动,变速箱为焊接结构,齿轮经过渗碳淬火和高精度磨齿。变速箱两个速比,在停机时用液压缸拨动变速机构来完成切换。

(1) 卷筒变速箱齿轮更换步骤:

1) 拆卸变速箱输入输出轴接手;

2) 拆卸变速箱润滑油管;

3) 拆卸变速箱盖螺栓;

4) 吊卸变速箱上盖;

5) 吊卸变速箱齿轮;

6) 清洗变速箱,检查箱内拨叉磨损情况;

7) 吊装新齿轮;

8) 吊装上箱盖;

9) 安装输入输出接手;

10) 安装润滑管道。

(2) 在电气正常的情况下可以引起卷筒不转的故障:

1) 卷筒两端轴承因供油不良卡死;

2) 变速箱齿轮系统出现故障,不换挡或换挡失效。

(3) 判断卷筒心轴断开的方法是:使卷筒在胀大状态,如果卷筒外形四块扇形板呈锥体(靠近减速机侧大),即为心轴断裂。

(4) 更换卷筒时应注意:

1) 助卷辊打在限位插销;

2) 卷筒心轴防水套密封要更换;

3) 刚性联轴节与卷筒心轴和液压缸活塞杆一定要紧固不出现间隙。

(5) 助卷辊气缸容易出现故障的部位:

1) 气缸耳轴座松动;

2) 气缸连接销窜动;

3) 气缸软管破裂漏气;

4) 气缸活塞密封拉伤窜气等。

4.4.5 卷取机操作步骤和技能实施

4.4.5.1 准备

(1) 熟悉卷取机的构造和工作原理。

(2) 安排检修进度,确定责任人。

(3) 制定换、修零件明细表。

(4) 准备需更换的备件和检修工具。

4.4.5.2 拆卸

(1) 确认系统停电。

(2) 拆卸鼓形齿联轴器,吊走变速箱并解体。

(3) 拆卸鼓形齿接轴。

(4) 拆卸推卷装置。

(5) 拆卸卷筒及主减速机并解体。

(6) 拆卸上活门。

(7) 拆卸导向辊。

(8) 拆卸万向接轴,拆卸 1 号助卷辊及支臂。

(9) 拆卸万向接轴,拆卸 2 号助卷辊及支臂。

(10) 拆卸万向接轴,拆卸 4 号助卷辊及支臂。

(11) 拆卸万向接轴,拆卸 3 号助卷辊及支臂。

(12) 拆卸 1 号助卷辊气缸及蜗轮蜗杆机构。

(13) 拆卸 2 号助卷辊气缸及蜗轮蜗杆机构。

(14) 拆卸 4 号助卷辊气缸及蜗轮蜗杆机构。

(15) 拆卸 3 号助卷辊气缸及蜗轮蜗杆机构。

(16) 拆卸活动支撑部件(液压缸、推杆、支撑臂)。

(17) 拆卸 1 号、2 号、3 号、4 号横梁。

(18) 拆卸机架。

4.4.5.3 清洗检查

(1) 清除表面的油污、锈层、旧漆、密封胶等。

(2) 检查零件配合面、啮合面、接触面的磨损情况,清除零件在使用和拆卸过程中产生的毛刺、飞边等,修理损伤表面。

(3) 检查助卷辊、成形导板、导向辊的磨损情况。

(4) 检测齿轮齿侧间隙、接触斑点分布位置及分布率,检测轴承间隙。

(5) 检查箱体、机架、横梁是否有裂纹、变形等缺陷并焊修或矫直。

(6) 根据设备的技术要求及检测结果报废零件。

4.4.5.4 安装调试

(1) 对零件的主要配合尺寸进行测量,选择装配。

(2) 选择适当的装配方式,按照与拆卸相反的顺序进行组件、部件的装配及系统的总装。

(3) 轴承座、联轴器加足润滑脂,减速机按标准加足润滑油。

(4) 接通润滑管路和冷却水管路。

(5) 安装后保证:

1) 机架与底座的垂直度误差<0.2 mm;

2) 两机架的平行度误差<0.2 mm;

3) 卷筒与助卷辊的平行度误差<0.15 mm;

4) 卷筒轴线对轧线的垂直度误差<0.1 mm、水平度误差<0.1 mm。

(6) 单体无负荷试车,系统应运行平稳、无异响现象。

(7) 调试完毕后,清理检修现场,整理和分析检测数据及备件消耗情况。

4.5 冷床

4.5.1 冷床的作用及类型

中型轧钢车间生产的各种钢材,经轧钢机轧制后由热锯机(或剪切机),切成定尺长度,还需要冷却到常温,再进行矫直。轧制后的热轧件冷却时,由于连续生产,一般都是在缓慢的横向移动过程中逐渐冷却的。这种使轧件横向移动并冷却的设备,叫做冷床。

冷床是轧钢生产中重要的辅助设备。冷床的作用在于将800℃以上的轧件冷却到150～100℃以下,同时使轧件按既定方向运行,在运输过程中应保证轧件不弯曲。由于轧制产品形状繁多相差悬殊,因此,轧钢车间的冷床型式是多种多样的。

目前国内用得较多的冷床有拉钢式、往复多爪推齿式、链式、推钢式和步进式齿条等几种形式。

4.5.1.1 拉钢式冷床

拉钢式冷床,其特点是利用单爪绳式或链式拉钢机,横向成批拖运轧件。这种拉钢机往往配备有潜行装置,以达到有选择性地拖运某一根(束)轧件的目的。潜行装置有两种形式:一种是杠杆式,另一种是滑块式。带潜行装置的拉钢式冷床最大优点是冷床床面利用率可达60%,可以自由地储存轧件,机动性能较好。但是由于潜行装置结构上的问题,给这种冷床带来一系列的缺点:杠杆式潜行装置虽然工作比较可靠,但由于有大量的托梁、杠杆系统和平衡重锤,致使设备重量大增。此外,由于托梁在高温下工作,变形较大,磨损较快,使用寿命短,一年左右就需更换,一台冷床每次换掉的钢材达40 t之多;由于传动系统置于冷床台架的下面,维修不便,检修时劳动强度大,且冷床不能喷水冷却。滑块式潜行装置结构简单,设备重量轻,但操作麻烦。无论是由拉钢到潜行或由潜行到拉钢,拉钢小车都必须后退一定距离,然后再前进,至少操作两次,同时操作人员要注视远处拨爪与轧件的距离,给操作带来一定困难。中型钢材单重不大,用这种冷床成批地拉钢材,钢材容易紊乱、重叠、拱起,最后不能进行拉钢,因此这种冷床除规格较大的钢材外,中型轧钢车间一般不宜采用。

4.5.1.2 往复多爪推齿式冷床

往复多爪推齿式冷床,这是中型轧钢车间广泛采用的一种冷床,其设备简单,操作方便,能够适应较多的品种。除各种型钢、方板坯外有的厂也用来冷却圆钢。但这种冷床的床面利用率较低,圆钢在往复拖运过程中容易拉斜和拉乱。目前由沈阳重型机械厂设计的往复多爪式冷床吸取了生产现场不断改进的经验,结构较好,简述如下:

(1) 推杆拨爪系统。目前多数厂的拨爪系统都是小车式如图 4-44 所示。其缺点是:轨道由型钢制成,刚性差,受热易变形,间距不等,小车常掉道;由于热钢烘烤,车轮与轴套间的润滑脂很快烤干,磨损大,上钢三厂轧三车间一个月曾换 200～300 只轮子,备品加工和检修工作量都很大,此外油烤干后,车轮的阻力增大,传动装置效率低。针对上述缺点,沈阳重型机械厂设计的结构是将多爪推杆置于装有滚动轴承的托辊上,推杆由无缝钢管焊成,可通水冷却,这样推杆不会变形。由于装有滚动轴承,且离冷床床面位置有所降低,工作条件有所改善,托辊寿命延长,传动效率相应提高。这是一种较好的结构,如图 4-45 所示。

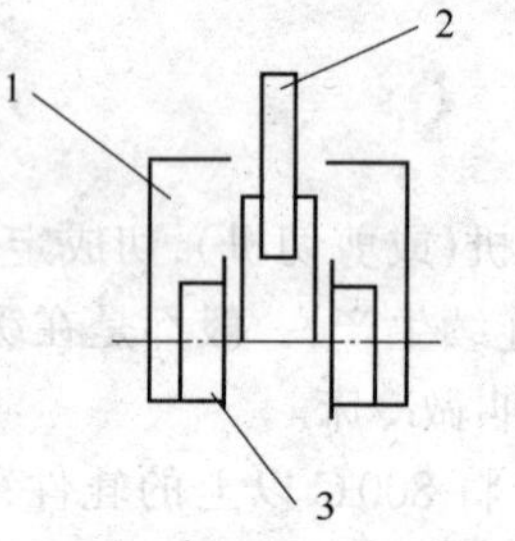

图 4-44　小车式拨爪示意图
1—轨道;2—拨爪;3—拨爪小车

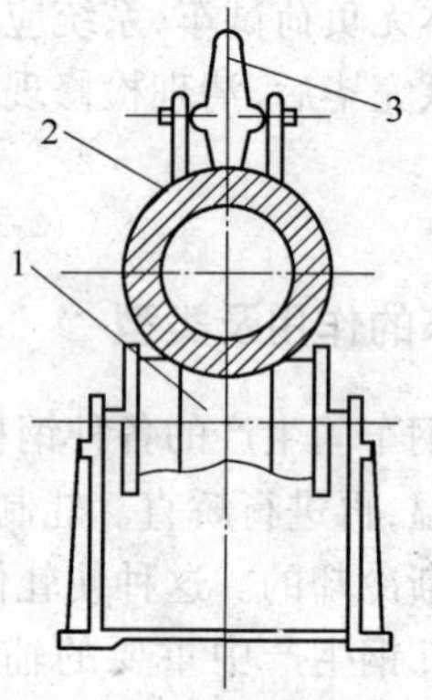

图 4-45　推杆式拨爪示意图
1—托辊;2—推杆;3—拨爪

(2) 牵引系统。现在拨爪小车都采用钢丝绳牵引。钢丝绳牵引易断,事故多,换绳很麻烦,而且由于每个拨爪负荷不一致,钢丝绳有的在比较松弛状态下工作,有的在比较紧张的状态下工作,而卷筒转数又不变,因此每个拨爪的行程也就不一致造成拨爪不齐,拉乱钢材的现象很多。沈阳重机厂的设计将钢丝绳牵引改成齿轮带动齿条推杆往复运动,消除了由钢丝绳带来的上述问题,这也是一个很好的改进。

4.5.1.3　链式冷床

拉钢式和往复多爪推齿式两种冷床对于圆钢都不太适用,容易拉斜、滚乱。冷却圆钢(管坯)以使用链式冷床较好,上钢一厂、大连钢厂的 650 轧钢车间都采用链式冷床,两者所不同之处在于:上钢一厂的圆钢搁在台架上,链条拉着圆钢缓慢前进,由于圆钢单重较大,一般不会乱滚。大连钢厂的圆钢直接搁在链条上,前进过程中圆钢与链条无相对运动。两种链式冷床使用单位反映都较好。

与前面两种冷床相比较,链式冷床一般适用于圆钢,但设备重,链条数量多,制造精度较高,制造和维修都较复杂困难。因此这种冷床除专业性的或产量较大的圆钢生产车间应用外,一般不宜采用。

4.5.1.4　推钢式冷床

方坯在往复多爪式冷床上因冷却不均匀容易弯曲(特别在喷水的情况下),冷却后一般又不矫直,就影响下一步装炉。采用推钢式冷床则能避免以上问题。推钢式冷床的特点是方坯无间隔地排列在台架上,上下冷床由曲柄连杆式推钢机推动,方坯在冷却过程中在一定程度上被矫直。普碳钢厂可以喷水冷却的钢种较多,使用这种冷床是可取的。

4.5.1.5 步进式齿条冷床

由冷床入口辊道及升降挡板、横移小车、分钢装置、步进齿条冷床、编成组的圆钢，通过横移小车移送到冷床分钢装置，动齿条每步进一个周期，分钢装置就拨一根钢到静齿条上，使成组的圆钢逐根分配到每一个齿内，由于上冷床的圆钢温度很高，会使冷床区域产生空气自然对流，形成烟囱效应，造成冷床上圆钢下部冷却速度过快，出现冷却不均匀，影响了产品的质量。步进翻转冷床利用步距与齿距的差值，使圆钢在冷床上每移动一个齿距，圆钢就滚动了一个角度，避免了圆钢在冷床上的不均匀冷却所造成的质量问题。

4.5.2 冷床有关参数的选择

(1) 钢丝绳、链条或推杆间的距离，取决于钢材的长度，断面大小，同时还应结合上下冷床辊面的辊距来考虑。原则上一根钢材至少应有 3 个或 3 个以上拨爪拉着。根据一般的定尺长度，间距以 1500～2500 mm 为宜。

(2) 爪距与行程：往复多爪式冷床爪距与行程的关系如图 4-46 所示。

$$A = H + C + B + N$$
$$S = A + H + C$$

式中 A——两拨爪间距离，mm；
S——拨爪行程，mm；
H——拨爪露出床面的高度，mm，一般取 $H = 50 \sim 100$ mm；
C——考虑轧件水平弯曲等因素之间隙，mm，一般取 $C = 300 \sim 400$ mm；
B——轧件在冷床上水平投影的宽度，mm；
N——拨爪的宽度，mm。

根据以上关系式，中型轧钢车间往复式冷床可取：

$A = 1000 \sim 1500$ mm
$S = 1500 \sim 2000$ mm

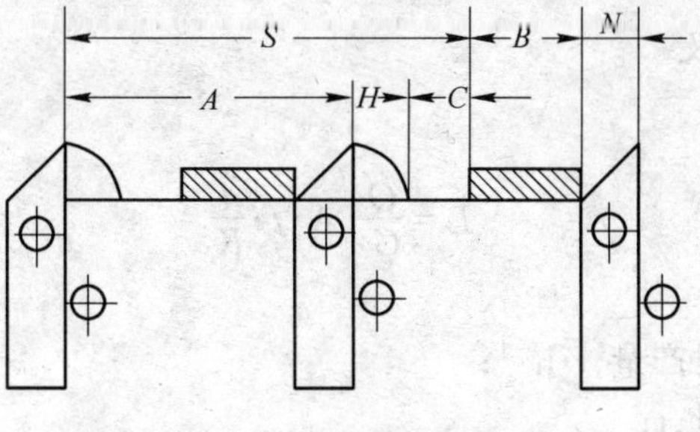

图 4-46　拨爪行程计算示意图

单纯冷却薄板坯的冷床，A 和 S 可取小些。

链式冷床的爪距与拨爪露出床面的高度无关，拨爪间距可考虑 800 mm 左右。链式冷床的链条不作往复运动，故不考虑行程。

推钢式冷床的行程，与冷床前辊道的辊身长度及辊道结构有关，最低限度应能将钢坯推出辊道进入台架，而不应让热钢压在辊道轴承的上方，因此，其行程应为辊道辊身长度再加 500～600 mm。

(3) 移钢速度和拨钢周期：必须满足轧机最大小时产量的要求，设计时通过计算确定。

(4) 对冷床床面的若干要求：

往复多爪式冷床：当产品有薄板坯时，床面钢轨的间距应小一些，一般在 700 mm 以下。

链式冷床：为使圆钢运动平稳，不乱滚，冷床可向运行方向适当上倾。

4.5.3 冷床生产能力的计算——冷床床面尺寸的确定

4.5.3.1 冷床宽度

冷床宽度与所冷却的成品长度有关，其关系式为：

$$B = L_{max} + 1.2$$

式中 B——冷床宽度，m；

L_{max}——成品中最长轧件长度，m。

但一个车间内，成品长度往往很不一致。冷床宽度的确定原则应使大多数产品能较好地利用冷床面积。对于中型轧钢车间的往复多爪式冷床，冷床宽度可取如表 4-5 数据。

表 4-5 往复多爪式冷床宽度选用表

车间性质	冷床宽度	备 注
1. 开坯为主的车间管坯(圆钢)板坯多，型钢少	16 m(配两组拉钢机)	板坯，管坯常用定尺为 4～6 m 放二排，型钢常用定尺为 8 m 左右，放一排，厂房 6 m 柱距时抽两根柱子
2. 型钢为主的车间，型钢多，板坯管坯(圆钢)少	10 m(配一组拉钢机)	全部放一排，6 m 柱距时抽一根柱子

对于推钢式冷床，一般应按最长钢坯考虑，宽度取 3～4 m。只有在明确车间钢坯无长定尺(即下一个车间双排装炉)时，宽度才可考虑 2 m 左右。

链式冷床宽度应根据圆钢长度考虑，一般取 7～8 m。

上述宽度均按常用定尺考虑，对于标准中规定的，实际很少生产的定尺(如超过 10 m 以上的型钢)则没有考虑。

4.5.3.2 冷床长度和组数

冷床长度按下式确定：

$$L = \frac{Q}{G} \cdot A \cdot t \cdot \frac{I}{K}$$

式中 L——冷床长度，m；

Q——轧机最大小时产量，$t \cdot h^{-1}$；

G——每根钢材重量，t；

A——成品在冷床上水平投影的宽度，m；

K——冷床长度上的利用系数，与冷床形式有关，往复多爪式冷床 $K = 0.3 \sim 0.41$，带潜行装置的拉钢式冷床 $K = 0.5 \sim 0.61$，链式冷床 $K = 0.4 \sim 0.51$，推钢式冷床 $K = 1$；

t——冷却时间，h。

冷却时间 t 的计算公式一般都用伊万佐夫公式：

$$t = \frac{G_0}{F} \Delta t_0$$

式中 G_0——钢材单位重量，kg/m；

F——钢材单位长度上的表面积，m^2；

Δt_0——质量为 1 kg，散热面积为 1 m^2 的钢材冷却时间，h。

根据上式算出的冷床总长度应适当分成几组布置。这是因为受厂房布置所限，冷床不能过长。从工艺操作上说，冷床过长，对于推钢式冷床容易起拱，其他冷床则易产生歪斜、乱滚。此外，冷床长度也受设备结构的限制，钢材总重量过大则牵引设备很笨重。一般往复多爪式冷床长度在 30 m 内为宜，推钢式冷床则应按类似加热炉的情况考虑其推钢倍数。

4.5.4 板坯轧机、型钢轧机冷床的安装质量标准及要求

(1) 冷床的输入输出辊道的安装标准应按集中传动辊道的安装质量标准和单独传动辊道的安装质量标准中的Ⅱ级精度标准执行。

(2) 冷却台架的安装，其标高的极限偏差为 ±2.00 mm，纵向、横向中心线，滑道间距的极限偏差均为 ±3.00 mm，水平度公差为 0.30/1000。

(3) 链式拖运机与绳式拖运机的安装质量标准如表 4-6 所示。

表 4-6 链式拖运机与绳式拖运机的安装质量标准

名 称	项 目	极限偏差/mm	公 差
驱动机构	冷床中心到链(绳)轮中心线的距离	±0.10	
	传动轴线与输入辊道中心线的距离	±2.00	
	轴承座剖分面标高	±1.00	
	轴承座剖分面水平度		0.05/1000
	传动轴瓦口同轴度		0.10/全长
	传动轴与输入辊道中心线的平行度		0.10/1000
返回链托轮	各托轮中心至冷床中心距离	±2.00	
	托轮顶面标高	±3.00	
	托轮顶面水平度		1.00/1000
	托轮轴线与冷床纵向中心线的垂直度		0.50/1000
机架横梁纵梁滑道	冷床中心线至各纵梁中心线的距离	±2.00	
	冷床中心线与横梁中心线的垂直度		0.50/1000
	机架横梁顶面水平度		0.10/1000
	机架横梁顶面标高	±1.00	
	滑道顶面水平度		0.50/1000
	滑道顶面标高	±3.00	
	驱动轴中心线至相邻横梁的距离	±2.00	

复习思考题

4-1　剪切机的分类有哪些,主要特点和用途是什么?

4-2　圆盘式剪切机由哪几部分组成,请叙述其原理和调整方法。

4-3　叙述摆式飞剪的工作原理。

4-4　热锯机分为几种类型?

4-5　热锯机的三大主要机构是什么,作用是什么?

4-6　热锯机的基本参数有哪些?

4-7　矫直机的分类有哪些?

4-8　卷取机的类型有哪些?

5 其他设备

5.1 除鳞系统

5.1.1 除鳞装置的作用

除鳞装置有两种，一种是用作清除加热炉中产生的氧化铁皮(一次氧化铁皮)，另一种是用来清除轧制中产生的氧化铁皮(二次氧化铁皮)。

无论哪一种，都是通过向钢材表面喷射高压水来清除氧化铁皮的。

除鳞装置通常设在加热炉出口侧附近，清除轧制中产生的氧化铁皮(二次氧化铁皮)时，设置在精轧机之间。为了提高除鳞效果，也有和二辊水平轧机或立辊轧机一起设置的。上述轧机通过机械方法破坏表面氧化铁皮，然后用高压水喷射，以起到除鳞作用。

5.1.2 轧机的除鳞装置

轧机除鳞装置的主体是一些在箱中排列成2～3排的高压水喷头，喷嘴安装在头部。喷嘴按图5-1的方法进行安装，喷嘴和材料成15°度角，该角度与材料前进方向相反，以便吹掉去除的氧化铁皮。从喷嘴喷射出来的射流，应覆盖材料的整个宽度，并使各射流互相不干扰。为了使喷嘴和材料之间保持正确的距离，也有使用能够根据材料的厚度而上下移动的高压水喷头的。常用除鳞水压为15～25 MPa。

为了去除轧制过程中产生的二次氧化铁皮，在轧机前后也设有除鳞装置。在轧机的前后、上下共设置四排高压水喷头，上高压水喷头与下高压水喷头联动。

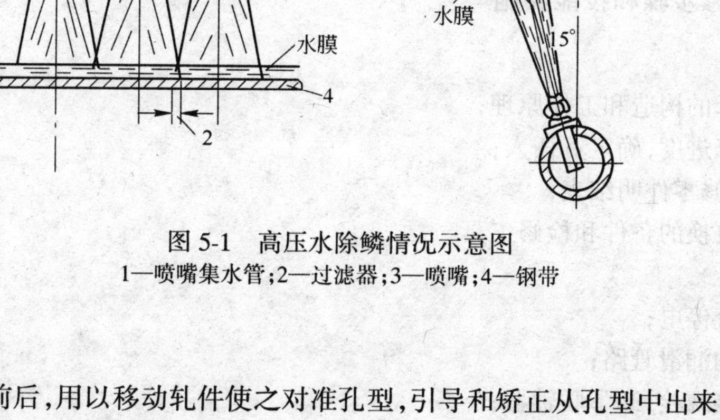

图5-1 高压水除鳞情况示意图
1—喷嘴集水管；2—过滤器；3—喷嘴；4—钢带

5.2 推床

推床设在轧机前后，用以移动轧件使之对准孔型，引导和矫正从孔型中出来的轧件。翻钢机一般设在机前，对于万能轧机则设在立辊侧，在有工业电视配合使用时可设在两侧，用以翻转轧件。

推床按传动装置的不同布置分为一侧传动和两侧传动两种。后者用在老式轧机上，因占地面积大，近年来已不选用。目前一些国家新建的初轧机，在推床上已不用减速机，由低速直流电动机直接带动，以减少机械储能，从而缩短操作时间，这种推床多用于板坯初轧机上。

5.2.1 推床设备安全操作规程

(1) 操作者必须熟悉设备性能，无操作证者不得操作设备。

(2) 开车前先点动，试验主推床起动运转是否正常，停位是否准确，推床对中动作是否协调一致。

(3) 钢板对中后，推床必须打开，不允许用推床夹持在轧制过程中的钢板。

(4) 用推床对中钢板的过程中，速度不得太快，用力不可太大，以防损坏推床传动系统。

(5) 用推床将钢板对中后，必须迅速退回，以防返回钢板顶撞推床。

(6) 推床使用过程中，不允许依靠行程两端限位停车，防止蹩坏设备。

(7) 机械电器出现故障时，控制器手柄放在零位，通知检修人员处理。

(8) 不准在推床上放置任何重物。

5.2.2 推床设备维护规程

(1) 每班对电动机运转状态和极限位置检查一次。

(2) 每班对减速机运转状态检查一次，油路畅通无阻塞，油管，接头出现漏油应进行处理。

(3) 每周检查抱闸间隙及闸皮的磨损情况，以及时调整或更换。

(4) 经常检查减速机蜗杆轴紧固螺母是否松动，若松动引起窜动应及时紧固。

(5) 经常检查导辊的运转情况，根据情况及时更换或修复，推头下部与辊道保持适当间隙，既不能磨损辊道，又不宜偏高。

(6) 经常检查滑座齿条及各活动部位，发现问题及时处理解决。

(7) 检查万向接轴联轴器，十字架轴承应定期加润滑脂，法兰螺丝应紧固无松动，防止松掉万向接轴。

(8) 每周对非集中润滑点加足润滑脂一次。

(9) 在轧钢过程中观察推床运行状态，发现缓冲弹簧失效时，应抓紧进行更换。

(10) 检查矫正装置传动系统，连接轴应对中无位移，减速机固定牢固，避免传动失效。

5.2.3 推床检修步骤和技能实施

(1) 准备：

1) 熟悉推床的构造和工作原理；

2) 安排检修进度，确定责任人；

3) 制定换、修零件明细表；

4) 准备需更换的备件和检修工具。

(2) 拆卸：

1) 确认系统停电；

2) 拆除干油润滑管路；

3) 拆除连接螺栓，卸下联轴器；

4) 拆卸箱体连接螺栓,吊上箱体;

5) 吊推杆;

6) 拆卸齿轮及轴承;

7)减速机压盖要密封好,不得有漏油现象。

(3) 清洗检查:

1) 清除表面的油污、锈层、旧漆、密封胶等;

2) 检查零件配合面、啮合面、接触面的磨损情况,清除零件在使用和拆卸过程中产生的毛刺、飞边等,修理损伤表面;

3) 检测齿轮齿侧间隙、接触斑点分布位置及分布率,检测轴承间隙;

4) 齿轮齿条磨损量达到齿厚的20%,或断齿、齿根产生裂纹者应报废;

5) 滚动轴承隔离环碎裂,滚珠研伤者应报废;

6) 减速机所有齿轮磨损超限,或齿轮轴弯曲、箱体产生裂纹或变形不能修复者应报废;

7) 导轮不转并严重磨损应报废更换。

(4) 零件的修复及报废:

1) 齿轮齿条磨损量达到齿厚的20%,或断齿齿根产生裂纹者应报废;

2) 滚动轴承隔离环碎裂,滚珠研伤者应报废;

3) 轴套磨损超过3 mm应更换;

4) 导轨底座产生裂纹或变形能修复者应修复使用,不能修复者应报废;

5) 减速机所有齿轮磨损超限,或齿轴弯曲,箱体产生裂纹或变形不能修复者应报废;

6) 导辊不转外圆磨损严重应报废更换,并注意加足润滑油。

(5) 检修质量标准:

1) 啮合接触面,沿齿高不得小于50%,沿齿长不得小于70%;

2) 轴铜套间隙为直径的1.5/1000~2/1000 mm;

3) 蜗杆、蜗轮侧间隙0.7~0.85 mm;蜗杆轴向窜动小于0.3 mm,蜗杆、蜗轮传动接触斑点在齿长上50%,在齿高上60%;

4) 各部管路必须畅通,保证供油充足;

5) 中修和大修后,在试车前先人力盘车,确认正常方可启动运转;

6) 运转2 h后,轴承温度不得超过40℃,各部螺丝不得松动,运转声音必须正常,运转灵活无卡阻现象,无漏油现象;

7) 试车后做记录存档。

(6) 安装调试:

1) 对零件的主要配合尺寸进行测量,选择装配;

2) 选择适当的装配方式,按照与拆卸相反的顺序进行组件、部件的装配及系统的总装;

3) 轴承座、联轴器加足润滑脂,减速器按标准加足润滑油;

4) 接通润滑管路;

5) 单体无负荷试车,系统应运行平稳、无异响,无卡阻现象;

6) 调试完毕后,清理检修现场,整理和分析检测数据及备件消耗情况。

5.2.4 推床维修注意事项

(1) 检修应按要求挂牌操作,在检修区域设置醒目的安全标志,注意场地防滑。

(2) 拆吊设备时要专人指吊,手势规范。

(3) 拆卸时注意保护零件不受损伤。

(4) 拆卸时将液压、干油回路关闭,各种管路、油孔应堵好,防止掉入杂物。

(5) 装配前应对零部件的主要配合尺寸进行复检,并进行必要修复。

(6) 各部件预紧螺栓必须按规定预紧力预紧。

(7) 各配合表面在装配时应涂上清洁油脂。

(8) 热装轴承油温不得超过100℃。

(9) 可拆轴承在清洗后必须按原组件装配,不得混淆颠倒。

5.3 辊道

5.3.1 辊道的用途和分类

在轧钢车间中,辊道是用来纵向运输轧件的设备。热轧时,将加热好的坯料送往轧钢机轧制,轧出的轧件送往剪切机、矫直机等设备,一般都是通过辊道运送的。在一些精整作业线上,轧件的纵向运输也往往是由辊道进行的。辊道长度往往贯穿整个作业线,故设备质量很大,约占车间设备总质量的20%~40%,有的车间甚至达到40%~60%,而且轧机前后辊道的运转情况,还直接影响轧钢机的产量。因此,正确合理地设计和维护辊道,对减轻车间设备和提高轧钢机产量具有重要的意义。

辊道按传动类型可分为:

(1) 集体传动的辊道;

(2) 单独传动的辊道;

(3) 空转辊道,这种辊道一般用作运输辊道,辊道平面常与地面成一定的斜度,使轧件靠自重在其上移动,故也叫重力辊道。

辊道按用途可分为以下几种类型:

(1) 工作辊道。靠近工作机座,用来将轧件喂入轧机中的轧辊,并接受从轧辊出来的轧件的辊道,称为工作辊道。紧靠工作机座两侧经常工作的一段辊道,称为主要工作辊道;距工作机座较远,在轧件长度超过主要工作辊道时才参与工作的辊道,称为辅助工作辊道或延伸辊道。工作辊道的布置情况如图5-2所示。装在轧钢机架中的工作辊道,称为机架辊。

(2) 运输辊道。除去工作辊道外,用来将钢坯从原料场送到加热炉,或从加热炉送到轧机,以及用以连接轧机的各个辅助设备的辊道,均称为运输辊道。运输辊道又可分为输入辊道和输出辊道。

(3) 收集辊道。收集辊道用来将轧完的轧件收集成排。它通常装设在剪切机的前后,其辊子斜放,也称斜辊道,如图5-3所示。

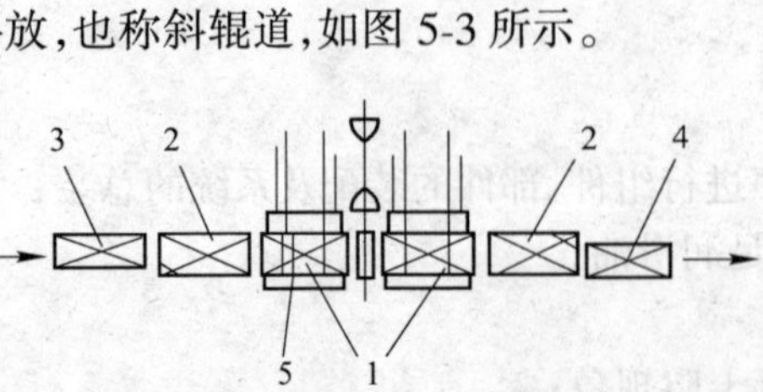

图5-2 初轧机的辊道简图

1—主要工作辊道;2—辅助工作辊道;
3—输入辊道;4—输出辊道;5—翻钢机

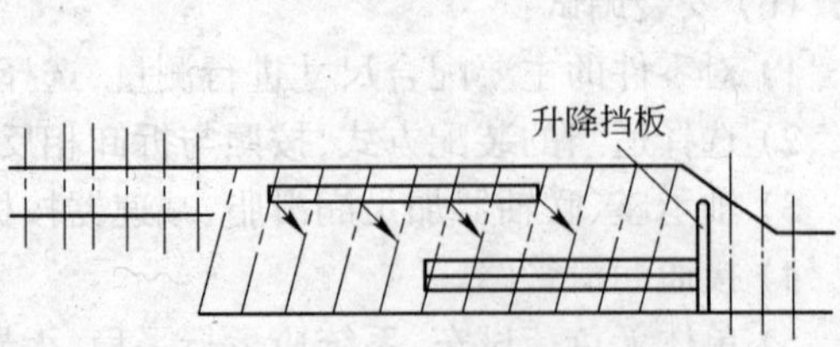

图5-3 带斜辊的收集辊道简图

(4) 移动辊道。移动辊道可沿轧件运动方向移动。它常装设在剪切机的后面,以便切头落入切头运输机上及时运走,如图 5-4 所示。

(5) 升降辊道。升降辊道用于使轧件上升或下降,例如三辊式轧钢机上的摆动升降台,以及安装在上切式剪切机后面的辊道,如图 5-5 所示。

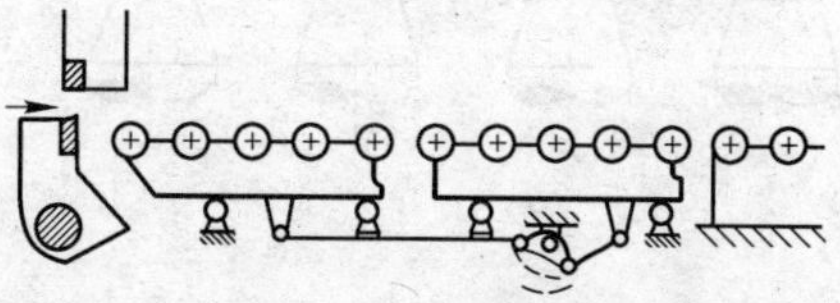

图 5-4　剪切机后移动辊道的动作原理

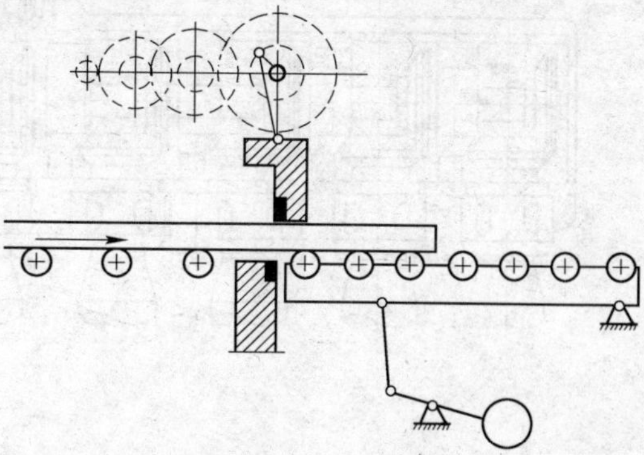

图 5-5　上切式剪切机后的摆动台简图

(6) 炉内辊道。炉内辊道装在板材退火炉内,作为炉底,它采用链传动,其传动装置设在炉外。辊子是空心的,以便通水冷却。

5.3.2　辊道的结构

5.3.2.1　集体传动辊道的结构

集体传动辊道一般用于工作较繁重,和运送短而质量大的轧件的场合。这些轧件的质量往往集中作用在几个辊子上,每个辊子承受较大的负荷。采用集体传动可以减小辊道电动机的功率。集体传动的辊道,由一台电动机通过齿轮(圆柱齿轮或圆锥齿轮)或者链子,同时带动几个辊子。链传动只用在特殊情况下,如加热炉内的辊道。集体传动的辊道大多采用圆锥齿轮传动。

图 5-6(a)是某厂 1150 初轧机的主要工作辊道。该辊道共有 9 个辊子,由一台功率为300 kW 的电动机,经过连接轴、齿式联轴节(图中未画出),再通过一对斜齿圆柱齿轮、一对直齿圆柱齿轮 2 将运动传到长传动轴 4,最后经过安装在辊子上的圆锥齿轮 5 使每个辊子转动。减速装置中的高速轴、低速轴和长传动轴,采用干油集中润滑;而各对齿轮则用油箱中的稀油润滑。

从工作辊道沿辊子中心的剖视图[见图 5-6(b)]中可看出,辊子的传动端装有双列圆锥滚柱轴承 11,非传动端则装设了螺旋弹簧滚柱轴承 13。后者能使辊子承受一定的冲击负荷,但能承受的轴向负荷较小。故有些初轧厂的工作辊道,将螺旋弹簧滚柱轴承改为自动调心的球面滚柱轴承。

9 个辊子非传动端的下轴承座及其支架 7 是铸成一体的,而其传动端的轴承座及其支架 6,则与齿轮传动装置的箱体铸在一起,支架 6 和 7 通过横梁 10 来联结。辊子的每个轴承座有单独的上轴承盖。传动端传动装置的油箱盖则分段铸成(便于维修)。为观察圆锥齿轮的啮合情况,在盖子上设有观察孔。

辊子是实心的,辊身由圆柱形(直径为 500 mm、长度为 2800 mm,等于轧辊辊身长度)和两端的过渡圆锥部分组成,以便放置推床的推板,使轧件顺利地进入轧辊两端的孔型。辊子辊身的长度大于轧辊辊身的长度。辊子辊身两端做成过渡圆锥形,是为避免辊身与辊颈的突然变化,从而减少了应力集中,提高了强度。为防止氧化铁皮和冷却水进入轴承,在辊颈内侧附近设有挡圈

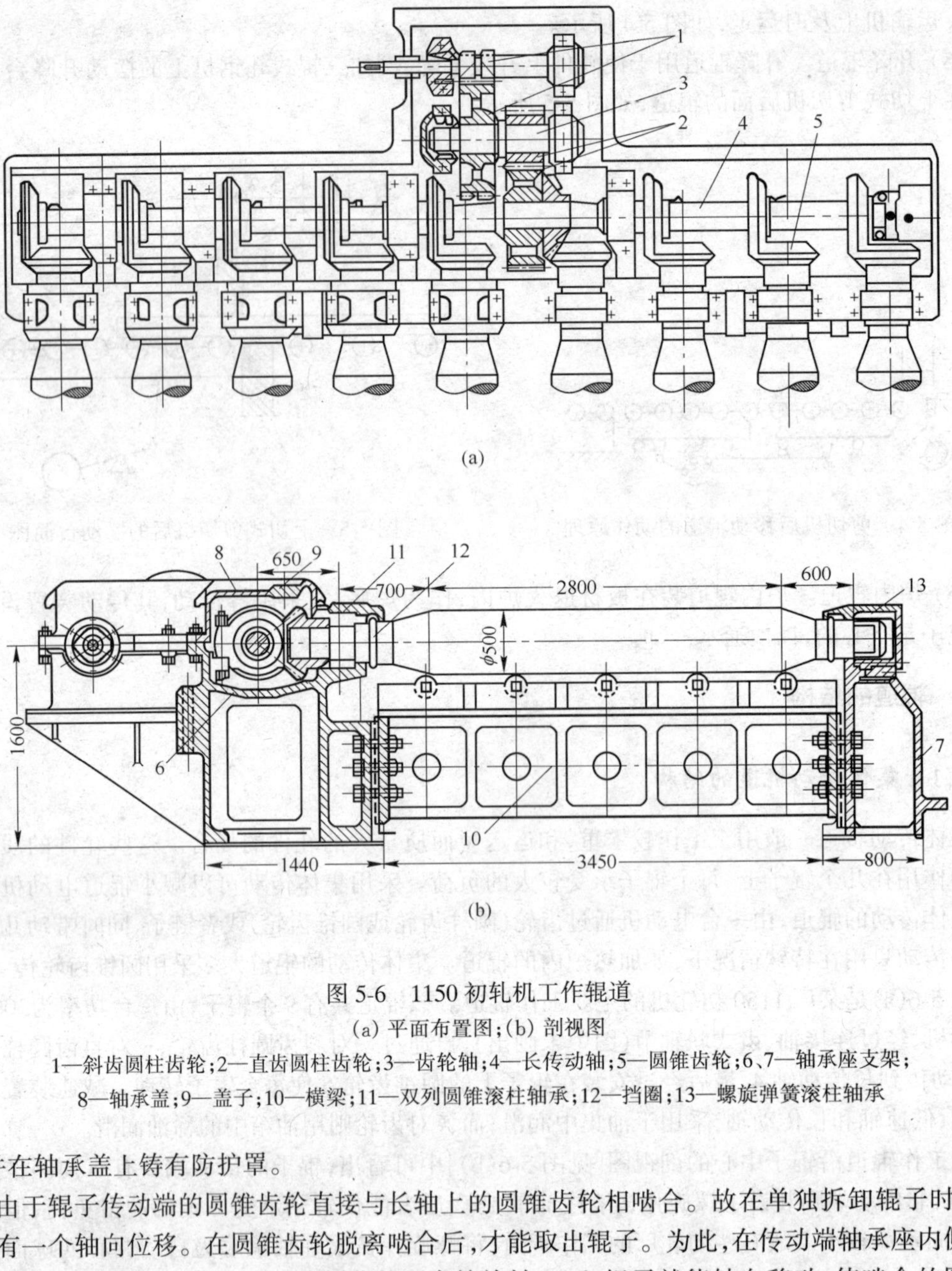

图 5-6　1150 初轧机工作辊道

(a) 平面布置图；(b) 剖视图

1—斜齿圆柱齿轮；2—直齿圆柱齿轮；3—齿轮轴；4—长传动轴；5—圆锥齿轮；6、7—轴承座支架；8—轴承盖；9—盖子；10—横梁；11—双列圆锥滚柱轴承；12—挡圈；13—螺旋弹簧滚柱轴承

12，并在轴承盖上铸有防护罩。

由于辊子传动端的圆锥齿轮直接与长轴上的圆锥齿轮相啮合。故在单独拆卸辊子时，要使辊子有一个轴向位移。在圆锥齿轮脱离啮合后，才能取出辊子。为此，在传动端轴承座内侧装有剖分套筒。只要取下轴承座盖，将剖分的下套筒旋转 180°，辊子就能轴向移动，使啮合的圆锥齿轮脱离接触。

集体传动的辊道由于采用圆锥齿轮传动，每根辊子的速度是相等的，即辊子之间没有速度差，因此，轧件运送平稳，喂钢方便，所需电气设备少，并可以充分利用电动机的功率。这种辊道常用于大型开坯机钢梁、厚板及其他轧机的工作辊道及输入辊道。但是，集体传动的辊道结构复杂，质量较大，因此，存在着设备事故较多，维修不方便等缺点。特别是大型开坯机的工作辊道，要经常承受较大的冲击，这类缺点更为突出。

图 5-6 所示的工作辊道，是在重载下工作的。当轧件翻钢或从轧辊抛出时，辊道辊子承受了较大的冲击负荷，经常出现轴承破裂、圆锥齿轮掉牙等设备事故。在第一个和第二个工作辊子

上,这种现象更为严重。据该厂统计,在每年的设备事故中,工作辊道的事故占30%~40%,直接影响了轧钢机的生产率。为了改变这种状况,该厂采取了以下措施(见图5-7):

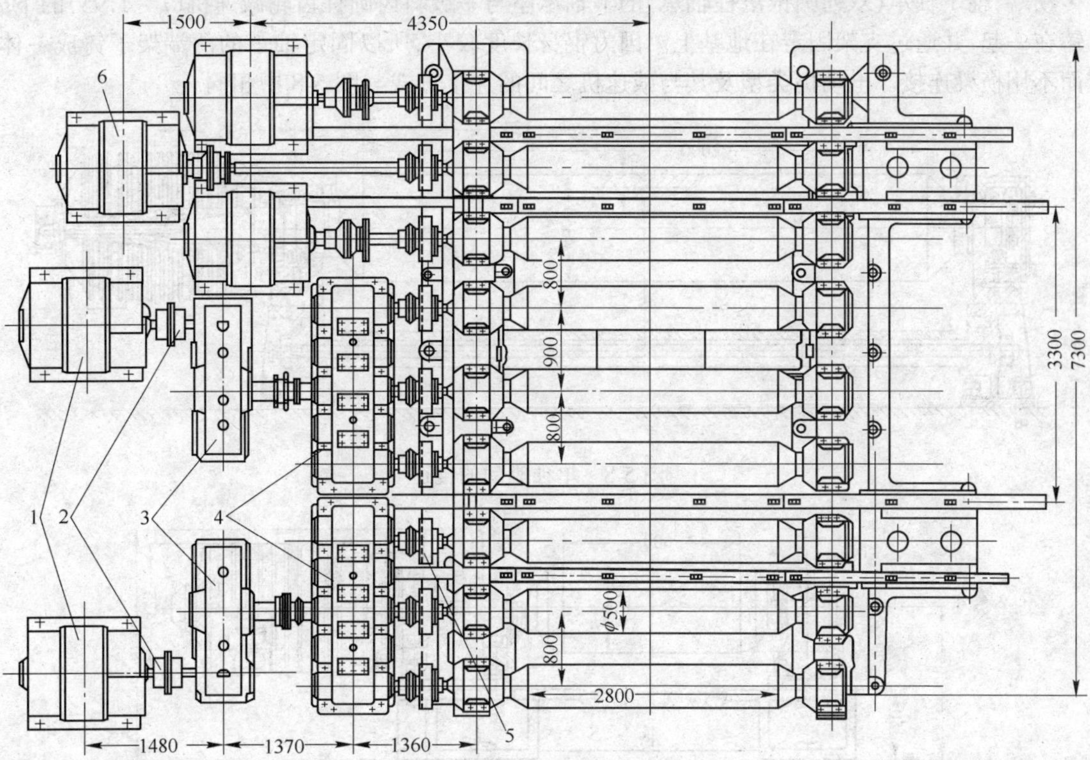

图5-7 改进后的工作辊道

1—电动机;2—齿轮联轴节;3—减速机;4—圆柱齿轮传动箱;5—弹性齿轮传动箱;6—电动机

(1) 增大圆锥齿轮模数。模数由26增大到30,并加大了齿根的圆角半径。

(2) 将减速装置的圆柱齿轮由渐开线齿形改为圆弧齿形。

(3) 增加辊子辊颈尺寸,由 ϕ240 mm 增加到 ϕ260 mm;辊子轴承也相应地增大。

(4) 减小下轧辊表面与工作辊道的相对高度,以减小轧件对辊子的冲击负荷。

5.3.2.2 单独传动辊道的结构

单独传动的辊道,用一台电动机带动一根辊子或两根辊子。由于辊子单独传动,可使辊道的机械部分大为减少,启动快,检修和安装方便。由于取消了复杂的齿轮传动,可使每个(或每对)辊子采用单独的底座代替笨重的支架,这一点当辊距较大时更为突出。这种辊道的缺点,是增加了电气设备,降低了线路的功率因数。但其缺点与优点比较,是次要的。这种辊道常用于运输长的轧件,此时轧件的重量分配在许多辊子上。

单独传动的辊道,一般都用鼠笼式异步电动机驱动,用改变供电频率的方法来改变辊子的速度。高速辊道,电动机与辊子直接联在一起;低速辊道,电动机则通过减速机与轮子联结。

图5-8所示为电动机与辊子直接连接的运输辊道。辊子是空心的,辊身长度为2000 mm,辊身直径为350 mm。辊子通过两端的双列向心球面滚柱轴承安装在两端的轴承座上。轴承座固定在支架上,两侧支架用横梁联结。电动机的扭矩为280 N·m,转速为375 r/min。其转子是空心的,辊子的轴可直接安在其内。电动机的定子可以直接挂在转子的轴承支座上。这种电动机

叫浮悬式电动机。电动机为鼠笼式异步电动机，借改变供电频率来改变辊子的圆周速度。

另一种单独传动的辊道，如图 5-9 所示。辊子辊身直径为 300 mm，辊身长度为 600 mm。在传动端，辊子轴承（双列圆锥滚柱轴承）的下轴承座与一级斜齿圆柱齿轮减速机（$i=4.95$）的下壳铸在一起，并通过支架固定在地基上。因为辊身长度较小，所以固定轴承的两端架子铸成一体，而不用横梁连接。电动机类型及其与减速机之间的连接方式与图 5-8 中相同。

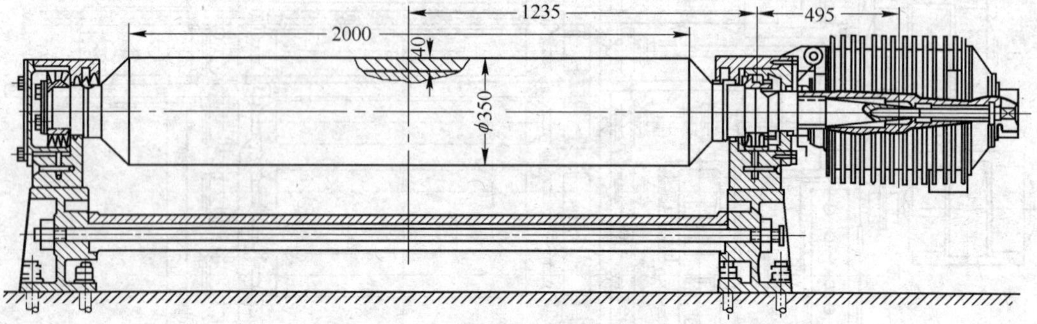

图 5-8　单独驱动的辊道

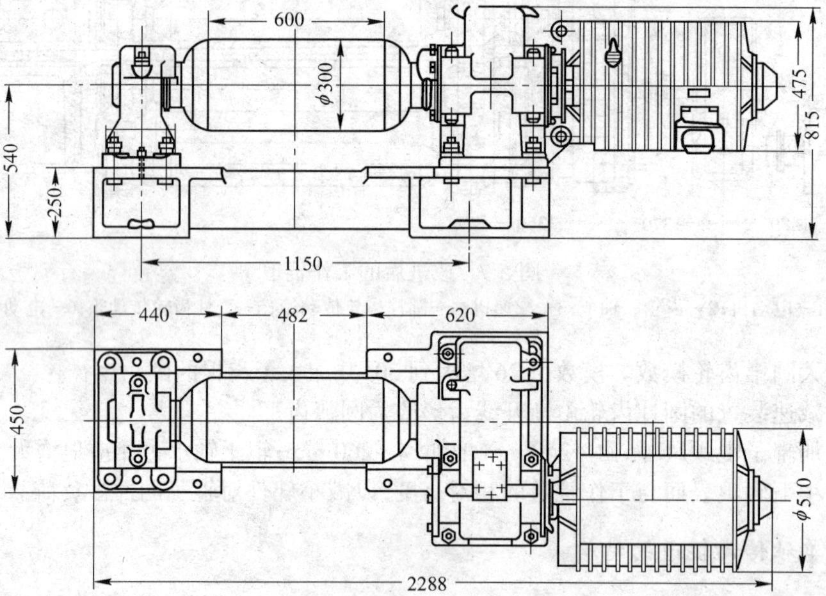

图 5-9　带减速机的单独传动辊道

5.3.2.3　辊子的结构

辊道辊子的形状（主要是辊身的形状），由辊道的用途来决定。根据它们的用途，其外形可分为五种形状：

(1) 圆柱形辊子。在型钢和钢板轧钢机上应用较广。

(2) 阶梯形辊子（或称异型辊）。用作初轧机的机架辊，它的辊身随轧辊轧槽的深度而变化。

(3) 花形辊子（或称曲片辊子）。用于中、厚板轧机的工作辊道及冷床辊道上，也用在钢板热处理炉中。

(4) 锥形辊子。用在中、厚板轧钢机的前后工作辊道上，在“角轧”时用来回转钢板，如图5-10所示。

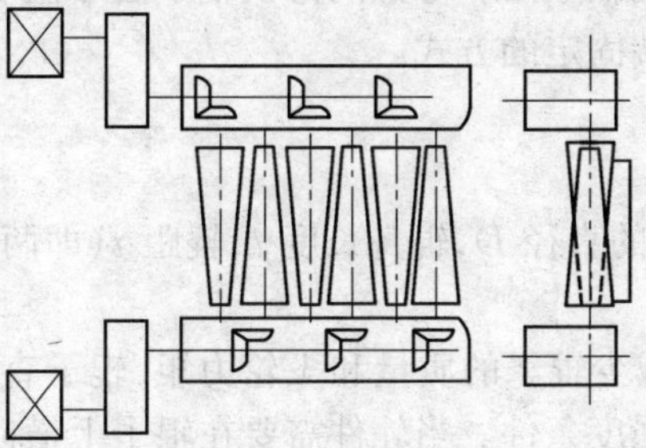

图 5-10　回转辊道

(5) 双锥形辊子。用于运输管坯和钢管。

根据辊子的结构和材料的不同，辊子又可分为以下几种类型：

(1) 实心锻钢辊子[见图 5-11(a)]。这种辊子价格较贵，一般用在负荷重，承受较大冲击的辊道上。如初轧机的受料辊道、工作辊道和机架辊，大型轧机工作辊道的第一根辊子，重型剪切机处的辊道等。

(2) 由厚壁钢管或铸钢制成的空心辊子。一般用在中轻负荷的辊道上，如初轧机的延伸辊道和一些运输的辊道；其他大部分轧钢机的主要工作辊道，升降台辊道，输入辊道等。空心辊子的轴端可以是锻造的[见图 5-11(b)]，也可以是焊接的[见图 5-11(c)]。这种空心辊子惯性较小，对于启动工作制的辊道尤为合适。对于铸钢辊子，在铸造时要注意使其壁厚均匀，否则，运转中由辊子不平衡而引起的惯性力较大，使辊子轴承、圆锥齿轮磨损严重，电动机的启动制动力矩大，功率消耗多。

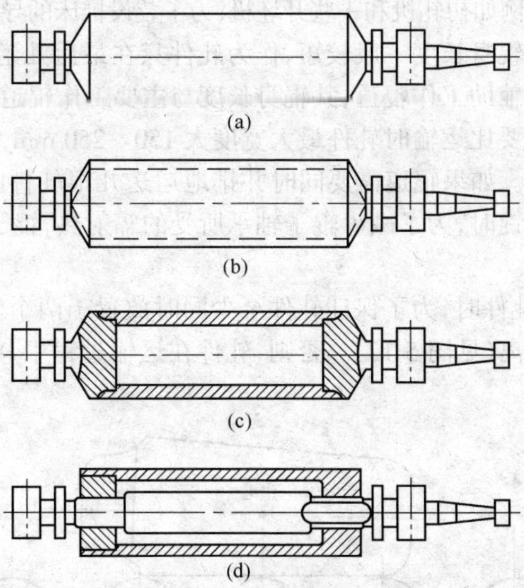

图 5-11　辊道辊子结构

(a) 实心锻钢辊子；(b) 具有锻造轴端的空心辊子；(c) 具有焊接轴端的空心辊子；(d) 铸铁辊子

(3) 铸铁辊子。其价格便宜,一般用在轻负荷辊道上。由于铸铁辊子不易擦伤轧件表面,对于成品轧件的输出辊道尤为适宜。具有铸铁外壳的辊子传动轴除了用键连接外[见图 5-11(d)],也有将铸铁辊子直接浇注在钢轴上的。考虑到铸铁辊子由于温度波动可能使辊子长度改变,而采用了铸铁辊子与传动轴一端固定的方式。

5.3.3 辊道的主要参数

辊道的主要参数有:辊子的直径 D,辊身长度 l,辊距 t(即两个相邻辊子之间的距离),辊道速度 v 和辊道总长 L。

(1) 辊子直径 D。为了减少辊子的质量和飞轮力矩,辊子直径应尽可能选得小些。辊子的最小直径主要决定于辊子的强度条件。当轧件需要在辊子上横向移动时,它还受轴承座和传动机构外形尺寸的限制。一般轧钢机采用的辊子直径如表 5-1 所示。

表 5-1 各种轧钢机辊道的辊子直径

辊子直径/mm	辊道用途
600	装甲钢板轧机和板坯轧机的工作辊道
500	板坯轧机、大型初轧机和厚板轧机的工作辊道
450	初轧机工作辊道
400	小型初轧机和轨梁轧机的工作辊道;板坯轧机和大型初轧机的运输辊道
350	中板轧机的辊道,初轧机和轨梁轧机的运输辊道
300	中型轧机和薄板轧机工作辊道和输入辊道
250	小型轧机的辊道,中型轧机和薄板轧机的输出辊道
200	小型轧机冷床处的辊道
150	线材轧机的辊道

(2) 辊身长度 l。辊身长度决定于辊道的用途,主要工作辊道的辊身长度一般等于轧辊辊身长度,但有时要取得更长些。例如初轧机和一些开坯机,为了装设推床的导板,辊身就取得较长一些。

型钢轧机的辅助工作辊身长度一般较短,作为轧件只在最后几道轧制时才需要辅助工作辊道工作。在钢板轧机上的辅助工作辊道,其辊身长度与主要工作辊道一样。

运输辊道的辊身长度要比运输时轧件最大宽度大 150～250 mm,对窄轧件取 150～250 mm,对宽轧件取 200～250 mm。如果辊道需要同时并排地运送几根轧件时,应按这些轧件的宽度总和来考虑。如运输高温钢锭时,为了减少辊子轴承所受的辐射热,辊子辊身长度要比钢锭的最大宽度大 300～350 mm。

(3) 辊距 t。运输短轧件时,为了保证轧件至少同时放置于两个辊子上,辊道辊距不能大于钢锭重心到大头端面的距离(见图 5-12)。否则,轧件在运输过程中,将冲击辊子,加速辊子的磨损和轴承的损坏。

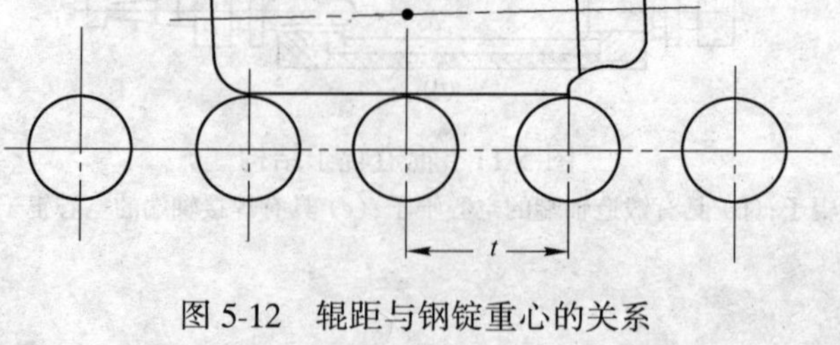

图 5-12 辊距与钢锭重心的关系

运输长轧件时,由于最大辊距受到轧件自重而引起弯曲这一条件的限制,所以,对于成品轧件较薄的输出辊道,其辊距要选得小些;对于大型轧机,一般取 1.2～1.6 m;中板轧机为 0.9～1.0 m;薄板轧机为 0.5～0.7 m。有时,在这些辊道的传动辊子之间还设有直径较小的空转辊子。

(4) 辊道速度 v。工作辊道的工作速度通常根据轧制速度来选取。当轧件薄而长时,轧机后的工作辊道速度比轧制速度大 5%～10%,以避免轧件形成皱纹。

运输辊道的速度须根据轧机生产率的要求来确定。轧机输入辊道一般取 1.5～2.5 m/s,轧机输出辊道的速度等于或大于轧制速度的 5%～10%。随着轧制速度的提高,辊道速度亦相应地提高。例如,钢板热连轧车间的运输辊道,速度已达 15～20 m/s。

(5) 辊道总长 L。根据生产工艺情况来决定。

5.3.4 辊道检修步骤和技能实施

(1) 准备:

1) 熟悉辊道系统的构造和工作原理;

2) 安排检修进度,确定责任人;

3) 制定换、修零件明细表;

4) 准备需更换的备件和检修工具。

(2) 拆卸:

1) 确认系统停电;

2) 拆除干油润滑管路和冷却水管路;

3) 拆除系统各部分连接螺栓及地脚螺栓,将系统分解成辊子装配、减速器、底座等几部分;

4) 解体辊子装配:

① 拆除轴承座连接螺栓,移走轴承盖,吊出辊子;

② 用压力机拆卸半联轴器及轴承;

③ 拆除轴承座地脚螺栓,移走轴承座。

5) 解体减速器。

(3) 清洗检查:

1) 清除表面的油污、锈层、旧漆、密封胶等;

2) 检查零件配合面、啮合面、接触面的磨损情况,清除零件在使用和拆卸过程中产生的毛刺、飞边等,修理损伤表面;

3) 检查传动轴、辊子的圆度、同轴度及弯曲变形等;

4) 检测齿轮齿侧间隙、接触斑点分布位置及分布率,检测轴承间隙;

5) 检查各底座、盖板等是否有裂纹、变形等缺陷并焊修或矫直;

6) 根据设备的技术要求及检测结果报废零件。

7) 辊子中心线不平行度不得超过 ±5 mm,辊子上平面不水平度不得超过 ±2 mm。

(4) 安装调试:

1) 对零件的主要配合尺寸进行测量,选择装配;

2) 选择适当的装配方式,按照与拆卸相反的顺序进行组件、部件的装配及系统的总装;

3) 轴承座、联轴器加足润滑脂,减速器按标准加足润滑油;

4) 接通润滑管路和冷却水管路;

5) 单体无负荷试车,系统应运行平稳、无异响,辊子无卡阻现象;

6) 调试完毕后,清理检修现场,整理和分析检测数据及备件消耗情况。

5.4　升降台

5.4.1　升降台的用途和类型

升降台一般装设在二辊叠轧薄板轧机、三辊型钢轧机和三辊钢板轧机的前后，用来在轧制过程中升降和输送轧件。

在二辊叠轧薄板轧机上、从轧辊中出来的轧件，送到轧机后的升降台上后，升降台上升并通过台上的运输链，将轧件送往轧辊的上表面。随着上轧辊的转动，将轧件送回轧机前上升着的升降台上，然后，升降台下降，将轧件送入轧辊，进行下一道次的轧制。

在三辊式轧机上，机后升降台用来将从中下辊出来的轧件抬高并送入中上辊轧制；机前升降台用来接受上中辊出来的轧件并使其下降后送入中下辊轧制。在轧机前后升降台上，装有运送轧件的辊道。

大型三辊式型钢轧机的前后都装有升降台，而在辊径小于600 mm的轧机上，通常只安装在机座的后边（机座前装有杠杆式或阶梯式翻钢机）。三辊式小型轧机不用升降台，而用围盘把轧件由上一对轧辊导入下一对轧辊。

升降台的类型通常分为平行式和摆动式（见图5-13、图5-14）两种。只有当轧件长度小于5～10 m时，升降台才做成平行式的，大多数情况是做成摆动式升降台（见图5-14）。

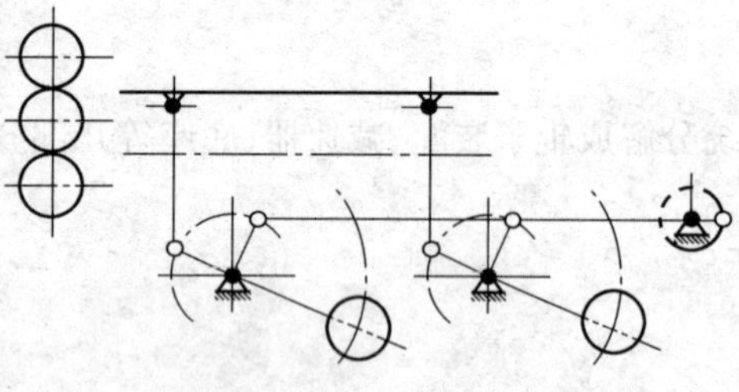

图5-13　平行升降台简图

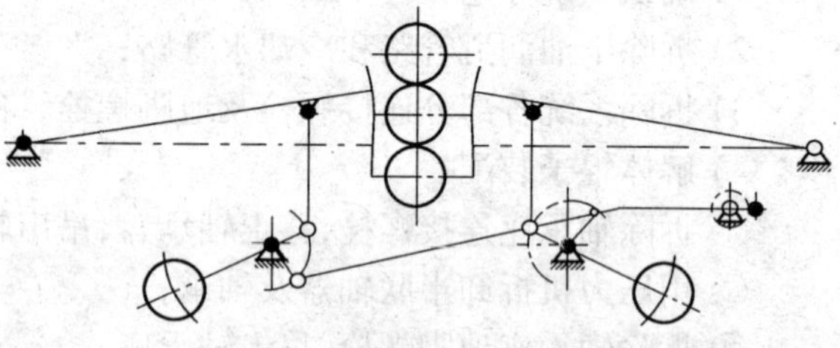

图5-14　摆动升降台简图

升降台的升降机构通常是曲柄连杆式或偏心轮式的。

二辊和三辊薄板轧机上，最轻型升降台的平衡常采用弹簧平衡[见图5-15(a)]，而重型升降台多用重锤平衡[见图5-15(b)]。

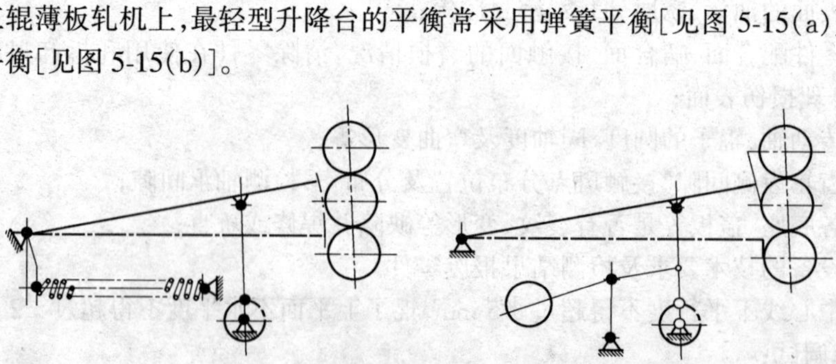

图5-15　具有升降装置的轻型摆动升降台简图

(a) 弹簧平衡；(b) 重锤平衡

5.4.2　升降台的主要参数

摆动升降台的主要参数，是摆动升降的最大行程，升降台的长度，台面辊道第一个辊子到最后一个辊子的中心距,以及台面上工作辊道的宽度。

5.4.2.1 升降台升降的最大行程

升降台升降的最大行程,取决于轧辊的最大直径,并留有满足生产操作所需要的调整量。此调整量可根据所用孔型尺寸及操作上的要求确定。

例如,用于650轧机的升降台,其最大行程为730 mm。

5.4.2.2 升降台的长度

升降台的长度由两个条件决定:

(1) 当轧件长度大于5~10 m时,升降台的长度必须大于轧件最大长度的2/3;

(2) 台与水平面所形成的坡度不能太大,以免造成咬入困难,或使轧件弯曲。

为了使轧件便于咬入中上辊孔型,稳妥地将轧件送入轧辊和减少轧件在摆动升降台与辊道连接处的弯曲,大、中型轧钢机升降台的最大倾斜度,通常不大于1∶10或1∶15。已知最大升降行程和倾斜度,长度便可求出。如650型钢轧机升降台的长度为9m。

5.4.2.3 升降台的宽度

它决定于台面上工作辊道的辊身长度。考虑到轧辊辊身两边的孔型内轧制操作的方便,辊道的辊身长度应稍大于轧辊的辊身长度。在一般钢板轧机上,为便于测量钢板的厚度,台宽常做得比板宽些。

例如,在650型钢轧机上,轧辊辊身长度为1800 mm,通常取辊道的辊身长度为2000 mm。

5.5 双层辊道

双层辊道是一种布置在三辊式中、小型型钢轧机后的辊道设备。它能代替升降台的作用。与升降台相比,具有易于制造安装、操作简便和生产事故少等优点,同时,可在同一架轧机上不受升降台的限制进行交叉轧制,从而提高轧机的生产能力。

双层辊道种类较多,按活动部分结构形式分类,常见的有升降式和活板式两种。

5.5.1 升降式双层辊道

升降式双层辊道适用于断面较大、长度较短的轧件,如用于某些430粗轧机列第一架轧机的机后,采用轧制坯料为140~160 mm方坯或相应尺寸的钢锭,其最大长度为1.3 m。

图5-16是升降式双层辊道的示意图,它由下层辊道1、上层辊道2、升降辊道3和延伸辊道4

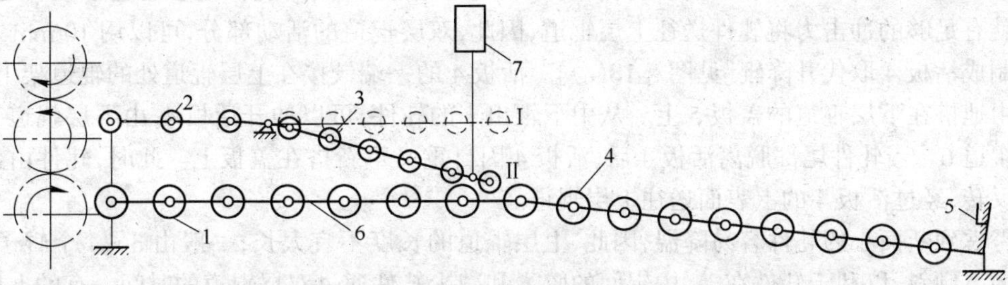

图5-16 升降式双层辊道示意图

1—下层辊道;2—上层辊道;3—升降辊道;4—延伸辊道;5—缓冲挡板;6—辊道架;7—升降装置

等部分组成。这四部分辊道都装在辊道架 6 上,成为一个整体。其中,上层辊道和下层辊道是水平放置的,延伸辊道通常向下倾斜 7°~13°,升降辊道则可以上下摆动。

当轧件在中下辊间轧制时,升降辊道处在上面的位置Ⅰ,下层辊道 1 能够将轧件送往延伸辊道 4。然后升降辊道通过升降装置 7 向下摆动到位置Ⅱ,轧件可以从延伸辊道 4 向升降辊道 3 运送。当轧件重心处于升降辊道上时,升降辊道就向上摆动到Ⅰ;亦与上层辊道 2 一起将轧件送入中上辊间轧制。升降辊道的升降装置 7 有偏心轮式[见图 5-17(a)]、钢丝绳卷扬式[见图 5-17(b)]和汽缸式[见图 5-17(c)、(d)]等。

5.5.2 活板式双层辊道

活板式双层辊道适用于断面小、长度大的轧件,一般用于小型轧钢车间粗轧机上。

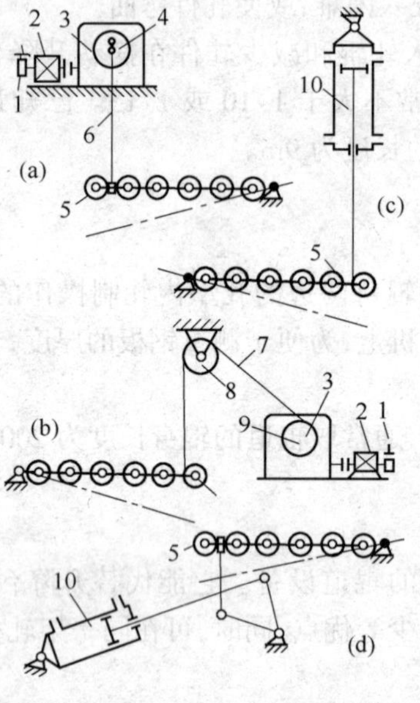

图 5-17 升降式双层辊道升降装置示意图

(a) 偏心轮式;(b) 钢丝绳卷扬式;(c)、(d) 汽缸式

1—制动器;2—电动机;3、9—减速机;4—卷筒;

5—辊道;6、7—钢丝绳;8—滑轮;10—汽缸

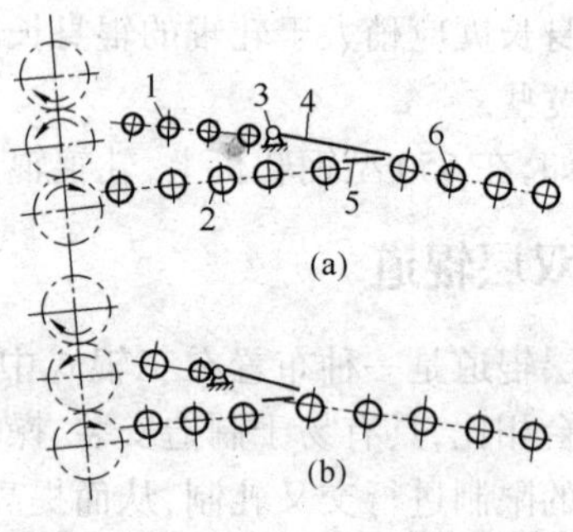

图 5-18 活板式双层辊示意图

(a) 上层辊道由多个辊子组成;

(b) 上层辊道由两个辊子组成

1—上层辊道;2—下层辊道;3—铰接;

4—活板;5—盖板;6—延伸辊道

由于轧件长度较大,则延伸辊道的长度亦相应地增加,因而与轧件接触的辊子数目也增加,这样就有足够的冲击力将轧件送往上层辊道,因此,双层辊道的活动部分,可以用 10 mm 左右的钢板制成活板 4 取代升降辊[见图 5-18(a)]。活板 4 的一端铰接在上层辊道处的辊道架上,另一端自由地搭在下层辊道的盖板 5 上。从中下辊出来的轧件,可以冲开活板 4,由下层辊道 2 送往延伸辊道 6。当轧件尾部脱离活板 4 后,活板 4 因自重又重新搭在盖板上。此时,轧件由延伸辊道 6 反转,经过活板 4 的上表面送往上层辊道。

考虑到断面小的轧件容易降温,因此,上层辊道的长度不宜太长,一般由 3~4 个辊子组成,亦略向下倾斜,以利于轧件在上、中辊间的咬入和减少轧件通过双层辊道的时间。有的上层辊道甚至采用两个不同直径的辊子形成自然坡度[见图 5-18(b)]。

复习思考题

5-1 除鳞装置的作用是什么,原理如何?

5-2 请叙述推床的工作原理,操作过程中应注意什么?

5-3 推床的维修注意事项有哪些?

5-4 请叙述辊道的作用和分类。

5-5 辊道的基本参数有哪些?

参 考 文 献

1 李茂基主编.轧钢机械.北京:冶金工业出版社,1998
2 蒋维兴主编.轧钢机械设备.北京:冶金工业出版社,1981
3 潘慧勤主编.轧钢车间机械设备.北京:冶金工业出版社,1994
4 黄华清主编.轧钢机械.北京:冶金工业出版社,1980
5 邹家祥主编.轧钢机械.北京:冶金工业出版社,1988
6 王海文主编.轧钢机械设计.北京:冶金工业出版社,1983
7 边金生主编.轧钢机械设备.北京:冶金工业出版社,1998
8 蔺文友主编.冶金机械安装基础知识问答.北京:冶金工业出版社,1997
9 王邦文主编.新型轧机.北京:冶金工业出版社,1994
10 桂万荣主编.轧钢机械设备.北京:冶金工业出版社,1980

冶金工业出版社部分图书推荐

书　名	作　者	定价(元)
冶炼基础知识(高职高专教材)	王火清	40.00
连铸生产操作与控制(高职高专教材)	于万松	42.00
小棒材连轧生产实训(高职高专实验实训教材)	陈　涛	38.00
型钢轧制(高职高专教材)	陈　涛	25.00
高速线材生产实训(高职高专实验实训教材)	杨晓彩	33.00
炼钢生产操作与控制(高职高专教材)	李秀娟	30.00
地下采矿设计项目化教程(高职高专教材)	陈国山	45.00
矿山地质(第2版)(高职高专教材)	包丽娜	39.00
矿井通风与防尘(第2版)(高职高专教材)	陈国山	36.00
采矿学(高职高专教材)	陈国山	48.00
轧钢机械设备维护(高职高专教材)	袁建路	45.00
起重运输设备选用与维护(高职高专教材)	张树海	38.00
轧钢原料加热(高职高专教材)	戚翠芬	37.00
炼铁设备维护(高职高专教材)	时彦林	30.00
炼钢设备维护(高职高专教材)	时彦林	35.00
冶金技术认识实习指导(高职高专实验实训教材)	刘艳霞	25.00
中厚板生产实训(高职高专实验实训教材)	张景进	22.00
炉外精炼技术(高职高专教材)	张士宪	36.00
电弧炉炼钢生产(高职高专教材)	董中奇	40.00
金属材料及热处理(高职高专教材)	于　晗	33.00
有色金属塑性加工(高职高专教材)	白星良	46.00
炼铁原理与工艺(第2版)(高职高专教材)	王明海	49.00
塑性变形与轧制原理(高职高专教材)	袁志学	27.00
热连轧带钢生产实训(高职高专教材)	张景进	26.00
连铸工培训教程(培训教材)	时彦林	30.00
连铸工试题集(培训教材)	时彦林	22.00
转炉炼钢工培训教程(培训教材)	时彦林	30.00
转炉炼钢工试题集(培训教材)	时彦林	25.00
高炉炼铁工培训教程(培训教材)	时彦林	46.00
高炉炼铁工试题集(培训教材)	时彦林	28.00
锌的湿法冶金(高职高专教材)	胡小龙	24.00
现代转炉炼钢设备(高职高专教材)	季德静	39.00
工程材料及热处理(高职高专教材)	孙　刚	29.00